U0258814

黄皮

HUANGPI
NONGYAO HUOXING CHENGFEN YANJIU YU YINGYONG

农药活性成分研究与应用

万树青
李丽春　编著
郭成林

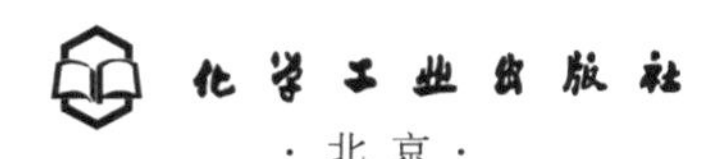

·北京·

内容简介

本书是作者团队多年来从事黄皮植物农药活性成分研究成果的总结，系统地介绍了从黄皮植物中提取、分离杀虫、杀菌、杀植物线虫和具除草作用的多种农药活性成分的方法，相关农药活性成分的作用方式和作用机理以及药效等研究进展。重点介绍了从黄皮种子中分离的活性化合物黄皮新肉桂酰胺B的杀虫、杀螨、杀蚊幼虫、杀菌、杀植物线虫等优异的生物活性，研制的黄皮新肉桂酰胺B纳米胶囊剂型对几种植物线虫具有良好的生物活性和环境安全性。并以发现的活性化合物为先导化合物或结构母体，进行结构改造，进而寻找活性更高的农药活性分子，这将有力推动国内外新农药特别是植物源农药创制和发展，为研制新型绿色农药提供科学依据。

本书主要供农药创制机构、大专院校农药学专业师生及其他从事植物源农药研发的人员参考，也适合植物保护、应用化学、环境化学专业的师生学习和研究时阅读。

图书在版编目（CIP）数据

黄皮农药活性成分研究与应用/万树青等编著. —北京：化学工业出版社，2023.4

ISBN 978-7-122-42815-8

Ⅰ. ①黄…　Ⅱ. ①万…　Ⅲ. ①植物农药-生物活性-化学成分-研究　Ⅳ. ①TQ450.1

中国国家版本馆CIP数据核字（2023）第022670号

责任编辑：刘　军　孙高洁
文字编辑：李娇娇
责任校对：李露洁
装帧设计：王晓宇

出版发行：化学工业出版社
（北京市东城区青年湖南街13号　邮政编码100011）
印　　装：北京建宏印刷有限公司
710mm×1000mm　1/16　印张12½　字数235千字
2023年5月北京第1版第1次印刷

购书咨询：010-64518888
售后服务：010-64518899
网　　址：http://www.cip.com.cn
凡购买本书，如有缺损质量问题，本社销售中心负责调换。

定　　价：98.00元

前言

PREFACE

2022年是我导师赵善欢院士诞辰108周年，赵老师用他毕生的精力和心血开创了我国植物性杀虫剂研究的全新领域。赵老师在华南农业大学校园内建立了杀虫植物园，培养了一大批优秀的植物保护人才，取得了丰硕的研究成果。为了表达我对导师的崇敬之情，感谢导师对我的培养教育之恩，传承先生的事业，退休后，我利用闲暇时间，将以前我科研团队在植物性农药方面的研究，特别是在黄皮植物的农药活性成分上的研究与开发的数据资料收集起来，整理撰写成书《黄皮农药活性成分研究与应用》。目的是促进植物性农药的研究发展，以期将赵老师所开创的事业薪火相传、发扬光大。

黄皮的研究源于对我家庭院内的一棵黄皮树自然现象的观察。院子里那棵黄皮树每到开花季节，就散发出一股诱人芳香并伴有奇特的药味，果实成熟掉落满地，凡土壤上有黄皮果的土表不见杂草。而校内杀虫植物园的几株黄皮树，树下也是寸草不生，这些现象表明黄皮具有明显的植物化感作用。承担研究生的杀虫植物实验课，我安排了3种传统杀虫植物的实验，即验证印楝对昆虫的拒食作用、万寿菊的光活化作用和鱼藤的毒杀作用，另加了黄皮实验。之后发现黄皮提取物对蚊虫表现出惊人的毒杀和光活化活性。对黄皮植物的这些表象的认识，使我深受启发，有一种莫名地继续深入研究的冲动，下决心找到黄皮植物奇特现象的原因。

2006年，有一位在读研究生由于实验条件的限制，实验工作不顺，那时离毕业还有半年时间，需另选题目。讨论中，由于有黄皮现象的启发，建议选题换为黄皮研究。这位研究生迅速进入实验状态，在实验室争分夺秒，功夫不负有心人，终于在半年内完成她学位论文研究工作，首次发现具有优异的杀线虫活性的化合物——黄皮新肉桂酰胺B。由于发现了黄皮杀线虫的作用，坚定了我对黄皮深入研究的信心。我申报了广州市自然科技项目——黄皮生物碱抗植物线虫的毒理评价与应用基础研究课题（2010Y1-27）以及中国热带农业科学院环境与植物保护研究所中央级公益性科研院所基本科研业务费专项。

在基金的资助下，系统开展了黄皮农药活性成分与应用基础的研究，相继发现黄皮新肉桂酰胺B对蚊虫、柑橘全爪螨、斜纹夜蛾、小菜蛾和植物线虫的触杀、拒食和生长发育抑制活性，以及化合物(*S*,1*Z*,2*Z*,5*E*,10*Z*)-9-((*R*)-hydroxy(phenyl)methyl)-8-methyl-8-azabicyclo [4,3,2] undeca-1,3,5,10-tetraen -7-one 对蚜虫的活性，*N*-甲基-桂皮酰胺对植物病害的抑菌活性及两种黄皮内酯和肉豆蔻醚化合物对杂草的抑制活性。对黄皮新肉桂酰胺 B 的杀虫、除草和抑菌机理也作了探讨。

本书汇集了十多名参加黄皮项目的研究生的一系列研究成果，包括郭成林、韩云、冯秀杰、张瑞明在杀虫活性成分发现与杀虫效果上的研究，马伏宁、殷艳华在杀线虫活性上的研究，李丽春、刘序明、刘艳霞在杀菌活性上的研究，卢海博、董丽红在除草活性上的研究，殷艳华在环境安全评价和剂型研制上的研究以及李波、李一方在构效关系上的研究等。这些研究成果，对于黄皮植物的综合利用、新的农药先导化合物发现和新型农药开发都具有重要参考价值。撰写此书的主旨是使读者分享我们研究的成果，起到抛砖引玉的作用，以促进黄皮农用活性物质的研究向着更深和更广的方向发展，以期达到研究成果转化为生产力、实现开发应用的目的。

在此书出版之际，感谢中国科学院华南植物园魏孝义研究员在黄皮活性物质化学结构解析方面给予的指导和帮助，感谢中国热带农业科学院环境与植物保护研究所赵冬香研究员对研究工作的指导和帮助，感谢华南农业大学农药学学科带头人徐汉虹教授的支持和帮助，特别感谢化学工业出版社编辑在本书编写过程中提供的帮助与修改建议。

尽管作者十分努力想使本书编写成为一本有学术价值的参考书，但由于作者的科技理论水平和认知及实践的局限，虽几经修改，疏漏和不当之处仍在所难免，敬请广大读者不吝指教。

万树青
2022 年 10 月

目录

第一章
黄皮植物概述

黄皮（*Clausena lansium*）属芸香科（Rutaceae）黄皮属（*Clausena*）植物，黄皮原产于我国的热带、亚热带地区，为常绿果树。分布于印度、越南、泰国、斯里兰卡、马来西亚等国家以及美国的佛罗里达州等地。在中国广东、广西、福建、海南、云南等地均有栽培种植。

黄皮在民间主要用作水果食用和药用植物。作为水果黄皮果肉风味独特，酸甜可口，富含维生素 C、果胶和有机酸等，具有丰富的营养价值。果肉可制成蜜饯、果脯、果冻和果汁等产品。果皮富含有萜品烯-4-醇、桧萜等香气成分。因此黄皮果还可以用作香料，可去鱼腥、肉膻等不良味道。此外，黄皮还具有较高的药用价值，它的根、叶、果和种子等均可入药。叶和根有健脾开胃、消痰化气、解表散热以及止痛等功效，可用于治疗感冒发烧、痢疾、肠炎和尿道感染；果实有行气、消食、化痰之功效，主治食积胀满、脘腹疼痛、疝痛、痰饮、咳喘；种子可治疝气；果皮可消风肿、去疳积；果实有健胃消食、生津止渴、顺气镇咳、清热消暑、润肺生津的保健功效。

黄皮农用活性物质研究是近三十年来的研究热点。黄皮植物除具有化感作用外，它的次生代谢物的抗病虫草害作用逐渐被人们所认识。深入研究黄皮的化学成分对于弘扬祖国中医药的理论、防控农业病虫害、创新农药来源等都具有重要的理论和实践意义。

第一节　黄皮形态特征和药用作用

一、黄皮形态特征

小乔木，可高达 12m。小枝、叶轴、花序轴、尤以未张开的小叶背脉上散生甚多明显凸起的细油点且密被短直毛。叶有小叶 5～11 片，小叶卵形或卵状椭圆形，常一侧偏斜，长6～14cm，宽3～6cm，基部近圆形或宽楔形，两侧不对称，边缘波浪状或具浅的圆裂齿，叶面中脉常被短细毛；小叶柄长4～8mm。圆锥花序顶生；花蕾圆球形，有5条稍凸起的纵脊棱；花萼裂片阔卵形，长约1mm，外面被短柔毛，花瓣长圆形，长约5mm，两面被短毛或内面无毛；雄蕊10枚，长短相间，长的与花瓣等长，花丝线状，下部稍增宽，不呈屈膝状；子房密被直长毛，花盘细小，子房柄短。果圆形、椭圆形或阔卵形，长1.5～3cm，宽1～2cm，淡黄至暗黄色，被细毛，果肉乳白色，半透明，有种子1～4粒；子叶深绿色。花期4～5月，果期7～8月。产于海南的其花果期均提早1～2个月（图1-1）。

图1-1　黄皮树和黄皮果

二、黄皮药用作用

1. 保肝和降血糖作用

大量研究表明，黄皮植物中含有的黄皮酰胺类化合物具有良好的肝保护作用。研究发现黄皮叶氯仿提取物对小鼠因注射扑热息痛、CCl_4、硫代己酰胺所导致的肝损伤均有明显保护作用，它能使血清谷丙转氨酶（SGPT）活性降低，肝脏病理损害减轻，并能增强肝脏的解毒功能。药理试验表明，从黄皮叶中分离得到的桥环黄皮酰胺、新黄皮酰胺和黄皮酰胺均对四氯化碳中毒的小鼠有降低SGPT活性的作用，其中桥环黄皮酰胺的作用尤为显著。黄皮酰胺类化合物对黄曲霉毒素B_1（AFB_1）引起的大鼠肝细胞期外DNA合成（UDS）的损伤具有保护作用。吴宇群等[1]研究结果表明，黄皮酰胺类化合物有抗肝细胞损伤作用，对正常小鼠肝药酶有调节作用，它们可诱导或抑制肝微粒体细胞色素P450含量及其酶活性，或可增加肝谷胱甘肽（glutathione, GSH）含量，均可增强肝胞浆液中谷胱甘肽S-转移酶（glutathione S-transferase, GST）的活性。

申竹芳等[2]从黄皮叶中分离得到的黄皮香豆精，不同于双胍类，也不同于磺酰脲类降血糖药物，但能降低正常小鼠和四氧嘧啶高血糖小鼠的血糖，也能对抗肾上腺素的升血糖作用，对血乳酸的浓度则无影响。已有研究结果表明黄皮叶水提物对链脲佐菌素（streptozotocin, STZ）造成的实验大鼠的糖尿病具有一定的抑制作用。香豆精类化合物 indicolactone、2′,3′-epoxyanisolactone 和 anisolactone 均具有一定的降血糖活性。

2. 抗氧化、清除自由基作用

黄皮作为一种水果，果肉中含有许多营养成分，有些成分本身就是很好的抗氧化剂。果肉中含量丰富的维生素 C 和维生素 E 就是两种非常有效的抗氧化剂，他们可预防过氧化脂质的产生，保护细胞膜免受自由基的危害，维持细胞的完整性和正常功能，与发育、抗衰老有着密切的关系。

黄皮中所含的黄皮酰胺、香豆素、黄酮和酚类等是抗氧化作用的主要活性物质。已有研究表明黄皮酰胺在 50～100mg/kg 的浓度范围，可以明显抑制由酒精中毒诱发的肝脂质过氧化反应，提高肝脑组织胞浆液内谷胱甘肽过氧化物酶（GSH-Px）的活性，以起到清除自由基、保护细胞免受损伤的作用。林童俊等[3]研究报道，黄皮酰胺可明显抑制由铁–半胱氨酸体系引起的大鼠心、脑、肝和睾丸微粒体脂质过氧化，很好地清除氧自由基。实验表明，黄皮酰胺对氧自由基的直接捕捉作用是其抗脂质过氧化作用的机理之一。研究发现,黄皮中的香豆素类化合物 8-羟基补骨脂素具有很好的抗氧化活性,显示出了对 1,1-二苯基-2-三硝基苯肼（DPPH）自由基和过氧化物阴离子很好的清除活性。

3. 抗 HIV、抗肿瘤活性

已有研究报道，黄皮具有很好的抑制人类免疫缺陷病毒（human immunodeficiency virus，HIV）的活性，其主要的活性物质为黄酮类、香豆素类化合物。Ng 等[4]报道，黄皮种子提取物具有一定的抑制 HIV 病毒逆转录的作用。Sancho 等[5]通过研究发现化合物欧前胡素（imperatorin）具有抑制 HIV-1 型病毒复制的作用。

黄皮所含有的香豆素类化合物还具有抗肿瘤的活性，Giovanni 等[6]报道了欧前胡素的细胞毒性，可作用于细胞周期中的 G_1/S 转化期，引起生长细胞的凋亡，这为开发出对肿瘤细胞具有选择性毒性的药物提供了可能性。Prasad 等[7]从黄皮中分离得到的 8-羟基补骨脂素对人体肝癌细胞株 HepG-2、胃癌细胞株 SGC-7901 和人体肺腺癌细胞株 A-549 具有很强的抑制活性。

4. 抗疟原虫作用

通过对寄生虫恶性疟原虫（*Plasmodium falciparum*）的体外培养实验模型，Yenjai 等[8]研究了一些黄皮分离物的活性，结果表明，某些咔唑类化合物具有抗疟原虫的活性，并且该类化合物的抗疟原虫作用与结构有相关性。

5. 增强记忆、促智作用

药效学研究表明，(–）黄皮酰胺可通过促进胆碱能神经元发育、促进乙酰胆碱（ACh）释放、增加胆碱乙酰转移酶（ChAT）的活性以及抑制乙酰胆碱酶（AChE）的活性，来调节胆碱能系统，发挥促智作用。(–）黄皮酰胺能够提高小鼠大脑皮层和海马细胞 ChAT 的活性[9]，并能抗樟柳碱引起的乙酰胆碱含量的降低。

海马神经元及突触的可塑性变化可能是学习记忆的神经生物学基础，长时程增强（LTP）就是这种可塑性变化的典型代表，某些学习记忆的形成和保持与海马 LTP 有关。细胞外电生理研究证明，（–）黄皮酰胺能增强大鼠海马齿状回颗粒细胞层由低频刺激所诱发的群峰电位（PS）和由强刺激诱发的长时程增强（LTP）[10]。在自然衰老的大鼠模型中，长期灌胃给予（–）黄皮酰胺可显著提高衰老大鼠的空间学习记忆和被动学习记忆能力[11]。黄皮酰胺对β-淀粉样多肽 25～35 片段诱导的大鼠学习记忆功能障碍具有明显的改善作用，其对糖尿病导致的大鼠学习记忆障碍在行为学上也具有一定的保护作用[12]。这些结果表明，黄皮酰胺具有较好的增智益脑、增强记忆的作用。

第二节　黄皮化学成分及提取物农药生物活性

黄皮含有较丰富的小分子化合物，包括酰胺类生物碱、咔唑类生物碱、黄皮香豆素、黄皮内酯类、黄酮类化合物和挥发油等，大多数具有较强的生理活性。

一、黄皮化学成分

1. 酰胺类生物碱

目前已分离到 13 个黄皮酰胺类化合物：黄皮酰胺（clausenamide）、新黄皮酰胺（neoclausenamide）、桥环黄皮酰胺（cy-cloclausenamide）、原黄皮酰胺（secoclausenamide）、桂皮酰胺 A（lansamide-A）、桂皮酰胺I（lansamide-I）、桂皮酰胺 3（lansamide-3）、桂皮酰胺 4（lansamide-4）、桂皮酰胺 B（lansamide-B）、桂皮酰胺 C（lansamide-C）、*N*-甲基-桂皮酰胺（*N*-methyl-cinnamamide）、dihydroalatamide 和 SB-204900。黄皮酰胺属于吡咯烷酮类化合物，经不对称合成和拆分得到左旋和右旋黄皮酰胺，左旋黄皮酰胺具有显著的抗氧化和清除自由基、保肝、抗细胞凋亡、增智益脑、神经保护作用以及潜在的抗老年痴呆等药理作用，而右旋黄皮酰胺作用却不明显，且有较强的毒性[13]。桥环黄皮酰胺有明显的降谷丙转氨酶的作用[14]。

桂皮酰胺类化合物具有多种生物活性，如中枢神经抑制、催眠、镇定、安定、抗惊、抗抑郁、肌肉松弛、局部麻醉、抑制霉菌、杀虫和杀菌等[15-17]。已有研究表明，lansamide-B 对芒果炭疽病菌（*Colletotrichum gloeosporioides*）和香蕉枯萎病菌（*Fusarium oxysporum*）具有显著的生长抑制作用[18]，对松材线虫、白纹伊蚊[19]具有较强的毒杀作用。（*E*）-*N*-（2-苯乙基）肉桂酰胺对香蕉炭疽病菌菌丝具有显著的生长抑制作用[20]。*N*-甲基-*N*-顺式-苯乙烯基-桂皮酰胺有抗大鼠皮层定位注射青霉素诱发的惊厥作用，抗惊机理可能与其降低神经元内钙离子含量有关[21]。

2. 咔唑类生物碱

咔唑类生物碱在黄皮根、茎中普遍存在，已分离出的黄皮咔唑类生物碱有：mafaicheenamines D、mafaicheenamines E、2,7-dihydrooxy-3-formyl-1-3-methyl-2′-butenyl）carbazole、clausine-A、clauszoline-K、七叶黄皮碱、3-甲酰基卡巴唑、3-carboxy carbazole、卡巴唑-3-羧酸甲酯、山小橘灵、九里香碱、卡巴唑生物碱 3-甲酰基-6-甲氧基卡巴唑、6-甲氧基卡巴唑-3-羧酸甲酯、印度黄皮唑碱和 3-甲酰基-1,6-二甲氧基卡巴唑。咔唑类生物碱具有杀菌、抗癌、抗疟原虫、抗血小板凝聚和降血脂作用。Chakraborty A 等发现咔唑类生物碱不仅对革兰氏阴性菌、革兰氏阳性菌有良好的抑制活性，同时对真菌也有明显的抑制活性。Chaichantipyuth 等[22]研究发现，咔唑类生物碱对多个人类癌细胞系表现出较强的细胞毒活性，说明此类化合物具有抗癌促进剂作用。

3. 黄皮内酯类

黄皮内酯类化合物主要有：黄皮内酯Ⅰ（anisolactone）和黄皮内酯Ⅱ（2′，3′-epoxyanisolactone）。已有研究表明，黄皮内酯Ⅰ和黄皮内酯Ⅱ对油菜、萝卜和稗草有很好的生物活性。黄皮内酯Ⅱ处理稗草后，能显著降低稗草根部蛋白含量，而氨基酸含量却明显提高[23,24]。

4. 黄皮香豆素

目前从黄皮中分离到的香豆素类化合物有：chalepen-sin，chalepin，黄皮呋喃香豆精（wampetin），indicolactone，2′,3′-epoxyaniso-lactone，anisolactone，gravelliferone，8-羟基呋喃香豆素（angustifoline），欧前胡素（imperatorin）和 8-羟基补骨脂素（8-hydroxy psoralen），5-羟基-8-(3′甲基-2′-丁烯)呋喃香豆素、8-[(*E*)-6-羟基-3,7-二甲基辛-2,7-二烯基氧基]、补骨脂素（lansiumarin-C）、9-[(2*E*)-3,7-二甲基-6-氧代-2,7-辛二烯基)氧基]-7*H*-呋喃并(3,2-G)(1)苯并吡喃-7-酮（lansiumarin-A）、8-(7-羟基-3,7-二甲基-2,5-辛二烯氧基)补骨脂素（lansiumarin-B）、8-牻牛儿氧基补骨脂素（8-geranoxy psoralen）、3-苄基香豆素（3-benzylchromen-2-one）和 8-(6-过氧化氢-3,7-二甲基-2,7-辛二烯基氧基)补骨脂素[25-30]。香豆素类大多数具有较强的生物活性。如欧前胡素具有抑制癫痫发作、扩张血管、抑制心肌肥大、抑制肿瘤细胞增殖、抗微生物、影响药物代谢酶活性等多种药理作用[31]。黄皮香豆精能降低血糖[32]。香豆精类化合物 indicolactone、2′,3′-epoxyanisolactone 和 anisolactone 均具有一定的降血糖活性。

5. 挥发油

黄皮挥发油成分十分复杂。殷艳华等[33]从黄皮果核、枝叶和果皮的挥发油中分别鉴定出 42、35 和 35 种成分，主要成分为烯类、醇类。唐闻宁等[34]从黄皮果挥发油中分离鉴定出 43 种成分，主要为萜品烯-4-醇、桧萜、γ-松油烯、α-松油烯等。黄亚非等[35]从黄皮果挥发油中鉴定出 64 种成分，主要为 4-甲基-1-（1-甲乙基）-3-环己烯-1-醇、3,7,7-三甲基-二环己-2-烯等。张建和等[36]从黄皮果核挥发油中检测的主要成分为β-蒎烯和柠檬烯。罗辉等[37]从黄皮叶挥发油中检测出的主要成分为β-石竹烯、α-法呢烯、顺-β-法呢烯。廖华卫等[38]从黄皮果皮挥发油中检测出的主要成分为β-水芹烯、1R-α-蒎烯、α-水芹烯、α-bisabolol、6-(对-甲苯基)-2-甲基-2-环己烯醇。黄皮挥发油成分大多对昆虫具有较强的生物活性。α-蒎烯对大部分储粮害虫都有熏杀作用和驱避作用[39]。β-蒎烯对麦蛾有驱避作用。

6. 黄酮类化合物

天然源黄酮分子小，能被人体迅速吸收，通过血脑屏障进入脂肪组织，进而表现出消除疲劳、保护血管、防动脉硬化、扩张毛细血管、疏通微循环、抗脂肪氧化、抗衰老、活化大脑及其他脏器细胞的功能。钟秋平等[40]和张福平等[41]研究表明，黄皮果和黄皮果叶中的黄酮种类主要为：双氢黄酮、查耳酮和黄酮醇。查耳酮是一类具有苯并色原酮母核结构且分子量较小的化合物，在植物中分布广泛。该类化合物是一类非常重要的活性物质，具有抗氧化、抗肿瘤、抗菌以及雌激素样作用[42]。在食品防腐、水果保鲜、医药等领域具有广阔的应用前景。张静等（2010）[43]研究表明，查耳酮和二氢查耳酮对斜纹夜蛾幼虫具有较好的拒食和胃毒活性，采用叶碟法处理后 24h 在 AFC_{50} 值分别为 0.524mg/mL、1.072mg/mL；在 2mg/mL 的供试浓度，饲毒后 12d 的死亡率分别为 57.41%和 53.33%；此外，查耳酮类化合物对斜纹夜蛾幼虫还具有一定抑制生长发育的作用，主要表现在幼虫体重、化蛹率和羽化率均显著低于对照。

二、黄皮提取物农药生物活性

1. 杀虫杀螨活性

在国内，徐汉虹等（1994）[44]最先研究了齿叶黄皮植物精油对贮粮害虫的杀虫活性。黄皮富含生物碱和萜烯类化合物，具有较好的杀虫活性。万树青等（2005）[45]研究发现，黄皮种子甲醇提取物和石油醚提取物对萝卜蚜具有一定的杀灭作用。其中，黄皮种子甲醇提取物在浓度 1～5mg/mL 的浓度范围内，致萝卜蚜的死亡率为 60%～90%。张瑞明等[46]研究发现黄皮种子提取物对米象均有较好的触杀活性，在处理后 7d、10d、14d，米象的 LC_{50} 值分别为 879.37mg/kg、324.53mg/kg、245.31mg/kg，其活性成分主要分布在石油醚相中，用石油醚萃取物处理后 7d、10d、14d 的 LC_{50} 值分别为 383.85mg/kg、254.11mg/kg、154.13mg/kg。黄皮种子甲醇提取物对茶黄蓟马也有较好的驱避和触杀活性，在浓度为 20g/L 时，药后 12h 和 24h 对茶黄蓟马的驱避率分别为 92.86%和 89.91%，药后 12h 和 24h LC_{50} 分别为 16.60g/L 和 12.85g/L。各萃取相中石油醚相的活性最高，质量浓度为

5g/L 时，石油醚萃取物对茶黄蓟马 24h 后的校正死亡率为 49.37%[47]。后研究发现黄皮种子甲醇粗提物对朱砂叶螨具有良好的触杀驱避和产卵抑制活性，在 10mg/mL 质量浓度下，对成螨和卵的校正死亡率分别为 95.77%和 98.32%，其 LC_{50} 分别为 0.8763mg/mL、1.2737mg/mL；在 20mg/mL 质量浓度下，对朱砂叶螨 24h 的产卵抑制率和驱避率分别达到 95.96%和 88.79%，其活性成分主要存在于石油醚相中，石油醚相质量浓度为 2mg/mL 时，对朱砂叶螨成螨和卵的校正死亡率分别为 100%和 93.16%[48]。马伏宁等（2009）[49]采用药液浸渍法测定了黄皮不同部位甲醇提取物对松材线虫（*Bursaphelenchus xylophilus*）的生物活性，并对其有效成分进行了分离和结构鉴定。结果表明，黄皮不同部位甲醇提取物中种子提取物对松材线虫的毒杀活性最高，在 1mg/mL 水溶液中处理 72h 的校正死亡率为 100%。各萃取相中石油醚相的活性最高，从石油醚相中分离、纯化获得一黄色晶体，经核磁共振检测分析为 lansiumamide B（黄皮新肉桂酰胺）。该化合物处理松材线虫 24h、48h、72h 的 LC_{50} 值分别为 8.38mg/L、6.36mg/L、5.38mg/L。韩云（2012）[50]研究发现，lansiumamide B 对淡色库蚊幼虫（*Aedes albopictus*）也有较好的毒杀作用，LC_{50} 和 LC_{90} 分别为 0.45μg/mL、2.19μg/mL。沈丽红等（2015）[51]研究发现，黄皮酰胺 B 对小菜蛾和朱砂叶螨有较好的毒杀效果，而(*E*)-*N*-甲基肉桂酰胺对小菜蛾、桃蚜和朱砂叶螨毒杀效果好。郭成林等（2016）[52]研究发现，黄皮种子甲醇提取物对斜纹夜蛾 3 龄幼虫有较强的拒食活性和生长抑制活性，在 10mg/mL 浓度下，24h 平均拒食率为 75.78%。用石油醚、乙酸乙酯和正丁醇对黄皮果核甲醇提取物进行了萃取分离，跟踪生测表明活性成分主要分布于石油醚相和乙酸乙酯相，经硅胶柱层析分离，获得拒食活性化合物为黄皮新肉桂酰胺 B（lansiumamide B）。其 48h 拒食中浓度为 57.73μg/mL、体重抑制中浓度为 53.66μg/mL。采用 MTT 法测定了 lansiumamide B 对 SL 细胞的毒性。结果显示，lansiumamide B 的细胞毒性强，48 h 细胞半数致死浓度为 10.091μg/mL。

2. 抑菌活性

研究发现黄皮中咔唑类生物碱对细菌和真菌均具有良好的抑制活性[53]。黄皮叶乙醇提取物对柑橘疮痂病菌（*Sphaceloma fawcettii*）等 6 种病菌的抑菌率在 44.2%～56.4%之间，抑制效果显著[54]。研究发现黄皮不同部位的甲醇提取物对香蕉炭疽病菌（*Fusarium oxysporum*）菌丝生长具有显著的抑制作用，同时鉴定了对病原菌具有活性的主要物质为黄皮新肉桂酰胺 B（lansiumamide B）[55,56]。除了 lansiumamide B 具有抑菌活性外，从黄皮的果皮中分离到的 lansine、3-甲酰基咔唑、3-甲酰基-6-甲氧基咔唑、7-羟基香豆素、8-羟基呋喃香豆素、对羟基肉桂酸甲酯对金黄色葡萄球菌（*Staphylococcus aureus*）均具有抑制活性[57]。黄皮果中含有具抑菌活性的化感物质，具有重要的开发和应用价值。

3. 除草活性

对黄皮果中具有杀虫和抑菌活性的物质研究较多，而对黄皮果中具有除草活性的物质研究较少。研究发现黄皮种子甲醇提取物对稗草、含羞草（*Mimosa pudica*）根长均有抑制作用，抑制率可达 50%，且提取物具有一定的光活化抑制作用[58]。卢海博等（2012）[59]利用硅胶柱层析技术和活性跟踪法及核磁共振氢谱（^{1}H NMR，50MHz）和核磁共振碳谱（^{13}C NMR，125MHz）将具有除草活性物质的结构鉴定为黄皮内酯Ⅰ（anisolactone）和黄皮内酯Ⅱ（2′,3′-epoxyanisolactone），但通过验证这两种活性物质均无光活化抑制作用。通过进一步的深入研究发现黄皮叶水浸提液对玉米、黄豆（*Glycine max*）、南瓜（*Cucurbita moschata*）、稗草和马唐（*Digitaria sanguinalis*）种子的萌发和幼苗的根长均产生影响，且呈现“低促高抑”现象[60]。董丽红（2017）[61]研究发现黄皮种子甲醇提取物对 6 种受体植物［单子叶植物：稗草（*Echinochloa crusgalli*）、水稻（*Oryza sativa*）、无芒雀麦（*Bromus inermis*）；双子叶植物：马齿苋（*Portulaca oleracea*）、三叶鬼针草（*Bidens pilosa*）、白菜（*Brassica rapa* var. *glabra*）］的种子萌发和幼苗生长均有抑制作用且抑制率与处理浓度呈正相关。提取物在 10mg/mL 浓度下，对单子叶植物和双子叶植物种子萌发抑制率分别为 30.25%～42.38%和 4.17%～22.46%，对双子叶植物和单子叶植物根长抑制率分别为 92.62%～98.46%和 93.13%～97.32%。经分离纯化，获得活性成分肉豆蔻醚（myristicin），0.3mg/mL 浓度下其对根长、茎长的抑制率分别为 80.48%、75.36%。

参考文献

[1] 吴宇群，刘耕陶．光学活性黄皮酰胺类化合物体外对黄曲霉毒素 B_1 损伤大鼠肝细胞非程序性 DNA 合成的保护作用[J]. 中国药理学与毒理学杂志, 2006(5): 393-398.

[2] 申竹芳，陈其明．黄皮香豆精的降血糖作用[J]. 药学学报, 1989(5): 391-392.

[3] 林童俊，刘耕陶，李小洁，等．黄皮酰胺抗脂质过氧化及对氧自由基清除作用[J]. 中国药理学与毒理学杂志, 1992(2): 97-102.

[4] Ng T B, Lam S K, Fong W P. A homodimeric sporamin-type trypsin inhibitor with antiproliferative, HIV reverse transcriptase-inhibitory and antifungal activities from wampee (*Clausena lansium*) seeds[J]. Biol Chem, 2003, 384(2): 289-293.

[5] Sancho R, Marquez N, Gomez-Gonzalo M, et al. Imperatorin inhibits HIV-1 replication through an Sp1-dependent pathway[J]. J Biol Chem, 2004, 279(36): 37349-37359.

[6] Giovanni A, Federica B, Ammar B, et al. Coumarins from opopanax chironium. New dihydrofurano-coumarins and differential induction of apoptosis by and heraclenin[J]. J Nat Prod, 2004, 67(4): 532-536.

[7] Prasad K N，Xie H H, Hao J, et al. Antioxidant and anticancer activities of 8-hydroxypsoralen isolated from *C. lansium* (*Clausena lansium* (Lour.) Skeels) Peel[J]. Food Chemistry, 2010, 118(1): 62-66.

[8] Yenjai C, Sripontan S, Sriprajun P, et al. Coumarins and carbazoles with antiplasmodial activity from *Clausena harmandiana*[J]. Planta Med, 2000, 66(3): 277-279.

[9] 段文贞，张均田. (–), (+)-黄皮酰胺对鼠脑内 NMDA 受体的影响[J]. 药学学报, 1997, 32(4): 259-263.

[10] 张均田，段文贞，刘少林，等. (–)黄皮酰胺的抗老年痴呆作用[J]. 医药导报, 2001, 20(7): 403-404.

[11] 张静，程勇，张均田. 左旋黄皮酰胺对冈田酸和β淀粉样肽_(25-35)神经毒性的保护作用[J]. 药学学报, 2007(9): 935-942.
[12] 侯软玲，林军. 黄皮酰胺的研究进展[J]. 广西医学, 2007, 29(3): 377-379.
[13] 张均田，蒋学英. 黄皮酰胺促智作用机制的研究[J]. 中国医学科学院、中国协和医科大学年会论文集. 北京：北京医科大学、中国协和医科大学联合出版社, 1994: 356.
[14] 赵斌，周俊国，蒙根，等. 桥环黄皮酰胺差向异构体的结构研究[J]. 药学学报, 2001, 36(5): 373-376.
[15] 杨慧，王国成，蒋洪. *N*-苯基-*N*-脲基取代桂皮酰胺类衍生物的合成[J]. 宁夏大学学报, 1999, 20(4): 340-341.
[16] 马伏宁，万树青，刘序铭，等. 黄皮种子中杀松材线虫成分分离及活性测定[J]. 华南农业大学学报, 2009, 30(1): 23-26.
[17] 陈思宇. HDAC 抑制剂：肉桂酰胺类衍生物的设计、合成及生物活性筛选[D]. 长沙：中南大学药学院, 2011.
[18] 刘艳霞. 黄皮提取物对芒果炭疽病菌的抑制活性及机理研究[D]. 广州：华南农业大学, 2009.
[19] 马伏宁，万树青，刘序铭，等. 黄皮种子中杀松材线虫成分分离及活性测定[J]. 华南农业大学学报, 2009, 30(1): 23-26.
[20] 刘序铭，万树青. 黄皮不同部位(*E*)-*N*-(2-苯乙基)肉桂酰胺的含量及杀菌活性[J]. 农药, 2008, 47(1): 64-66.
[21] 邬继栋，何斯纯，黄雪松，等. *N*-甲基-*N*-顺式-苯乙烯基-桂皮酰胺对青霉素致痫大鼠痫样放电的影响[J]. 中山大学学报(医学科学版), 2010, 31(2): 213-220.
[22] Chaichantipyuth C, Pummangura S, Naowsarn K, et al. Two new bioactive carbazole alkaloids from the root bark of *Clausena harmandiana*[J]. J nat Prod, 1988, 51(6): 1285-1288.
[23] 卢海博，万树青. 黄皮甲醇提取物的除草活性及有效成分研究[J]. 农药, 2012, 51(7): 539-542.
[24] 卢海博，万树青. 黄皮素内酯Ⅱ在黄皮植物体的分布及对稗草生化代谢的影响[J]. 植物保护, 2012, 38(1): 31-34.
[25] Kumar V, Vallipuram K, Adebajo A C, et al. 2,7-Dihydrooxy-3-formyl-1-(3-methyl-2′-butenyl) carbazole from *Clausena lansium*[J]. Phytochemistry, 1995(40): 1563-1565.
[26] 李芳，罗秀珍，谢忱. 黄皮化学成分研究[J]. 科技导报, 2009, 27(10): 82-84.
[27] 任强，李芳，罗秀珍，等. 黄皮属植物香豆素类成分研究进展[J]. 时珍国医国药, 2009, 20(5): 1283-1285.
[28] Vijai L, Dhan P, Kanwal R, et al. Monoterpenoid furanocoumarin lactones from *Clausena anisata*[J]. Phytochemistry, 1984, 23(15): 2629.
[29] Prasad K N，Xie H H, Hao J, et al. Antioxidant and anticancer activities of 8-hydroxypsoralen isolated from *C. lansium* (*Clausena lansium* (Lour.) Skeels) Peel[J]. Food Chemistry, 2010, 118(1): 62-66.
[30] Maneerat W, Ritthiwigrom T, Cheenpracha S, et al. Carbazole alkaloids and coumarins from *Clausena lansium* roots[J]. Phytochemistry letters, 2012, 5(1): 26.
[31] 刘笑笑，曹蔚，王四旺. 欧前胡素的提取分离方法和药理学研究进展[J]. 现代生物医学进展, 2010(20): 3954-3956.
[32] 申竹芳，陈其明，刘海帆，等. 黄皮香豆精的降血糖作用[J]. 药学学报, 1989(24): 391-392.
[33] 殷艳华，万树青. 黄皮不同部位挥发油化学成分分析[J]. 广东农业科学, 2012(5): 99-102.
[34] 唐闻宁，康文艺，穆淑珍，等. 黄皮果挥发油成分研究[J]. 天然产物研究与开发, 2002, 14(2): 26-28.
[35] 黄亚非，张永明，黄际薇，等. 黄皮果挥发油化学成分及微量元素的研究[J]. 中国中药杂志, 2006(11): 898-901.
[36] 张建和，蔡春，罗辉，等. 黄皮果核挥发油成分的研究[J]. 中药材, 1997(10): 518-519.
[37] 罗辉，蔡春，张建和，等. 黄皮叶挥发油化学成分研究[J]. 中药材, 1998(8): 405-406.
[38] 廖华卫，邓金梅，黄敏仪. 黄皮果皮挥发油成分研究[J]. 广东药学院学报, 2006, 2(4): 139-141.

[39] 黄福辉, 郑家铨, 张令夫, 等. α-蒎烯防治储粮害虫的研究[J]. 粮食储藏, 1988, 17(1): 34-43.
[40] 钟秋平, 林美芳. 黄皮果中总黄酮含量的测定及其黄酮种类的鉴别[J]. 食品科学, 2007, 28(8): 411-413.
[41] 张福平, 刘晓珍, 汤艳姬, 等. 微波辅助提取黄皮叶黄酮类化合物及其种类初步鉴别[J]. 南方农业学报, 2013, 44(1): 126-130.
[42] 胡迎庆, 刘岱琳, 周运筹. 天然二氢查耳酮类化合物的生物活性[J]. 国外医药(植物药分册), 2002, 17(6): 241-244.
[43] 张静, 胡林峰, 冯岗. 3 种查耳酮类化合物对斜纹夜蛾的杀虫活性[J]. 热带作物学报, 2010(10): 1821-1824.
[44] 徐汉虹, 赵善欢. 芸香精油的化学成分和杀虫活性初探[J]. 天然产物研究与开发, 1994, 6(4): 56-61.
[45] 万树青, 郑大睿. 几种植物提取物对萝卜蚜的光活化杀虫活性[J]. 植物保护, 2005, 31(6): 55-57.
[46] 张瑞明, 赵冬香, 万树青. 黄皮种子甲醇提取物对米象的生物活性[J]. 农药, 2011, 50(1): 75-77.
[47] 张瑞明, 赵冬香, 万树青. 黄皮种子甲醇提取物对茶黄蓟马的生物活性[J]. 植物保护, 2011, 37(3): 120-123.
[48] 张瑞明, 赵冬香, 万树青. 黄皮种子提取物对朱砂叶螨的生物活性[J]. 中国植保导刊, 2013, 33(10): 5-9.
[49] 马伏宁, 万树青, 刘序铭, 等. 黄皮种子中杀松材线虫成分分离及活性测定[J]. 华南农业大学学报, 2009, 30(1): 23-26.
[50] 韩云. 黄皮种子的生物活性及有效成分研究[D]. 广州: 华南农业大学, 2013.
[51] 沈丽红, 焦姣, 王远, 等. 黄皮果中农用成分的提取和分离[J]. 农药, 2015, 4(1): 39-41.
[52] 郭成林, 覃柳燕, 万树青, 等. 黄皮种子提取物对斜纹夜蛾幼虫的杀虫活性及有效成分鉴定[J]. 昆虫学报, 2016, 59(8): 839-845.
[53] Chakraborty A, Chowdhury K, Bhattacharyya P. Clausenol and clausenine-two carbazole alkaloids from *Clausena anisata*[J]. Phytochemistry, 1995, 40(1): 295-298.
[54] 赵丰丽, 杨建秀, 梁燕美, 等. 黄皮叶提取物对食品中常见致病菌抑菌作用研究[J]. 食品研究与开发, 2009(2): 122-125.
[55] 刘序铭, 万树青. 黄皮不同部位(*E*)-*N*-(2-苯乙基)肉桂酰胺的含量及杀菌活性[J]. 农药, 2008, 47(1): 64-66.
[56] 刘艳霞, 巩自勇, 万树青. 黄皮酰胺类生物碱的提取及对 7 种水果病原真菌的抑菌活性[J]. 植物保护, 2009(5): 53-56.
[57] 邓会栋, 梅文莉, 左文键, 等. 黄皮果皮中的抗菌活性成分研究[J]. 热带亚热带植物学报, 2014, 22(2): 195-200.
[58] 万树青, 郑大睿. 几种植物提取物对萝卜蚜的光活化杀虫活性[J]. 植物保护, 2005, 31(6): 55-57.
[59] 卢海博, 万树青. 黄皮甲醇提取物的除草活性及有效成分研究[J]. 农药, 2012, 51(7): 539-542.
[60] 颜桂军, 朱朝华, 骆焱平, 等. 胡椒、芒果和黄皮的化感作用潜力[J]. 应用生态学报, 2006(9): 1633-1636.
[61] 董丽红. 黄皮种子提取物化感活性及作用机理研究[D]. 广州: 华南农业大学, 2017.

第二章
黄皮农药活性成分的提取及活性化合物分析鉴定

黄皮为木本植物，活性成分的提取材料包括叶、枝、花序和种子，提取采用浸提法，分离采用液液萃取、过柱的方法，纯化采用薄层层析法，结构鉴定采用四大波谱分析法。

第一节　黄皮活性成分的提取

采集新鲜的黄皮果、枝叶和花序，黄皮果去皮和果肉取出果核（即种子），分别置于闭光的通风处自然阴干，然后放置于干燥箱中 50℃烘至干脆，用植物粉碎机将其粉碎，过 80 目筛。所得黄皮种子、枝叶、花序粉末，密封遮光保存备用。

1. 冷浸法

称取一定量的黄皮核干粉，加入 5 倍体积（*V*/*W*）的甲醇进行浸提，置于避光阴凉处，每次浸提约 48 h，期间摇动数次，减压过滤，滤渣加入甲醇继续浸提，如此反复 3 次，合并提取液，经旋转蒸发仪减压浓缩至干，得黄皮种子、枝叶等甲醇提取物，置 4℃冰箱保存备用。

2. 索氏提取

称取定量的植物材料干粉，放入索氏提取器中，加入 10 倍量的甲醇溶剂进行提取，提取 24h 后，将提取液减压浓缩至干，得粗提物。计算提取率并记录各材料浓缩物的状态。

3. 提取物的分离

分离采用液-液两相萃取法。将所得的甲醇粗提物用少量甲醇溶解，再加 2～3 倍体积的水，充分搅拌，待没有固体物存在后，依次用石油醚和乙酸乙酯进行萃取（分别加入等体积的石油醚和乙酸乙酯），每种溶剂连续萃取 3 次，最后分别将各层萃取液合并并减压浓缩，分别得到石油醚萃取物、乙酸乙酯萃取物和水层，称重并存于冰箱中备用。流程图如图 2-1 所示。

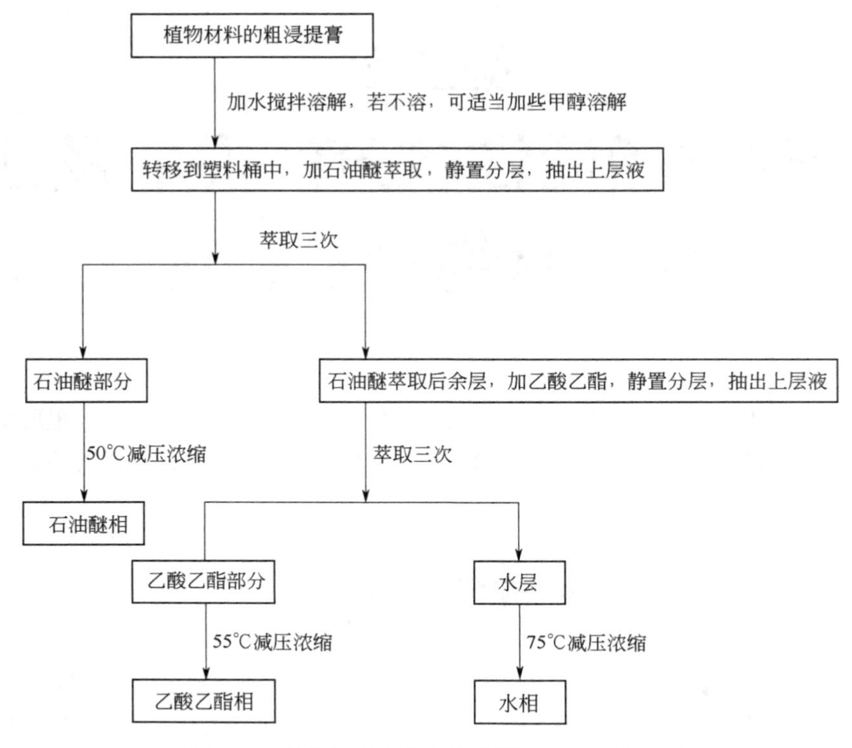

图 2-1　黄皮农药活性成分的提取、分离流程图

（1）色谱柱分离

① 硅胶柱层析

a. 洗脱系统的选择　根据待分离样品的来源及类型，配制若干个二元或三元不同配比的溶剂系统薄层层析，比较不同系统下该样品 TLC 板层析行为以选定最佳系统。选择样品在 TLC 板上展开后分开的点最多，且多数点的 R_f 值在 0.2～0.6 以内的溶剂系统为梯度洗脱系统。

b. 拌样　在待分离样品中加入少量较易溶解样品、挥发性好的溶剂，稍微加热使样品完全溶解后加于适量拌样硅胶（100～160 目）中，质量比为 1∶1 左右。充分研磨至无固体颗粒，使样品均匀吸附于拌样硅胶上。

c. 装柱　包括湿法装柱和干法装柱。湿法装柱中，固定好层析柱后，以初始洗脱剂与适量硅胶（200～300 目）搅拌混匀倒入，打开下端活塞并以洗耳球轻敲层析柱四壁，使硅胶沉降、柱面平整，以初始溶剂冲洗至柱中无气泡为止，等待上样。干法装柱则直接往层析柱倒入适量硅胶，用洗耳球或手轻轻拍打层析柱上端，使硅胶填实，应保证层析柱内硅胶面的平整性。根据待分离样品的难度，装柱硅胶量通常为样品量的 5～60 倍不等。

d. 上样　分干法上样和湿法上样两种。具体分以下几种情况：

（a）湿法装柱，干法上样　先将柱中的溶剂放出，待快接近硅胶面时，关闭活塞。用药勺将已拌好的样品均匀地撒入层析柱中，待加完样品后，用玻璃棒轻轻搅平样品面，加入适量的石英砂，即可加入溶剂洗脱。

（b）干法装柱，干法上样　用药勺将已拌好的样品均匀地铺撒在硅胶面上，刚开始应少量慢慢地加入，待到样品已铺满整个硅胶面时，可适当加快上样速度。待加完样品后，用玻璃棒轻轻搅平样品面，加入适量的石英砂，即可加入溶剂洗脱。

（c）干法装柱，湿法上样　在已干法装好的层析柱中，加入适量石英砂于硅胶面上，尽量加入比洗脱溶剂极性低的溶剂将样品溶解，用胶头滴管将样品加入层析柱中，再加入洗脱溶剂进行洗脱。

e. 洗脱　用已选好的洗脱系统以系列极性梯度冲洗，根据不同极性化合物在薄层板上的 R_f 值情况定量接取馏分并减压浓缩。

f. 显色与合并　将柱层析所得的馏分经 TLC 和显色检测，合并相近馏分，以进行下一步分离。

② 凝胶柱层析　填料为 LH 型烷基化葡聚糖凝胶 Sephadex LH-20，根据预处理情况可分为丙酮凝胶、甲醇凝胶以及氯仿-甲醇凝胶等。上样前，样品需进行预实验，以检查样品是否会对凝胶柱造成污染或死吸附。具体做法是取适量洗脱溶剂将样品溶解，取少量加入凝胶预柱中，用洗脱剂冲洗，发现无污染或死吸附时方可上凝胶柱。样品溶解后，先以 0.45μm 微孔滤膜过滤，待凝胶柱液面和凝胶快齐平时，将滤液沿柱壁缓缓加入，等样品刚好完全进入凝胶时，加入溶剂进行洗脱。每瓶收集 2～10mL，待溶剂挥干后检测、合并。

③ MCI 柱色谱　新购买的 MCI 填料需用丙酮、甲醇或乙醇多次浸泡洗涤后，以除去有机杂质，再用水充分交换后使用。样品用甲醇溶解后用滤纸抽滤，将抽滤液直接倒入已处理好的 MCI 柱中，待溶剂滴干后，先加入蒸馏水进行洗脱，再换成不同极性的溶剂（甲醇-水或乙醇-水）进行洗脱，最后用丙酮冲柱，再用蒸馏水将丙酮赶出，用甲醇换掉柱中的蒸馏水，以保护 MCI 柱。

（2）制备薄层层析

① 薄层层析板的制备　以蒸馏水加热溶解羧甲基纤维素钠配成 5‰质量比的溶液，冷却至室温后按 m/v=3：7～1：3 比例加入 GF_{254} 薄层层析硅胶，充分混匀后平铺于干净的 20cm×20cm 玻璃板上，在室内静置挥干水分后置于烘箱中 100～110℃活化 30min，冷却后即可使用。

② 点样和层析　在制备板底边缘上方 1cm 处用铅笔画两条样品线，将待分离样品溶解后用直径为 1mm 毛细管均匀滴加在两条样品线内，挥干溶剂后置于层析缸中用预先摸索好的展开剂展开。

③ 检测与提取　待展开完成后，将玻璃板取出，待溶剂挥发后，在紫外显色后刮取目标样带以适当溶剂冲洗并浓缩。

第二节　分离化合物的结构鉴定

核磁共振谱（NMR）测定：以氘代试剂为溶剂，四甲基硅烷（TMS）为内标，测定氢谱、碳谱和必要的二维谱。结合理化性质、波谱数据和参考文献报道，最终确定化合物结构。

一、黄皮新肉桂酰胺 B

浅黄色针状晶体；熔点 72～73℃；分子式为 $C_{18}H_{17}NO$；易溶于丙酮、甲醇。其波谱数据归属如下：

^{1}H NMR (600 MHz, $CDCl_3$) δppm：3.07 (s, 3H, CH_3), 6.22 (d, J=9.0 Hz, 1H, CH), 6.47 (d, J=8.4 Hz, 1H, CH), 6.91 (d, J=15.6 Hz, 1H, CH), 7.20～7.44 (m, 10H, CH_{ar}), 7.62 (d, J=15.6 Hz, 1H, CH)；

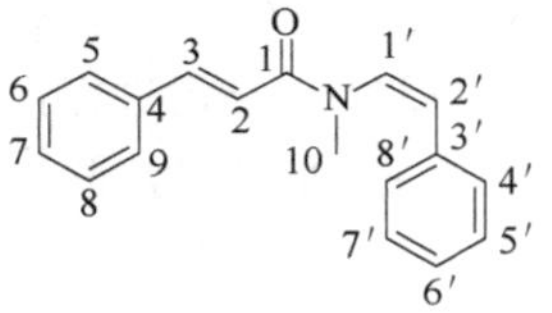

图 2-2　黄皮新肉桂酰胺（lansiumamide B）的化学结构

^{13}C NMR (150 MHz, $CDCl_3$) δppm: 34.8 (CH_3), 118.5 (C-2), 125.3 (C-2′), 128.1 (CH_{ar}), 128.1 (CH_{ar}), 128.2 (CH_{ar}), 128.8 (C-1′), 128.8 (CH_{ar}), 128.8 (CH_{ar}), 128.8 (CH_{ar}), 128.9 (CH_{ar}), 128.9 (CH_{ar}), 129.0 (CH_{ar}), 129.8 (CH_{ar}), 134.5 (C_{ar}), 135.3 (C_{ar}), 142.8 (C-3), 166.6 (CO)。

以上数据与文献[1,2]报道的基本一致，故确定该化合物为黄皮新肉桂酰胺（lansiumamide B）（图 2-2）。

二、苯丙酰胺

无色晶体；熔点 126～127℃；分子式为 $C_{17}H_{17}NO$；易溶于丙酮、氯仿、甲醇。其波谱数据归属如下：

^{1}H NMR (600MHz ,$CDCl_3$) δppm：7.45(2H, m)、7.30(5H, m)、7.21(3H, m)、7.61(1H, d, J=15.4Hz)、6.36(1H, d, J=15.4Hz)、6.06(-N-H, t, J=6.02Hz)、3.63(2H，q，J=6.89Hz)、2.87(2H, t, J=6.89Hz)。以上数据与文献[3]报道的基本一致，故确定该化合物为苯丙酰胺（phenethyl cinnamide）（图 2-3）。

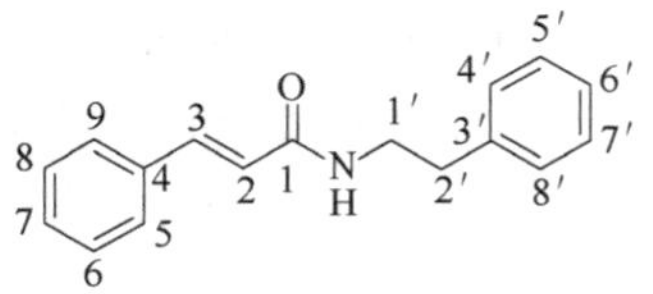

图 2-3　苯丙酰胺的化学结构

三、辛黄皮酰胺

白色晶体；熔点 187～189℃；分子式为

$C_{18}H_{17}NO_2$；易溶于丙酮、氯仿、甲醇、DMSO。其波谱数据归属如下：

^{1}H NMR (600MHz ,$CDCl_3$) δppm：7.256～7.102 (9H, m, Ph)、6.828 (1H, d, 8.4Hz, Ph)、6.182 (1H, d, 8.4Hz)、5.092 (1H, d, 9.6Hz)、4.182 (1H, d, 9.6Hz)、3.542 (s, -OH)、2.947 (3H，s, -OH, N-CH_3)；

^{13}C NMR (600MHz ,$CDCl_3$) δppm：126.9、130.4、132.6、127.1、141.0、130.3、132.8、128.9、173.6、72.6、59.8、145.8、129、128.8、128.9、33.4。

以上数据与文献[4]报道的基本一致，故确定该化合物为辛黄皮酰胺（zeta clausenamide）（图 2-4）。

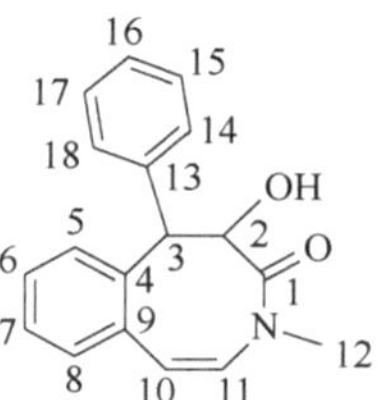

图 2-4 辛黄皮酰胺的化学结构

四、*N*-甲基-桂皮酰胺

白色块状晶体；熔点 150～152℃；分子式为 $C_{10}H_{11}NO$；易溶于丙酮、氯仿、DMSO。其波谱数据归属如下：

^{1}H NMR (600MHz ,$CDCl_3$) δppm：7.45(2H, m, H-2,6)、7.30(3H, m, H-3,4,5)、7.63(1H, d, *J*=16.2)、6.55(1H, d, *J*=15.6)、6.82(-N-H, d, *J*=1.8)、2.93(CH_3, d, *J*=4.8)；

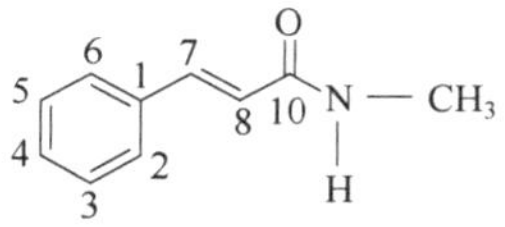

图 2-5 *N*-甲基-桂皮酰胺的化学结构

^{13}C NMR (600MHz,$CDCl_3$) δppm：134.7(C-1)、127(C-2,6)、129.4(C-3,5)、128.6(C-4)、140.3(C-7)、120.7(C-8)、166.9(C-10)、26.3(-CH_3)。

以上数据与文献[5]报道的 *N*-methyl-cinnamamide 一致，故确定该化合物为 *N*-甲基-桂皮酰胺（*N*-methyl-cinnamamide）（图 2-5）。

五、山柰酚

黄色无定形粉末；分子式为 $C_{15}H_{10}O_6$；易溶于丙酮、DMSO。其波谱数据归属如下：

^{1}H NMR (600 MHz, DMSO-d_6) δppm：12.45 (s, 1H, 5-OH), 10.76 (brs, 1H, -OH), 10.09 (s, 1H, -OH), 9.35 (brs, 1H, -OH), 8.02 (d, 2H, *J*=9.0 Hz, H-2′,6′), 6.90 (d, 2H, *J*=9.0 Hz, H-3′,5′), 6.42 (d, 1H, *J*=1.8 Hz, H-8), 6.17 (d, 1H, *J*=1.8 Hz, H-6)；

^{13}C NMR (150 MHz, DMSO-d_6) δppm：146.8 (s, C-2), 135.7 (s, C-3), 175.9 (s, C-4), 160.7 (s, C-5), 98.2 (d, C-6), 163.9 (s, C-7), 93.5 (d, C-8), 156.2 (s, C-9), 103.1 (s, C-10), 121.7 (s, C-1′), 129.5 (d, C-2′,6′), 115.5 (d, C-3′,5′), 159.2 (s, C-4 ′)。

以上波谱数据与文献[6]报道基本一致，故确定该化合物为山柰酚（kaempferol）（图 2-6）。

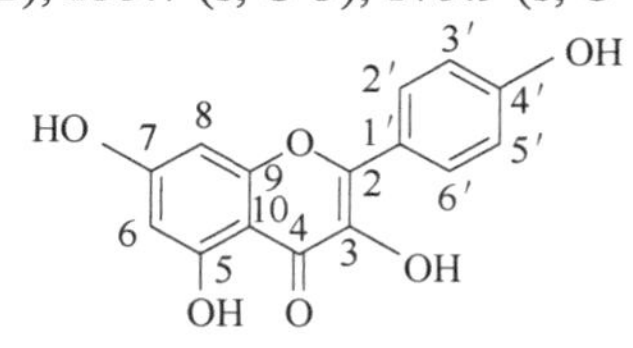

图 2-6 山柰酚的化学结构

六、7,4′-二羟基黄烷

无定形粉末；熔点 157～159℃；分子式为 $C_{15}H_{14}O_3$；易溶于苯。其波谱数据归属如下：

^{1}H NMR (600 MHz, DMSO) δppm：7.18 (2H, m), 6.84 (3H, d, J=8.16 Hz), 6.75 (2H, m), 6.28 (1H, dd, J=2.42, 8.16 Hz), 6.18 (1H, d, J=2.42 Hz), 4.88 (1H, dd, J=10.28,1.98 Hz), 2.79 (1H, m), 2.59 (1H, m), 2.02 (1H, m), 1.90 (1H, m)；

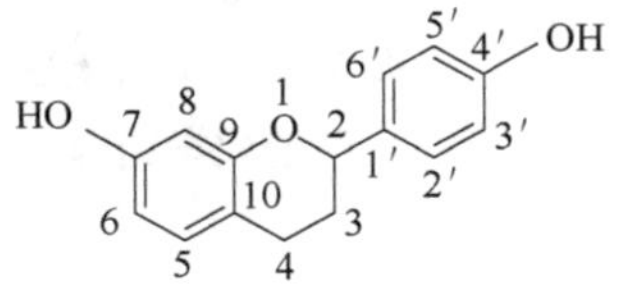

^{13}C NMR (150 MHz, DMSO) δppm：157.6, 157.0, 155.9, 132.2, 130.3, 127.9, 115.5, 112.6, 108.4, 103.2, 77.3, 29.8, 24.4 (90, 103)。

图 2-7　7,4′-二羟基黄烷的化学结构

以上数据与文献[7]报道一致，故确定该化合物为 7,4′-二羟基黄烷（7,4′-dihydroxyflavne）(图 2-7)。

七、对羟基苯甲酸

白色结晶；熔点 214～215℃；分子式为 $C_7H_6O_3$；易溶于乙醇。其波谱数据归属如下：

^{1}H NMR (600 MHz, aceton-do) δppm：7.92 (2H, m), 6.93 (2H, m)；

^{13}C NMR (150 MHz, aceton-do) δppm：166.6, 161.7, 131.8, 121.8, 115.1。

以上数据与文献[8]报道一致，故确定该化合物为对羟基苯甲酸（4-hydroxybenzoic acid）。化合物结构如图 2-8。

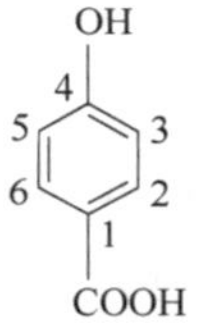

图 2-8　对羟基苯甲酸的化学结构

八、肉豆蔻醚

黄色油状液体，其波谱数据归属如下：

^{1}H NMR (600 MHz, acetone-d_6) δppm：6.30 (s, 1H, H-4), 6.24 (s, 1H, H-6), 5.83～5.75 (m, 1H, H-2′), 5.78 (s, 2H, -OCH_2O-), 4.93 (dd, J = 17.0, 1.8 Hz, 1H, H-3′a), 4.90～4.85 (m, 1H, H-3′b), 3.71 (s, 3H, -OCH_3), 3.15 (dd, J = 6.6, 1.5 Hz, 2H, H-1′)；

^{13}C NMR (151 MHz, acetone-d_6) δppm：148.44(C-2), 143.10(C-1), 137.20(C-2′), 134.01(C-3), 132.98(C-5), 114.39(C-3′), 107.56(C-6), 101.71(C-4), 100.47(-OCH_2O-), 55.40(-OCH_3), 39.25(C-1′)。

以上数据与文献[9]报道的肉豆蔻醚（myristicin）数据基本一致，肉豆蔻醚的结构式见图 2-9。

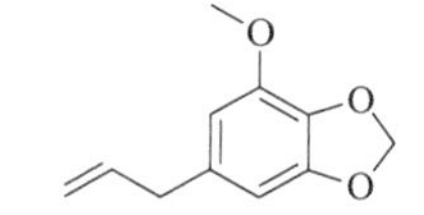

图 2-9 肉豆蔻醚的化学结构

九、黄皮内酯Ⅰ和黄皮内酯Ⅱ

2 个化合物的结构鉴定信息和化学结构见表 2-1，图 2-10 和图 2-11。

表 2-1 化合物核磁共振谱（^{1}H、^{13}C）数据

位置	黄皮内酯Ⅰ		黄皮内酯Ⅱ	
	C	H	C	H
2	145.1	8.15（d，1H，*J*=9.8）	148.3	8.27（d，1H，*J*=10.0）
3	94.5	6.95（d，1H，*J*=1.5）	94.9	6.97（d，1H，*J*=1.6）
4	104.8	6.98（s，1H）	104.5	7.09（s，1H）
5	147.8	7.26（s，1H）	148.1	7.63（d，1H，*J*=2.3）
6	107.6	6.30（d，1H，*J*=9.8）	107.5	6.34（d，1H，*J*=10）
7	158.1		161.0	
9	139.3		139.1	
10	148.7		152.6	
11	123.3		114.0	
12	112.9		113.3	
13	145.1		145.4	
1′	60.4	4.12（dd，1H，*J*=7.2，14.3）	71.7	4.67（dd，1H，*J*=4.5，11.0）
2′	114.2	5.68（s，1H）	61.4	3.29（dd，1H，*J*=4.5，6.5）
3′	136.9		58.4	
4′	10.63	1.79(s，3H)	16.9	1.50（s，3H）
5′	43.3	2.36（dd，2H，*J*=8.2，14.4）	43.0	1.68（dd，2H，*J*=10.0，14.0）
6′	79.2	4.99（dd，1H，*J*=6.7，12.0）	77.9	5.10（dd，1H，*J*=1.7，8.2）
7′	152.6	7.62（d，1H，*J*=2.3）	158.1	7.27（s，1H）
8′	130.6		130.4	
9′	17.3	1.93（s，3H）	10.6	1.95（s，3H）
10′	171.2		173.6	

综合以上特征并与参考文献[10]报道的数据进行比较，鉴定化合物为黄皮内酯Ⅰ（anisolactone）和黄皮内酯Ⅱ（2′,3′-epoxyanisolactone），化学结构式见图 2-10 和图 2-11。

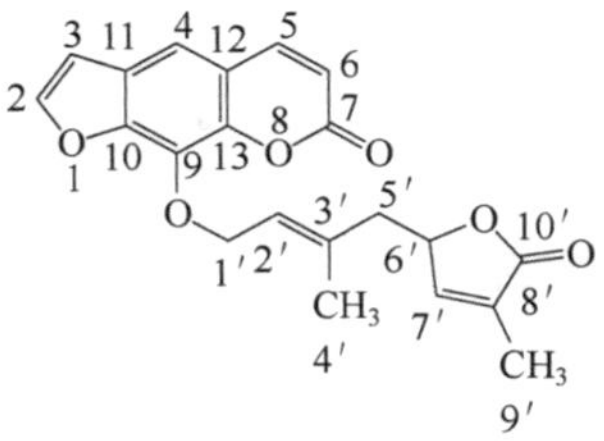

图 2-10　黄皮内酯 I 的化学结构

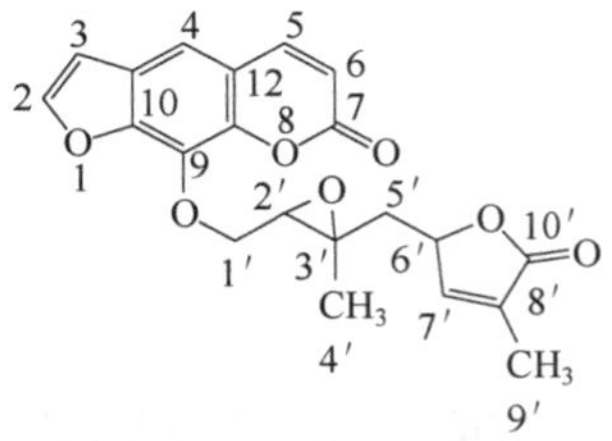

图 2-11　黄皮内酯 II 的化学结构

十、(*E*)-*N*-2-苯乙基肉桂酰胺

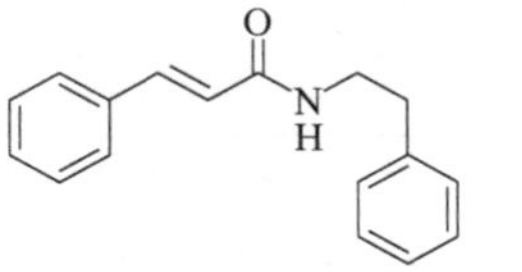

图 2-12　(*E*)-*N*-2-苯乙基肉桂酰胺的化学结构

白色针状晶体，易溶于丙酮，分子式为 $C_{17}H_{17}NO$，分子量为 251.1310。

^1H NMR 和 ^{13}C NMR 与文献报道[11]的(*E*)-*N*-2-phenylethylcinnamamide 图谱一致，因此化合物鉴定为(*E*)-*N*-2-苯乙基肉桂酰胺，该化合物的化学结构见图 2-12。

十一、化合物 7-3

化合物 7-3[(*S*,1*Z*,2*Z*,5*E*,10*Z*)-9-((*R*)-hydroxy(phenyl)methyl)-8-methyl-8-azabicyclo[4,3,2]undeca-1,3,5,10-tetraen-7-one]分子式为 $C_{18}H_{17}NO_2$，分子量为 279.33；其化学结构式如图 2-13，^1H-NMR 和 ^{13}C-NMR 数据及归属如下：

^1H NMR (600MHz, $CDCl_3$) *δ*ppm：7.256～7.102 (9H, m, Ph)、6.828 (1H, d, 8.4Hz, Ph)、6.182 (1H, d, 8.4Hz)、5.092 (1H, d, 9.6Hz)、4.182 (1H, d, 9.6Hz)、3.542 (s, -OH)、2.947 (3H, s, -OH, N-CH_3)；

^{13}C NMR (600MHz, $CDCl_3$) *δ*ppm：126.9、130.4、132.6、127.1、141.0、130.3、132.8、128.9、173.6、72.6、59.8、145.8、129、128.8、128.9、33.4。

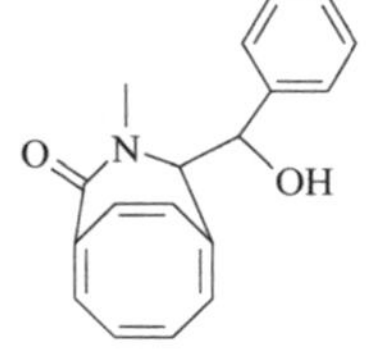

图 2-13　化合物 7-3 的化学结构

第三节　几种活性成分的分析

一、黄皮新肉桂酰胺 B

1. 最大吸收波长

以甲醇作参比、甲醇作溶剂在紫外分光光度计下进行扫描。结果表明，在

221nm、273nm 和 293nm 下，化合物黄皮新肉桂酰胺 B（lansiumamide B）有最大的吸收波长。

2. 黄皮新肉桂酰胺 B 检测条件的建立

通过改变流动相的极性大小，结合出峰时间和各峰的分离效果，最终确定检测条件为：色谱柱：HP Hypersil ODS C_{18} 250mm×4.0mm（i.d），5μm；柱温：室温；流动相：甲醇：水=80：20（*V*/*V*）；流速：1.0mL/min；检测波长：295nm；进样量 10μL；保留时间：约 4.008min。确定检测条件的标样图谱。

3.化合物黄皮新肉桂酰胺 B 的工作曲线

分别配制 50μg/mL、25μg/mL、12.5μg/mL、6.25μg/mL、1μg/mL 的浓度梯度，按照“2.黄皮新肉桂酰胺 B 检测条件的建立”的检测条件测定各浓度的峰面积，以其浓度为横坐标、峰面积为纵坐标绘制标准曲线，曲线方程为 y=34.466x−5.6332（r=0.9996）。

4. 黄皮新肉桂酰胺 B 在黄皮的不同部位含量的测定

分别用黄皮的花、叶、树皮和种子的粗提物配制成 50μg/mL 的浓度，在检测条件下测定各部分中化合物黄皮新肉桂酰胺 B 的含量，测定结果如表 2-2 所示。结果表明，化合物黄皮新肉桂酰胺 B 在叶和树皮干粉的含量较少，仅为 0.18%和 0.29%，在花干粉中的含量为 1.12%。化合物黄皮新肉桂酰胺 B 在黄皮种子干粉中的含量较高达到 5.42%。

表 2-2　化合物 lansiumamide B 在黄皮不同部位的含量测定结果

部位	峰面积/mAU	化合物 lansiumamide B 的含量/%
花	174.06±6.74b	1.12
叶	62.13±5.85c	0.18
树皮	99.63±8.88bc	0.29
种子	1716.35±55.64a	5.42

注：1. 表内数据为 3 次重复平均值 $\bar{X}$±SE，同列数据后标有相同字母者表示在 5%水平差异不显著（DMRT 法）。

2. 各部位甲醇提取物的测定浓度为 50μg/mL。

二、黄皮内酯Ⅱ

1. 最大吸收波长的确定

紫外分光光度计下进行扫描，在 212nm 下，化合物黄皮内酯Ⅱ（2′,3′-epoxyanisolactone）有最大的吸收波长。

2. 黄皮内酯Ⅱ检测条件的建立

通过改变流动相的极性大小，结合出峰时间和各峰的分离效果，最终确定检测条件为：色谱柱：HP Hypersil ODS C_{18}；柱温：室温；流动相：甲醇：水=75：25（*V/V*）；流速：1.0mL/min；检测波长：212nm；进样量 10μL；保留时间：约 3.906min。

3. 黄皮内酯Ⅱ的工作曲线制备

分别配制 200μg/mL、100μg/mL、50μg/mL、25μg/mL、12.5μg/mL 的浓度梯度，在检测条件下测定各浓度的峰面积，以其浓度为横坐标、峰面积为纵坐标绘制标准曲线，曲线方程为 y=37.936x+94.54（r=0.9999）。

4. 黄皮内酯Ⅱ在黄皮的不同部位的含量的测定

分别用黄皮的花、枝叶、果核的粗提物配制 1000μg/mL 的浓度，按照“2.黄皮内酯Ⅱ检测条件的建立”的检测条件测定各部分中化合物黄皮内酯Ⅱ的含量，测定结果如表 2-3 所述。结果表明，化合物黄皮内酯Ⅱ在花粗提物中的含量较少，仅为 0.43%，在枝叶和果核中的含量分别为 3.33%和 3.21%。这说明化合物黄皮内酯Ⅱ在黄皮枝叶和果核中的含量较高，且枝叶材料简单易得，不受季节的限制，为试验的可行性进一步提供了条件。

表 2-3　化合物黄皮内酯Ⅱ在黄皮的不同部位含量的测定结果

部位	峰面积/mAU	黄皮内酯Ⅱ的含量/%
花	259.1±0.52c	0.43
枝叶	1359.1±5.36a	3.33
果核	1311.9±7.45b	3.21

注：1. 表内数据为 3 次重复平均值 $\bar{X}$±SE，同列数据后标有相同字母者表示在 5%水平差异不显著（DMRT 法）。
2. 各部位的测定浓度为 1000μg/mL。

三、(*E*)-*N*-2-苯乙基肉桂酰胺

1. (*E*)-*N*-2-苯乙基肉桂酰胺高效液相检测方法

采用高效液相检测方法，测定选择在对样品有最大吸收的波长下进行，逐渐改变流动相甲醇和水的比例，选择分离效果最好的流动相比例，建立化合物的高效液相检测方法。

通过改变流动相的极性大小，结合出峰时间和各峰的分离效果，最终确定检测条件为：色谱柱：HP Hypersil ODS C_{18} 250mm×4.0mm（i.d）5μm；柱温：室温；流动相：甲醇：水=80：20（*V/V*）；流速：1.0mL/min；液相扫描得到检测波长：282nm；进样量 10μL；保留时间：约 3.168min。

2. (*E*)-*N*-2-苯乙基肉桂酰胺工作曲线的制作

称取一定量的活性化合物(*E*)-*N*-2-苯乙基肉桂酰胺，用甲醇分别配制 80μg/mL、40μg/mL、20μg/mL、10μg/mL、5μg/mL 的浓度梯度，在上述确定的条件下检测各

浓度的峰面积和出峰时间。并以物质浓度为横坐标、峰面积为纵坐标绘制标准曲线。曲线方程为：$y=21.923x+16.796$（$r=0.9996$）。

3. 黄皮各部位中(*E*)-*N*-2-苯乙基肉桂酰胺含量的测定

分别称取定量黄皮的枝叶、花、树皮和果核的粗提物，配制成 50μg/mL 的浓度，在检测条件下测定各部分中化合物(*E*)-*N*-2-苯乙基肉桂酰胺的含量，测定结果如表 2-4 所述。结果表明，化合物(*E*)-*N*-2-苯乙基肉桂酰胺在花粗提物中的含量较少，仅为 0.33%，在果核、树皮和枝叶中的含量分别为 1.39%、0.94%和 1.26%。这说明化合物(*E*)-*N*-2-苯乙基肉桂酰胺，在黄皮果核中的含量较高。

表 2-4　化合物(*E*)-*N*-2-苯乙基肉桂酰胺在黄皮的不同部位的含量测定结果

部位	峰面积/mAU	化合物(*E*)-*N*-2-苯乙基肉桂酰胺的含量/%
果核	62.9	1.39
树皮	51.6	0.94
枝叶	46.1	1.26
花	25.2	0.33

注：各部位的测定浓度为 50μg/mL。

四、*N*-甲基-桂皮酰胺

1. *N*-甲基-桂皮酰胺紫外吸收光谱

以甲醇作溶剂将所得活性化合物配成 8μg/mL 的溶液，进行紫外-可见光全波长扫描，结果显示，该化合物在紫外区 284nm 处有最大吸收，吸光度为 0.3856，因此选择 284nm 作为进行液相色谱分析时的紫外吸收检测波长。

2. HPLC 色谱分析

用甲醇将化合物配成 80μg/mL 的溶液，用 HPLC 色谱仪进行检测分析。通过改变流动相的极性大小，结合出峰时间和各峰的分离效果，最终确定检测条件为：色谱柱：HP Hypersil ODS C_{18} 250mm×4.0mm（i.d）5μm；柱温：室温；流动相：乙腈：水=90：10（*V*/*V*）；流速：1.0mL/min；检测波长：284nm；进样量 10μL；保留时间：约 2.943min。

根据 HPLC 检测条件，各组分的相对百分含量由色谱峰面积用归一化法计算而得，纯度为 96.22%，可见该样品可用于分子结构的分析测定。

3. *N*-甲基-桂皮酰胺工作曲线制备

分别配制 80μg/mL、40μg/mL、20μg/mL、10μg/mL、5μg/mL 的浓度梯度，按照“2.HPLC 色谱分析”的检测条件测定各浓度的峰面积，以其浓度为横坐标、峰面积为纵坐标绘制标准曲线，曲线方程为 $y=57.238x+128.13$（$r=0.9988$）。

4. *N*-甲基-桂皮酰胺在黄皮不同萃取物中的含量

分别将黄皮的粗提物、石油醚和乙酸乙酯萃取物配制成 50μg/mL 的浓度，测定粗提物和各萃取物中该化合物的含量，结果表明，化合物在乙酸乙酯相、石油醚相和粗提物中的百分含量分别为 3.119%、1.159%和 1.851%。

第四节　黄皮不同部位挥发物化学成分分析

采用同时蒸馏萃取法（SDE），分别称取果核、果皮和枝叶样品 100g，粉碎后，用乙醚作溶剂同时蒸馏萃取 3h，浓缩后收集挥发油。采用气相色谱-质谱法（GC/MS）对挥发物化学成分进行分析测定，试验条件如下文所述。

① GC/MS 试验条件　HP-INNOWAX 毛细管柱（30m×0.25mm×0.25μm）；进样口温度 250℃；载气为氦气；载气流速 1.0mL/min；柱温（程序升温）：45℃保持 1min，然后以 3℃/min 升温至 80℃，保持 3min，再以 8℃/min 升温至 250℃，保持 5min。进样量 0.1μL，分流比为 50：1。

② 质谱条件　离子源 EI，70EV；质谱扫描范围 35～335AMU。

黄皮果核出油率 0.75%，黄皮枝叶出油率 0.1%，黄皮果皮出油率 0.48%，油均为淡黄色。

按上述条件，将提取的挥发油进行 GC/MS 分析，其中的成分经过 NIST/Wiley 谱库检索，黄皮果核中检索出 42 种成分，占挥发油总量的 97.78%；枝叶中检索出 35 种成分，占总油量的 91.36%；果皮中检索出 35 种成分，占总油量的 95.10%。其百分含量根据质谱的总离子流图（图 2-14～图 2-16），按照质谱仪自带的工作站软件进行规一化测定。各部位化学成分及其相对含量见表 2-5。

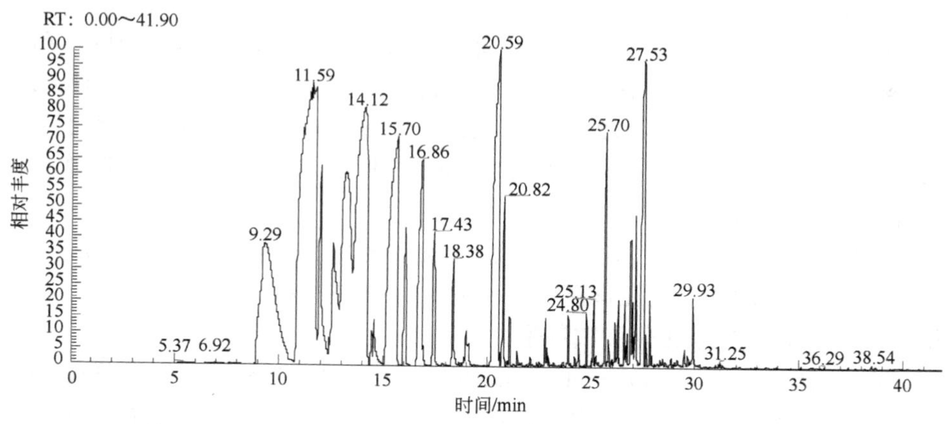

图 2-14　黄皮果核挥发油总离子流色谱图

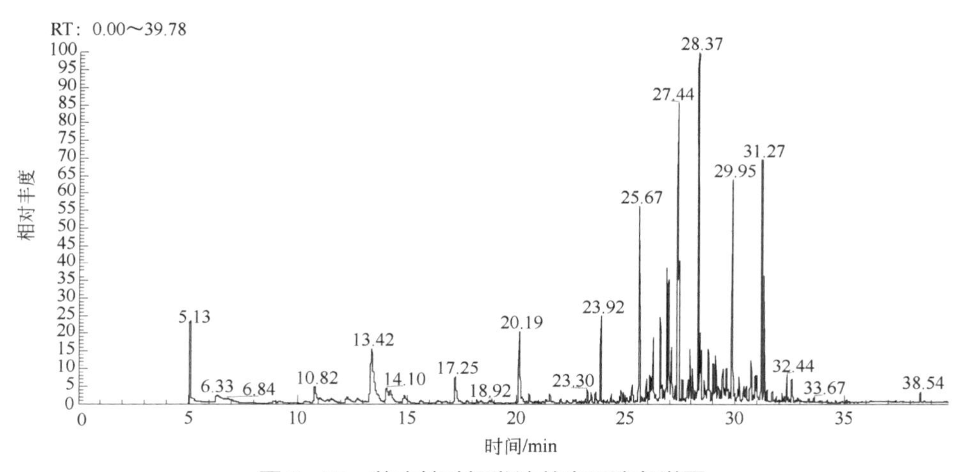

图 2-15　黄皮枝叶挥发油总离子流色谱图

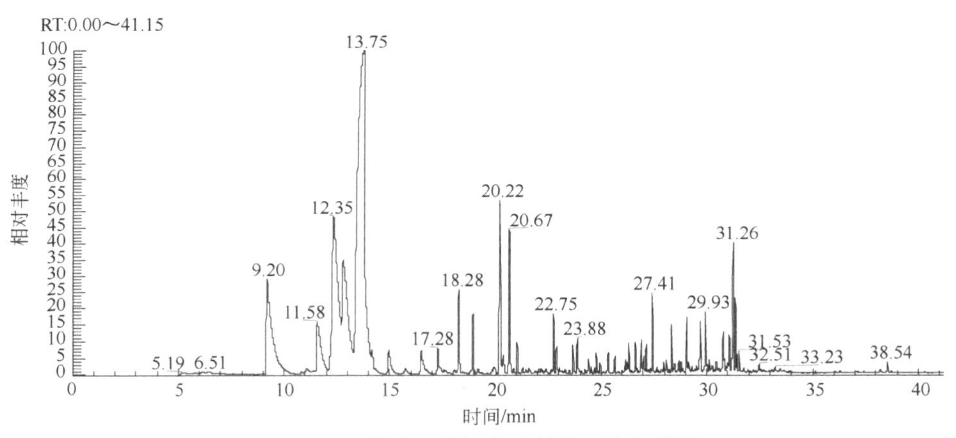

图 2-16　黄皮果皮挥发油总离子流色谱图

表 2-5　黄皮果核、枝叶和果皮挥发油中化学成分及相对含量[12]

保留时间/min	分子式	结构式	名称	在果核中的相对含量/%	在枝叶中的相对含量/%	在果皮中的相对含量/%
9.20	$C_{10}H_{16}$		α-蒎烯	—	—	9.96
9.29	$C_{10}H_{16}$		2,7-二甲基-3-辛烯-5-炔	10.62	—	—
11.13	$C_{10}H_{16}$		β-蒎烯	10.44	—	—
11.58	$C_{10}H_{16}$		月桂烯	12.74	—	2.8

续表

保留时间/min	分子式	结构式	名称	在果核中的相对含量/%	在枝叶中的相对含量/%	在果皮中的相对含量/%
12.00	$C_{10}H_{16}$	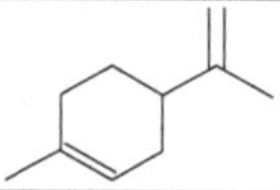	双戊烯	2.44	—	—
12.28	$C_{10}H_{16}$	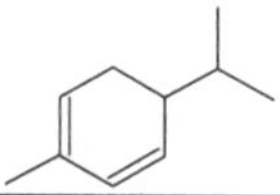	水芹烯	4.7	0.53	—
12.35	$C_{10}H_{16}$	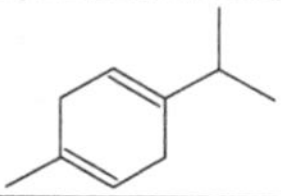	γ-萜品烯	1.96	0.6	10.74
12.40	$C_{10}H_{16}$	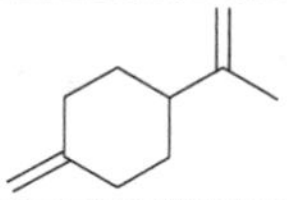	假柠檬烯	0.06	—	—
12.81	$C_{10}H_{16}$	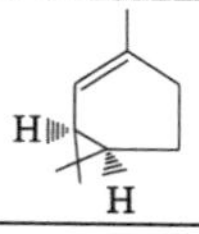 H H	2-蒈烯	—	—	5.85
13.42	$C_{10}H_{16}$	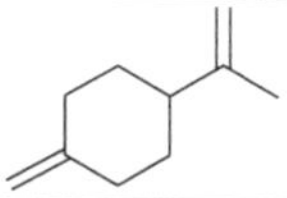	桧烯	—	5.86	—
13.75	$C_{10}H_{16}$	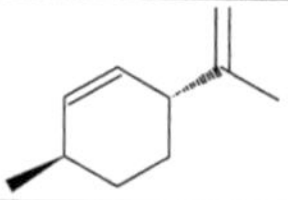	反式异柠檬烯	11.86	—	37.03
14.10	C_8H_8O	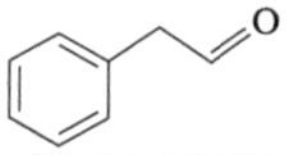 O	苯乙醛	0.26	1.2	—
14.27	$C_{10}H_{16}$	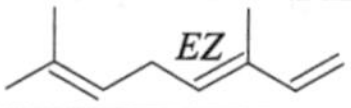 EZ	3,7-二甲基-1,3,6-辛三烯	—	0.88	—
14.56	$C_{10}H_{16}$	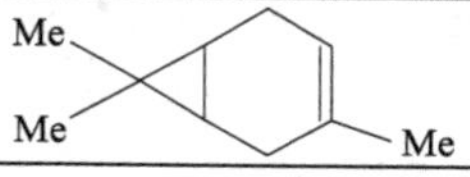 Me Me Me	3-蒈烯	0.42	—	—
15.66	$C_9H_{12}O$	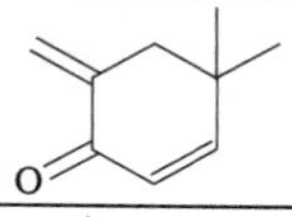 O	4,4-二甲基-6-亚甲基-2-环己烯-1-酮	11.6	—	—
16.08	$C_{10}H_{18}O$	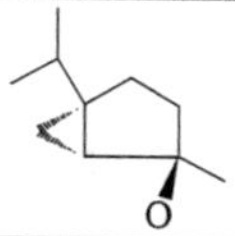 O	山梨酸	1.16	—	—
16.86	$C_{10}H_{16}$	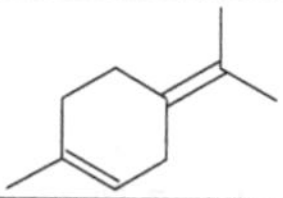	萜品油烯	4.11	—	1.1

续表

保留时间/min	分子式	结构式	名称	在果核中的相对含量/%	在枝叶中的相对含量/%	在果皮中的相对含量/%
17.43	$C_{10}H_{18}O$	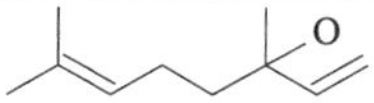	芳樟醇	1.48	1.69	1.02
18.38	$C_{10}H_{18}O$	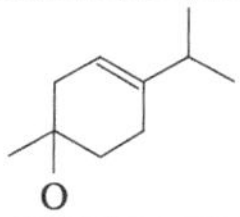	1-松油醇	1.16	—	2.33
18.95	$C_{10}H_{18}O$	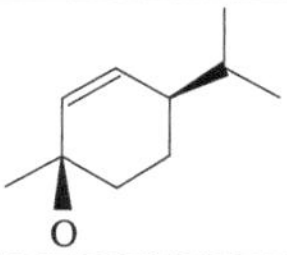	*trans-p*-menth-2-en-1-ol 反式-*p*-孟烯醇	—	—	1.61
20.56	$C_{10}H_{18}O$	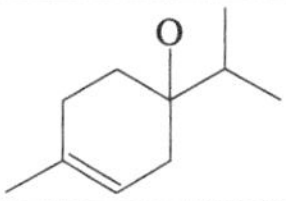	4-萜烯醇	10.52	3.25	5.3
20.82	$C_{10}H_{18}O$	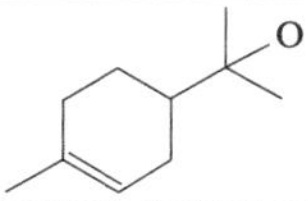	*α*-松油醇	1.44	0.43	3.95
21.11	$C_{10}H_{18}O$	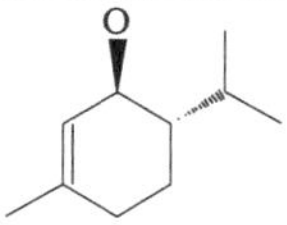	反式胡椒醇	0.21	—	0.6
21.57	$C_{11}H_{20}O_2$	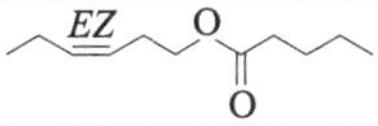	正戊酸-(*Z*)-3-乙烯酯	—	0.23	—
21.46	$C_{10}H_{18}O$	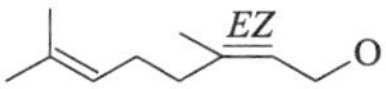	*β*-柠檬醛	0.05	0.14	—
22.10	$C_{10}H_{18}O$	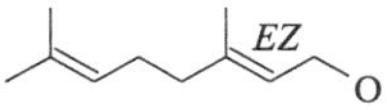	香叶醇	0.05	—	—
22.75	$C_{10}H_{16}O$	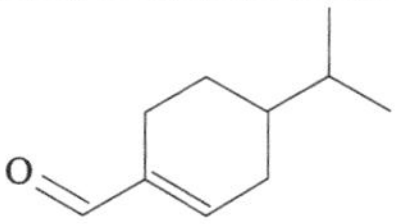	*p*-孟烯醛	—	—	1.08
22.82	$C_{12}H_{18}$	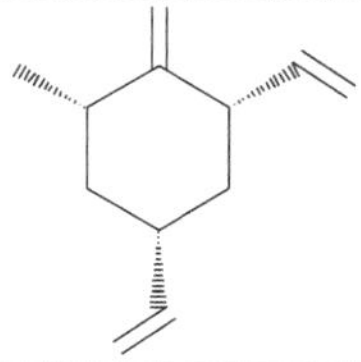	cyclohexane,1,5-diethenyl-3-methyl-2-methylene-,(1*R*,3*R*,5*S*)-rel-	0.21	—	—
22.90	$C_{12}H_{20}O_2$	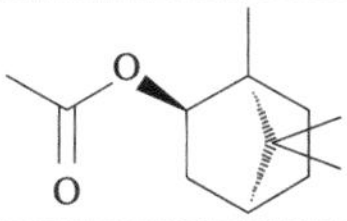	左旋乙酸冰片酯	0.08	0.02	—

续表

保留时间/min	分子式	结构式	名称	在果核中的相对含量/%	在枝叶中的相对含量/%	在果皮中的相对含量/%
23.30	$C_{10}H_{12}O_3$	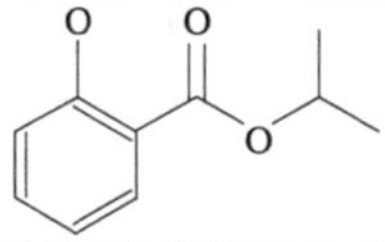	水杨酸异丙酯	—	0.37	—
23.66	$C_{11}H_{18}O_2$	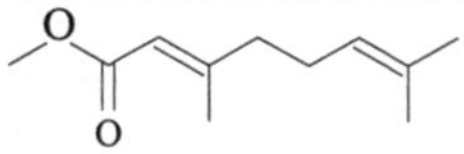	甲酸香叶酯	—	—	0.44
23.92	$C_{15}H_{24}$	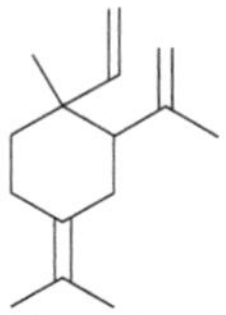	elixene	0.37	5.11	—
24.40	$C_{12}H_{20}O_2$	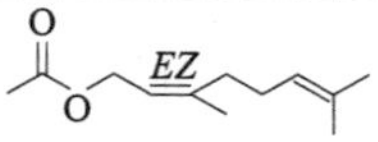	橙花乙酸酯	0.15	0.41	0.28
24.51	$C_{12}H_{20}O_2$	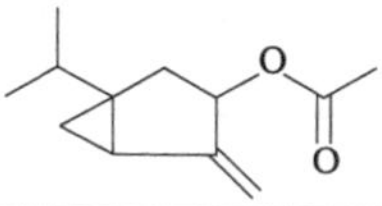	乙酸香桧酯	0.04	—	0.12
24.80	$C_{12}H_{20}O_2$	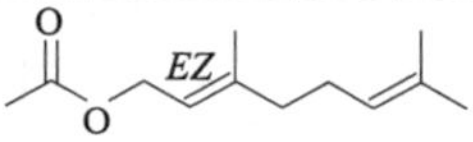	乙酸香叶酯	0.22	—	0.29
24.85	$C_{13}H_{18}O$	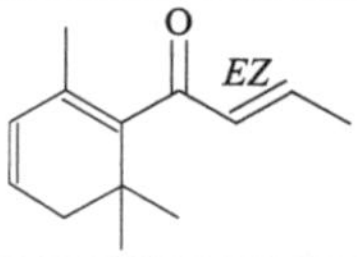	大马士酮	—	0.26	—
24.96	$C_{11}H_{10}O_3$	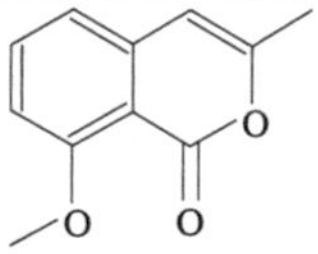	1*H*-2-benzopyran-1-one,8-methoxy-3-methyl-	—	0.92	—
25.13	$C_{11}H_{16}O$	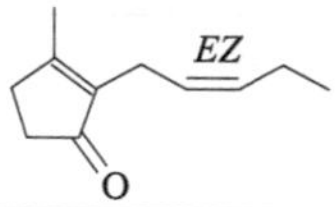	茉莉酮	0.24	—	—
25.35	$C_{15}H_{24}$	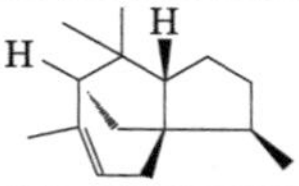	*α*-雪松烯	—	—	0.5
25.67	$C_{15}H_{24}$	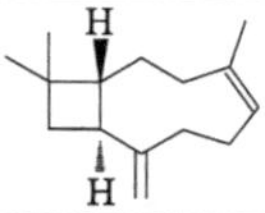	反式石竹烯	1.38	5.85	0.47

续表

保留时间/min	分子式	结构式	名称	在果核中的相对含量/%	在枝叶中的相对含量/%	在果皮中的相对含量/%
25.86	$C_{15}H_{24}$	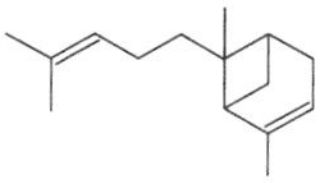	α-佛手柑油烯	0.08	—	—
26.00	$C_{15}H_{24}$	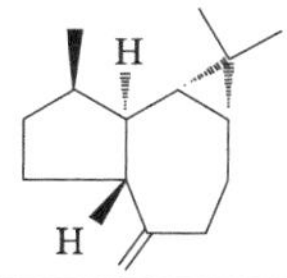	（+）-香橙烯	—	0.59	—
26.16	$C_{15}H_{24}$	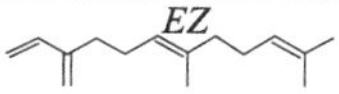 EZ	β-法呢烯	0.11	—	—
26.31	$C_{15}H_{24}$	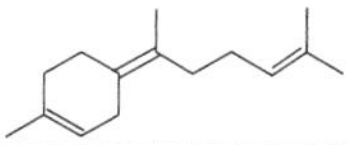	红没药烯	—	—	0.37
26.32	$C_{15}H_{24}$	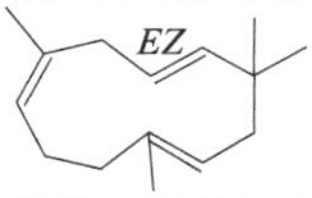 EZ	α-葎草烯	0.23	1.76	—
26.63	$C_{15}H_{24}$	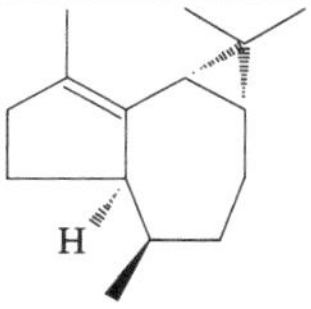	α-古芸烯	—	—	0.42
26.65	$C_{15}H_{24}$	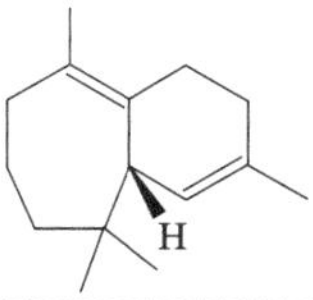	雪松烯	—	1.9	—
26.70	$C_{15}H_{22}$	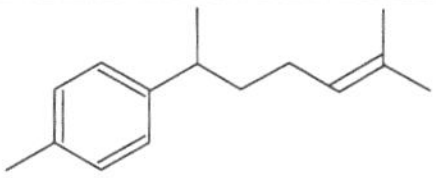	α-姜黄烯	0.05	0.44	0.07
26.77	$C_{15}H_{24}$	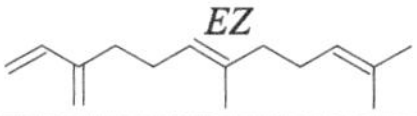 EZ	反式-β-法呢烯	0.13	—	—
26.92	$C_{15}H_{24}$	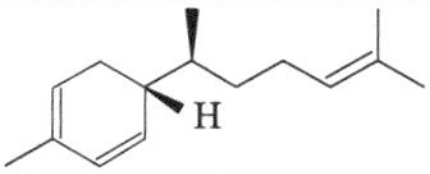	姜烯	0.65	4.12	0.45
27.03	$C_{15}H_{24}$	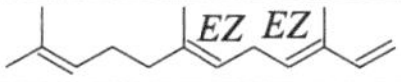 EZ EZ	α-法呢烯	—	0.7	0.51
27.16	$C_{15}H_{24}$	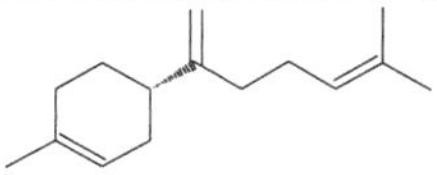	β-红没药烯	0.77	1.52	0.33
27.41	$C_{15}H_{24}$	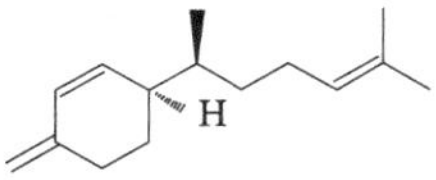	β-倍半水芹烯	0.04	—	0.43

续表

保留时间/min	分子式	结构式	名称	在果核中的相对含量/%	在枝叶中的相对含量/%	在果皮中的相对含量/%
27.44	$C_{15}H_{24}$	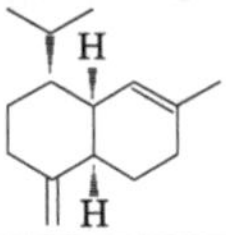	γ-依兰油烯	—	10.89	—
27.45	$C_{15}H_{24}$	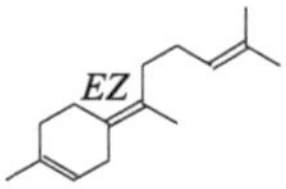 EZ	反式-γ-红没药烯	—	—	1.07
27.52	$C_{15}H_{24}$	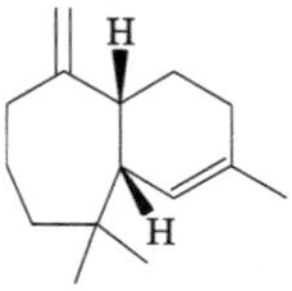	α-顺-雪松烯	5.13	—	—
27.65	$C_{15}H_{24}$	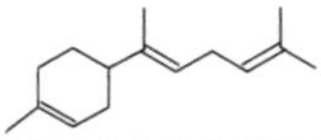	α-1-cedren	—	0.43	—
27.85	$C_{15}H_{26}O$	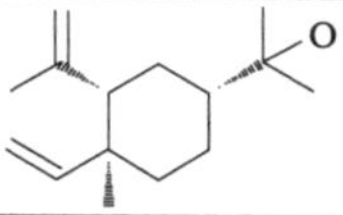	榄香醇	0.25	—	—
27.90	$C_{15}H_{24}O$	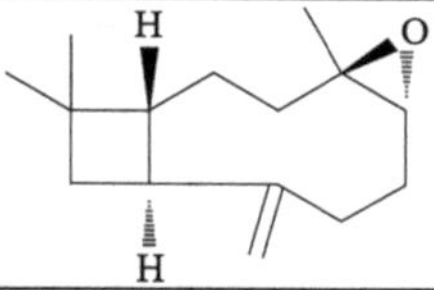	石竹素	—	2.45	—
27.98	$C_{15}H_{26}O$	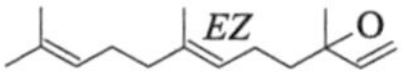 EZ	反式橙花叔醇	0.05	1.2	—
28.09	$C_{15}H_{22}O$	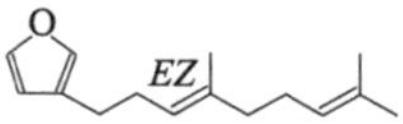 EZ	黑蚁素	—	0.56	0.17
28.63	$C_{15}H_{24}O$	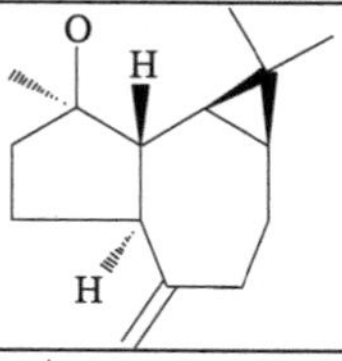	β-匙叶桉油烯醇	—	11.81	0.95
29.06	$C_{15}H_{26}O$	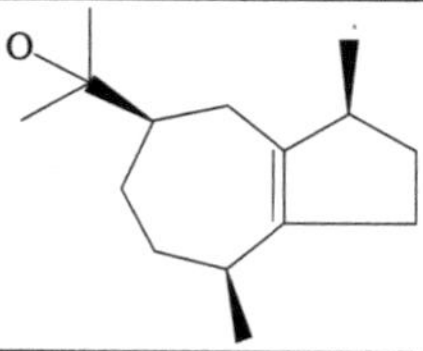	愈创醇	—	—	0.17

续表

保留时间/min	分子式	结构式	名称	在果核中的相对含量/%	在枝叶中的相对含量/%	在果皮中的相对含量/%
29.95	$C_{15}H_{26}O$	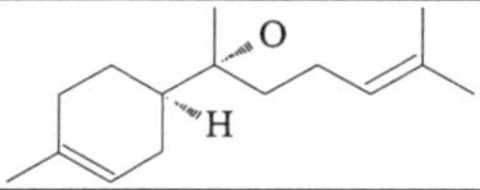	红没药醇	0.28	7.82	—
30. 10	$C_{15}H_{24}O$	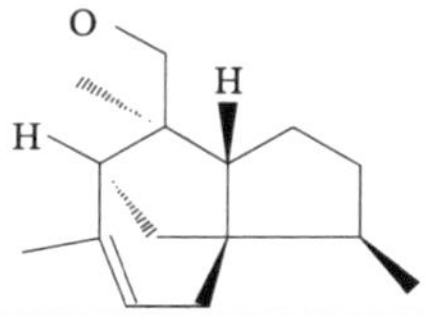	8-cedren-13-ol	—	—	0.82
31.25	$C_{15}H_{22}O$	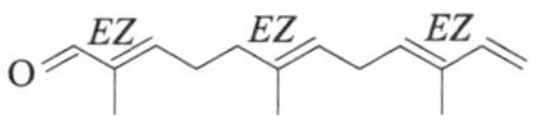	α-酮醇	0.02	10.23	0.71
31.37	$C_{15}H_{22}O$	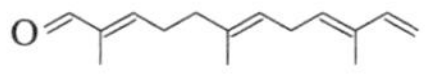	1,3,6,10-farnesatetraen-12-al	—	3.26	1.78
31.53	$C_{15}H_{24}O$	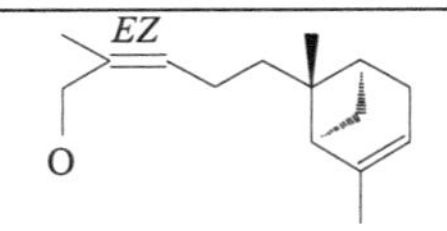	香柠烯醇	—	1.64	1.19
38.54	$C_{22}H_{42}O_4$	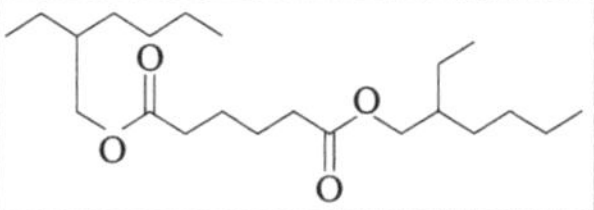	己二酸二（2-乙基己）酯	0.02	0.29	0.19

注：“—”表示未检出此种成分。

从表 2-5 可见，三个部位的挥发油中主要成分为烯类、醇类等。果核中主要成分为 2,7-二甲基-3-辛烯-5-炔（10.62%）、β-蒎烯（10.44%）、月桂烯（12.74%）、双戊烯（2.44%）、γ-萜品烯（1.96%）、4,4-二甲基-6-亚甲基-2-环己烯-1-酮（11.6%）、山梨酸（1.16%）、萜品油烯（4.11%）、芳樟醇（1.48%）、1-松油醇（1.16%）、4-萜烯醇（10.52%）、α-松油醇(1.44%)、反式石竹烯（1.38%）、α-顺-雪松烯（5.13%）；枝叶挥发油的主要成分为桧烯（5.86%）、苯乙醛(1.2%)、芳樟醇（1.69%）、4-萜烯醇（3.25%）、elixene（5.11%）、反式石竹烯（5.85%）、α-葎草烯（1.76%）、雪松烯（1.9%）、姜烯（4.12%）、β-红没药烯（1.52%）、γ-依兰油烯（10.89%）、石竹素（2.45%）、反式橙花叔醇（1.2%）、β-匙叶桉油烯醇（11.81%）、红没药醇（7.82%）、α-酮醇（10.23%）、1,3,6,10-farnesatetraen-12-al（3.26%）、香柠烯醇（1.64%）；果皮挥发油的主要成分为α-蒎烯(9.96%)、月桂烯(2.8%)、γ-萜品烯（10.74%）、2-蒈烯（5.85%）、反式异柠檬烯（37.03%）、萜品油烯（1.1%）、芳樟醇（1.02%）、1-松油醇（2.33%）、反式-p-孟烯醇（1.61%）、4-萜烯醇（5.3%）、α-松油醇（3.95%）、p-孟烯醛（1.08%）、反式-γ-红没药烯（1.07%）、1,3,6,10-farnesatetraen-12-al（1.78%）、

香柠烯醇（1.19%）。

三个部位共同含有的成分有γ-萜品烯、芳樟醇、4-萜烯醇、α-松油醇、反式石竹烯、姜烯、β-红没药烯等10种成分，但主要成分类型及含量差异很大。其中果核挥发油中的萜烯醇含量是枝叶中萜烯醇含量的3倍左右，是果皮中芳樟醇含量的2倍左右。

果核中独自含有的成分为：2,7-二甲基-3-辛烯-5-炔、β-蒎烯、4,4-二甲基-6-亚甲基-2-环己烯-1-酮、山梨酸、α-顺-雪松烯等；枝叶中独自含有的成分为：桧烯、雪松烯、γ-依兰油烯、石竹素等；果皮中独自含有的成分为：α-蒎烯、2-蒈烯、反式-*p*-孟烯醇、反式-γ-红没药烯等。

参考文献

[1] Bayer A, Maier M E. Synthesis of enamides from aldehydes and amides[J]. Tetrahedron, 2004, 60(31): 6665-6677.

[2] Lin J. Cinnamamide derivatives from *Clausena lansium* [J]. Phytochemistry, 1989, 28 (2): 621-622.

[3] Riemer B, Hofer O, Greger H. Tryptamine derived amides from *Clausena indica*[J]. Phytochemistry, 1997, 45(2): 337-341.

[4] Ma N, Wu K, Huang L. An elegant synthesis of zetaclausenamide[J]. Eur J Med Chem, 2008, 43(4): 893-896.

[5] 卢晓旭, 黄雪松. 黄皮核中*N*-甲基-桂皮酰胺的提取分离与鉴定[J]. 中国调味品, 2008(7): 40-42.

[6] 蓝洪桥. 褚头红化学成分研究[J]. 中药材, 2010(4): 547-549.

[7] Zheng Q A, Zhang Y J, Yang C R. A new meta-homoisoflavane from the fresh stems of dracaena cochinchinensis[J]. J Asian Nat Prod Res, 2006, 8(6): 571-577.

[8] Rukachaisirikul V, Khamthong N, Sukpondma Y, et al. Cyclohexene, diketopiperazine, lactone and phenol derivatives from the sea fan-derived fungi *Nigrospora* sp. PSU-F_{11} and PSU-F_{12}[J]. Arch Pharm Res, 2010, 33(3): 375-380.

[9] Chen C Y, Wang H M, Chung S H, et al. Chemical constituents from the roots of *Cinnamomum subavenium*[J]. Chemistry of Natural Compounds, 2010, 46(3): 474-477.

[10] Lakshmi V, Prakash D, Raj K, et al. Monoterpenoid furnocoumarin lactones from *Clausena anisata*[J]. Phytochemistry, 1984, 23(11): 2629-2631.

[11] Borges-Del-Castillo J, Vazquez-Bueno P, Secundino-Lucas M, et al. The *N*-2-phenylethylcinnamide from *Spilanthes ocymifolia*[J]. Phytochemistry, 1984(23): 2671-2672.

[12] 殷艳华, 万树青. 黄皮不同部位挥发油化学成分分析[J]. 广东农业科学, 2012(5): 99-102.

第三章
黄皮提取物及活性成分杀虫、杀螨生物活性研究

本章主要是在进行了黄皮叶、果、种子、树皮的提取、分离及活性成分鉴定的基础上，测定提取物和活性成分对农业常见害虫、害螨以及卫生害虫的毒杀、拒食和生长发育抑制活性，探讨杀虫作用机制等。致力于从黄皮中寻找出对农业害虫、害螨和卫生害虫等有害生物有活性的化学成分进行开发利用或从该植物中寻找到可以作为先导化合物的新型农药创制的模板。

第一节　黄皮提取物杀虫、杀螨活性

一、黄皮提取物对虫、螨的毒杀活性

1. 黄皮种子甲醇提取物及不同萃取相对红火蚁的毒杀活性

以红火蚁（*Solenopsis invicta*）工蚁为供试对象，在室内（温度 25～30℃，湿度 65%～80%）人工饲养一周后，采用点滴法测定其活性。

测定黄皮种子甲醇提取物及不同萃取相在 1mg/mL 的浓度下的毒杀活性。结果表明，处理 24h 后各处理几乎均未表现出红火蚁毒杀活性，处理 48h 后，石油醚相表现出较低的毒杀活性，校正死亡率为 13.33%，而其他处理毒杀活性不明显（表 3-1）[1]。

表 3-1　黄皮种子甲醇提取物及不同萃取相（1mg/mL）对红火蚁的毒杀活性

药剂	校正死亡率/%	
	24h	48h
甲醇提取物	3.33±1.67b	8.33±1.67ab
石油醚相	8.33±1.67a	13.33±1.67a
乙酸乙酯相	0.00±0.00b	3.33±1.67b
水相	0.00±0.00b	0.00±0.00b

注：表中同列数据后小写字母相同者，表示在 5%水平上差异不显著（DMRT 法），数据为平均值±SE。

2. 黄皮种子甲醇提取物及不同萃取相对白纹伊蚊的毒杀活性

试虫白纹伊蚊（*Aedes albopictus*）卵放入事先已脱氯的自来水中孵化，期间饲以酵母粉，待幼虫孵化出 6d 后（此时幼虫为 4 龄幼虫），选取个体大小一致的幼虫进行试验。

准确称量提取物样品，用适量丙酮溶解，超声波处理 5min 以增加其溶解度，再以 0.05%吐温-80 水溶液配制成质量浓度为 0.2mg/mL 的供试药液，同时以丙酮吐温-80 水溶液为对照。将发育一致的白纹伊蚊 4 龄幼虫放入配制好的药液中，每处理重复 5 次，每重复 20 头幼虫，于处理 24h、48h 后检查试虫死亡情况，计算校正死亡率。

甲醇提取物及萃取物的浓度梯度设置为 200μg/mL、100μg/mL、50μg/mL、25μg/mL、12.5μg/mL，处理方法同上。将浓度转化为浓度常用对数，死亡率转化为概率值，建立毒力回归方程（$y=a+bx$），求各处理对白纹伊蚊四龄幼虫的毒力（LC_{50}）。

由表 3-2 可知，黄皮种子甲醇提取物及不同萃取相对白纹伊蚊 4 龄幼虫有很强的毒杀活性。在 0.2mg/mL 的浓度下，处理 24h 后，甲醇提取物、石油醚相和乙酸乙酯相对白纹伊蚊的校正死亡率分别达到 93.00%、99.60%和 87.00%，水相也有一定的杀虫活性；处理 48h 后，其校正死亡率分别为 96.67%、100.00%和 90.00%，水相的校正死亡率为 23.33%。其毒力测定显示，黄皮种子甲醇提取物、石油醚相和乙酸乙酯相对白纹伊蚊 4 龄幼虫 24h 的 LC_{50}（mg/L）和 LC_{90}（mg/L）分别为 28.44、22.99、34.51 和 144.13、89.11、227.11（表 3-3）。

表 3-2 黄皮种子甲醇提取物及不同萃取相（0.2mg/mL）对白纹伊蚊 4 龄幼虫的毒杀活性

药剂	校正死亡率/%	
	24h	48h
甲醇提取物	93.00±2.73b	96.67±1.67b
石油醚相	99.60±0.55a	100.00±0.00a
乙酸乙酯相	87.00±2.74c	90.00±2.89c
水相	13.34±3.53d	23.33±1.67d

注：表中同列数据后小写字母相同者，表示在 5%水平上差异不显著(DMRT 法)，数据为平均值±SE。

表 3-3 黄皮种子甲醇提取物、石油醚相及乙酸乙酯相对白纹伊蚊 4 龄幼虫的毒力

提取物	LC_{50} /(mg/L)	95%置信限 /(mg/L)	LC_{90} /(mg/L)	95%置信限 /(mg/L)	毒力回归方程	相关系数（r）
甲醇	28.44	23.06～33.80	144.13	115.93～192.06	$y=2.3561+1.8184x$	0.99
乙酸乙酯	34.51	28.03～41.31	227.11	169.48～341.56	$y=2.5912+1.5662x$	0.99
石油醚	22.99	18.39～27.40	89.11	76.02～108.24	$y=2.0345+2.1781x$	0.99

3. 黄皮种子甲醇提取物及不同萃取物对柑橘全爪螨的毒杀活性

柑橘全爪螨（*Panonychus citri*）采自柑橘园未喷药的含有柑橘全爪螨的叶片，在室内常温下（25℃左右）用新鲜的柑橘枝叶饲养2代以后，用0号毛笔将雌成螨移至培养皿内的叶片上，产卵1d后移去雌成螨，继续饲养孵化后的若螨。将同一天孵化的雌成螨饲养1d后作为供试螨。

准确称量提取物，用适量丙酮溶解，用蒸馏水配制成1mg/mL的浓度。取直径为9cm的培养皿内铺滤纸，用蒸馏水润湿。摘取完整、生长旺盛的柑橘叶片，浸水洗净自然风干，用0号毛笔挑取体色鲜艳、健康活泼的雌成螨，转移到柑橘叶片上，每片20头，待螨稳定后，剔除死亡和受伤个体，将带螨叶片在已配好浓度的药液中浸渍5s后取出，吸取多余药液，叶片周围用湿棉花围起，防止螨虫爬出叶片。将叶片置于培养皿中于25℃，RH：85%，L：D=16：8的生化培养箱中，镜检24h、48h的死亡及存活个体，计算校正死亡率。

由表3-4可知，黄皮种子甲醇提取物及不同萃取相对柑橘全爪螨有一定的毒杀活性。在1mg/mL的浓度下，处理24h后，甲醇提取物、石油醚相和乙酸乙酯相对柑橘全爪螨的校正死亡率分别达到40.00%、58.33%和26.67%，水相的杀虫活性不明显；处理48h后，石油醚相萃取物的毒杀活性最好，其校正死亡率为68.33%[1]。

表3-4　黄皮种子甲醇提取物及不同萃取相（1mg/mL）对柑橘全爪螨的毒杀活性

药剂	校正死亡率/%	
	24h	48h
甲醇提取物	40.00±2.89b	48.33±1.67b
石油醚相	58.33±1.67a	68.33±1.67a
乙酸乙酯相	26.67±1.67c	38.33±1.67c
水相	1.67±1.67d	5.00±2.89d

注：表中同列数据后小写字母相同者，表示在5%水平上差异不显著（DMRT法），数据为平均值±SE。

4. 黄皮种子甲醇提取物及不同萃取相对斜纹夜蛾的毒杀活性

试虫斜纹夜蛾（*Spodoptera litura*），低龄幼虫用芋头叶饲养，高龄幼虫用木薯叶饲养。室内温度（27±1）℃，相对湿度在70%～80%，光周期为L：D=12：12。

采用叶片浸渍法测定提取物及各萃取相对斜纹夜蛾3龄幼虫的毒杀活性。准确称取样品提取物0.1g以少量丙酮或甲醇溶解，加入乳化剂0.05%吐温-80的水溶液定容，配成浓度为1mg/mL的供试药液，以相应量的丙酮或甲醇添加吐温-80的水溶液为空白对照。

将新鲜甘蓝叶用打孔器打成直径为2cm的叶碟。每个药液处理置入10片叶碟浸渍1～2s后挥干溶剂。每个9cm培养皿（垫有滤纸，加适量水保湿）各放入

3片处理叶碟，接入10头已饥饿4～6h的斜纹夜蛾3龄幼虫，每处理重复3次。室内温度（25±1）℃，相对湿度75%～85%，光周期L：D=12：12。在处理24h和48h后计算结果。

从表3-5结果可知，黄皮种子甲醇提取物及石油醚相和乙酸乙酯相在1mg/mL浓度下，均对斜纹夜蛾3龄幼虫表现出一定的毒杀活性，水相未表现出明显的杀虫活性。处理24h和48h后，石油醚相表现出最好的杀虫活性，其校正死亡率分别为16.67%和23.33%[2]。

表3-5　黄皮种子甲醇提取物及不同萃取相（1mg/mL）对斜纹夜蛾3龄幼虫的毒杀活性

药剂	校正死亡率/%	
	24h	48h
甲醇提取物	13.33±3.33a	16.67±3.33ab
石油醚相	16.67±3.33a	23.33±3.33a
乙酸乙酯相	3.33±3.33b	6.67±3.33b
水相	0.00±0.00 b	0.00±0.00b

注：表中同列数据后小写字母相同者，表示在5%水平上差异不显著（DMRT法），数据为平均值±SE。

5. 黄皮种子甲醇提取物及其萃取相对蓟马的触杀活性

茶黄蓟马（*Scirtothrips dorsalis*）和红带滑胸针蓟马（*Selenothrips rubrocinctus*）分别采自中国热带农业科学院环境与植物保护研究所温室大棚内芒果的嫩叶上。

触杀活性测定：采用浸叶法测定。将黄皮种子甲醇提取物用少量的甲醇（低于1%）溶解，滴加少量的吐温-80乳化，加无离子水配制成5g/L、10g/L、20g/L、40g/L、60g/L共5个浓度梯度的药液。取新鲜完整大小一致的芒果小圆碟叶片（直径约为30mm）浸入药液中5s，取出叶片用吸水纸吸去多余药液，放入洁净的培养皿中，培养皿内铺滤纸，滴清水保湿。每片叶用小毛笔轻轻移入试虫20头，每个处理3次重复，以含有少量吐温-80的蒸馏水作对照。最后用保鲜膜封好培养皿，并用针在保鲜膜上扎若干个通气孔。将培养皿置于温度为(25±0.5)℃、相对湿度为75%±3%、光周期为L/D=12h/12h的人工气候箱中，于12h和24h检查试虫的死亡情况（死亡标准：以试虫不能正常活动或者轻轻触动虫体无任何反应视为死亡），并计算死亡率与校正死亡率。

黄皮种子甲醇提取物对茶黄蓟马和红带滑胸针蓟马的触杀作用结果见表3-6与表3-7，由表可知，黄皮种子甲醇提取物对茶黄蓟马和红带滑胸针蓟马具有一定的触杀活性，在低浓度5g/L时，黄皮种子粗提物对茶黄蓟马、红带滑胸针蓟马12h和24h后的校正死亡率分别为21.67%和26.67%、16.67%和26.67%；而在高浓度60g/L时，12h和24h后对2种蓟马的校正死亡率分别高达88.33%和91.67%、91.67%和95.00%。从整体上来看，黄皮种子甲醇提取物对2种蓟马的触杀活性随着处理浓度的升高而增强[1]。

表 3-6　黄皮种子提取物处理 12h 与 24h 后触杀茶黄蓟马活性

处理	浓度/(g/L)	12h		24h	
		死亡率/%	校正死亡率/%	死亡率/%	校正死亡率/%
黄皮种子甲醇提取物	5	21.67±3.33	21.67±3.33de	26.67±1.67	26.67±1.67e
	10	30.00±2.89	30.00±2.89d	43.33±8.33	43.33±8.33d
	20	53.33±6.01	53.33±6.01c	56.57±4.41	56.57±4.41c
	40	73.33±4.41	73.33±4.41b	78.33±4.41	78.33±4.41b
	60	88.33±2.89	88.33±2.89a	91.67±1.67	91.67±1.67a
CK		0.00±0.00		0.00±0.00	

注：表中数据均为 3 次重复平均值±标准误；同列数据后字母相同者表示在 5%水平差异不显著（DMRT 法），同列数据后字母不同者表示在 5%水平差异显著（DMRT 法）。

表 3-7　黄皮种子提取物处理 12h 与 24h 后触杀红带滑胸针蓟马活性

处理	浓度/(g/L)	12h		24h	
		死亡率/%	校正死亡率/%	死亡率/%	校正死亡率/%
黄皮种子甲醇提取物	5	16.67±3.33	16.67±3.33 e	26.67±1.67	26.67±1.67 e
	10	33.33±3.33	33.33±3.33 d	43.33±4.41	43.33±4.41 d
	20	60.00±0.00	60.00±0.00 c	63.33±1.67	63.33±1.67 c
	40	75.00±2.89	75.00±2.89 b	83.33±4.41	83.33±4.41 b
	60	91.67±4.41	91.67±4.41 a	95.00±5.00	95.00±5.00 a
CK		0		0	

注：表中数据均为 3 次重复平均值±标准误；同列数据后字母相同者表示在 5% 水平差异不显著（DMRT 法），同列数据后字母不同者表示在 5%水平差异显著（DMRT 法）。

经 DPS 7.05 软件方差分析，求得黄皮种子甲醇粗提物对 2 种蓟马的毒力回归方程及 LC_{50} 值，结果见表 3-8。由表可知，黄皮种子粗提物对红带滑胸针蓟马的触杀作用要优于对茶黄蓟马的作用，在处理 12h 和 24h 后对红带滑胸针蓟马的半数致死浓度（LC_{50}）分别为 15.63g/L 和 11.70g/L，而对茶黄蓟马的 LC_{50} 值则分别为 16.60g/L 和 12.85g/L[1]。

表 3-8　黄皮种子甲醇粗提取物处理 12h 与 24h 后对两种蓟马的毒力

试虫	时间/h	回归方程	LC_{50}/(g/L)	相关系数(r)	LC_{50} 95%置信限/(g/L)
茶黄蓟马	12	y=2.8119+1.7934x	16.60	0.9844	13.58～20.28
	24	y=3.1156+1.6992x	12.85	0.9823	10.31～16.02
红带滑胸针蓟马	12	y=2.5633+2.0409x	15.63	0.9909	12.83～18.70
	24	y=2.9284+1.9393x	11.70	0.9862	9.10～14.30

将黄皮种子甲醇粗提物进行液-液萃取，分别得到石油醚、乙酸乙酯、正丁醇及水相萃取物，并将其分别配制成 5g/L 的浓度，采用浸叶法测定上述几种萃取物

对茶黄蓟马的触杀活性，结果见表 3-9。从表 3-9 可以看出，黄皮种子甲醇提取物不同溶剂萃取物对茶黄蓟马的触杀活性具有明显的差异。在相同处理浓度下，石油醚萃取物的触杀活性最强，对茶黄蓟马 24h 的校正死亡率为 49.37%。而其他三相萃取物对茶黄蓟马的触杀活性则很差[1]。

表 3-9　黄皮种子甲醇提取物的不同溶剂萃取物对茶黄蓟马 24h 的杀虫活性

萃取溶剂	死亡率/%	校正死亡率/%
石油醚	50.00±2.04a	49.37
乙酸乙酯	1.25±1.25b	0.00
正丁醇	0.00±0.00b	−1.27
水	0.00±0.00b	−1.27
CK	1.25±1.25b	

注：表中数据均为 4 次重复平均值；同列数据后字母相同者表示在 5%水平差异不显著（DMRT 法），同列数据后字母不同者表示在 5%水平差异显著（DMRT 法）。

6. 黄皮种子甲醇提取物对荔枝蝽 1 龄若虫的触杀活性

试验用荔枝椿象（*Tessaratoma papillosa* Drury）为采自荔枝园荔枝叶上的 1 龄若虫。

采用点滴法，用移液器吸取供试样品的丙酮稀释液 2μL，点于荔枝蝽 1 龄幼虫的胸部背板，接入有少量食物的养虫盒内，每一浓度处理试虫 20 头，盖好盖子，写好标签，用丙酮作为对照处理。判别荔枝蝽死亡的标准：挑动荔枝蝽的虫体，不能翻动爬行即为死亡。48h、72h 检查试虫的生存及死亡虫数，计算其死亡率与校正死亡率。

黄皮种子甲醇提取物对荔枝蝽 1 龄若虫的触杀作用结果见表 3-10，黄皮种子甲醇提取物对荔枝蝽 1 龄若虫的触杀活性较低，在浓度 50g/L 时，48h 和 72h 后对荔枝蝽 1 龄若虫的校正死亡率才分别为 13.33%和 13.56%。但是从整体上来看，黄皮种子提取物对荔枝蝽 1 龄若虫的触杀活性与处理浓度呈线性关系，即随着处理浓度的升高而增强[1]。

表 3-10　黄皮种子提取物处理 48h 与 72h 后触杀荔枝蝽 1 龄若虫效果

处理	浓度/(g/L)	48h		72h	
		死亡率/%	校正死亡率/%	死亡率/%	校正死亡率/%
黄皮种子甲醇提取物	10	3.33±1.67	3.33±1.67c	3.33±1.67	1.69±1.69b
	20	8.33±1.67	8.33±1.67b	11.67±4.41	10.17±4.48ab
	50	13.33±1.67	13.33±1.67a	15.00±2.89	13.56±2.94a
CK		0.00±0.00		1.67±1.67	

注：表中数据均为 3 次重复平均值±标准误差；同列数据后字母相同者表示在 5%水平差异不显著（DMRT 法），同列数据后字母不同者表示在 5%水平差异显著（DMRT 法）。

7. 黄皮种子甲醇粗提物对球茎象甲成虫的触杀活性

香蕉球茎象甲（*Cosmopolites sordidus*）采自海南儋州市地区的香蕉地。

触杀活性：将黄皮种子提取物用少量的丙酮溶解，滴加少量吐温-80乳化，加无离子水将提取物配制成不同浓度的药液。将香蕉球茎象甲分别放入不同浓度的提取物的稀释液中浸渍5s，立即取出，放在吸水纸上吸去过多的药液，移入自制的养虫盒中，处理虫数30头，重复3次。并以清水处理作为对照，另外给以新鲜茎干作饲料，饲养于室内，记录室温，于1d和3d后观察中毒死亡情况，并计算死亡率和校正死亡率。

从黄皮种子甲醇提取物对球茎象甲成虫的触杀作用结果（见表3-11）可知，黄皮种子甲醇提取物对球茎象甲成虫的触杀活性很差，在处理48h后，黄皮种子粗提物各处理浓度对球茎象甲成虫的校正死亡率均为0.00%。在处理72h后，抽提物对球茎象甲成虫的校正死亡率最高不超过10.00%[1]。

表3-11　黄皮种子甲醇粗提物对球茎象甲成虫处理48h与72h后触杀活性

处理	浓度/(g/L)	48h		72h	
		死亡率/%	校正死亡率/%	死亡率/%	校正死亡率/%
黄皮种子甲醇粗提物	5	0.00±0.00	0.00±0.00a	0.00±0.00	0.00±0.00b
	10	0.00±0.00	0.00±0.00a	10.00±1.92	10.00±1.92a
	20	0.00±0.00	0.00±0.00a	6.67±3.85	6.67±3.85ab
CK		0		0	

注：表中数据均为3次重复平均值±标准误；同列数据后字母相同者表示在5%水平差异不显著（DMRT法），同列数据后字母不同者表示在5%水平差异显著（DMRT法）。

8. 黄皮种子甲醇提取物及其各萃取相对米象的触杀活性

试验用虫为实验室饲养的米象（*Sitophilus oryzae*）敏感品系。饲养条件为：将小麦置于80℃烘箱中消毒2h，调整含水量为16%左右作为饲料，然后放于长×宽×高为268mm×190mm×110mm的自制养虫盒内，接入米象成虫300头，用带有纱网的盖子盖好。在培养温度为（28±2）℃、相对湿度为（75±3）%条件下饲养20d后，将接入的成虫全部筛去，约50d米象成虫大量发生，挑选大小基本一致的成虫进行生物测定。

采用饲料拌药法：称取饲料小麦100g于500mL三角瓶中，分别以2000mg/kg、1000mg/kg的剂量拌入黄皮种子提取物，以丙酮为溶剂并设对照，每个处理设3个重复，每瓶内投入米象成虫30头，用白布封住瓶口，置于恒温培养箱［温度（28±2）℃，相对湿度（75±3）%］内饲养，分别在7d、10d、14d检查每瓶中的死亡数，计算死亡率和校正死亡率。

黄皮种子甲醇提取物对米象的触杀作用结果（见表3-12）表明：黄皮种子提取物对米象具有一定的触杀活性，在浓度1000mg/kg时，提取物处理7d后，米象的校正死亡率为 57.95%；随着处理时间的延长，米象的校正死亡率也随之增大，处理 10d、14d 后，校正死亡率分别达到 61.63%、74.43%。另外，处理时间内两个处理浓度之间的校正死亡率存在明显的差异（$P<0.05$）。提取物的处理浓度为 2000mg/kg 时，对米象的触杀活性显著高于 1000mg/kg 时的活性[1]。

表 3-12 黄皮种子甲醇提取物对米象的触杀活性

处理	7d		10d		14d	
	死亡率/%	校正死亡率/%	死亡率/%	校正死亡率/%	死亡率/%	校正死亡率/%
2000/(mg/kg)	70.00	69.32a	76.67	75.58a	85.56	84.89a
1000/(mg/kg)	58.89	57.95b	63.33	61.63b	75.56	74.43b
CK	2.22	—	4.44	—	4.44	—

注：表中数据均为 3 次重复平均值；同列数据后字母相同者表示在 5%水平差异不显著（DMRT 法），同列数据后字母不同者表示在 5%水平差异显著（DMRT 法）。

将黄皮种子甲醇提取物以 4000mg/kg、2000mg/kg、1000mg/kg、500mg/kg、250mg/kg 的剂量拌入小麦中，对米象进行触杀活性测定，求出毒力回归方程及 LC_{50} 值，结果见表 3-13。提取物在处理 7d、10d 和 14d 后对米象的 LC_{50} 分别为 879.37mg/kg、324.53mg/kg 和 245.31mg/kg[1]。

表 3-13 黄皮种子提取物对米象的触杀毒力

处理时间/d	毒力回归方程	相关系数	LC_{50}/(mg/kg)	95%置信限/(mg/kg)
7	y=1.6915+1.1237x	0.9793	879.37	685.45～1128.16
10	y=2.5588+0.9721x	0.9842	324.53	212.70～495.16
14	y=2.2755+1.1401x	0.9805	245.31	160.12～375.83

将黄皮种子甲醇粗提物进行液-液萃取，分别得到石油醚、乙酸乙酯、正丁醇及水相萃取物，同样采用饲料拌药法，在剂量浓度为 1000mg/kg 下，测定上述几种萃取物对米象的触杀活性，结果见表 3-14，从表 3-14 可以看出，黄皮种子甲醇提取物不同溶剂萃取物对米象的触杀活性具有明显的差异。在相同处理浓度下，石油醚萃取物的触杀活性最强，对米象 7d、10d 和 14d 的校正死亡率分别为 74.16%、82.02%和 90.80%。乙酸乙酯萃取物次之，处理 7d、10d 和 14d 后的校正死亡率分别为 24.72%、25.84%和 28.74%。而正丁醇和水相萃取物的杀虫活性则很差。由此可见，黄皮种子中对米象有毒杀作用的活性成分主要存在于石油醚相中[1]。

为进一步确定石油醚相萃取物对米象的毒力，将黄皮种子石油醚萃取物以 1000mg/kg、500mg/kg、250mg/kg、125mg/kg、62.5mg/kg 的剂量拌入小麦中，对米象进行触杀活性测定，并求出毒力回归方程及 LC_{50} 值，结果见表 3-15。黄皮种子石油醚萃取物在处理 7d、10d 和 14d 后，对米象的 LC_{50} 分别为 383.85mg/kg、

254.11mg/kg 和 154.13mg/kg[1]。

表 3-14　黄皮种子甲醇提取物的不同溶剂萃取物对米象的触杀活性

萃取物溶剂	校正死亡率/%		
	7d	10d	14d
石油醚	74.16±1.87a	82.02±1.67a	90.80±1.37a
乙酸乙酯	24.72±1.67b	25.84±2.20b	28.74±2.06b
正丁醇	8.98±0.83c	10.11±0.83c	12.64±0.82c
水	1.12±0.85d	3.37±0.63c	4.60±1.26d

注：表中数据均为 3 次重复平均值；同列数据后字母相同者表示在 5%水平差异不显著（DMRT 法），同列数据后字母不同者表示在 5%水平差异显著（DMRT 法）。

表 3-15　黄皮种子石油醚萃取物对米象的触杀毒力

处理时间/d	毒力回归方程	相关系数(r)	LC_{50}/(mg/kg)	95%置信限/(mg/kg)
7	y=1.1163+1.5029x	0.9975	383.85	313.44～470.08
10	y=1.6334+1.3998x	0.9886	254.11	207.36～311.40
14	y=2.2430+1.2601x	0.9894	154.13	120.96～196.41

9. 黄皮种子甲醇粗提物对螺旋粉虱的触杀活性

螺旋粉虱（*Aleurodicus disperses*）采自番石榴叶片。

采用药膜法：用丙酮将提取物分别配制成 5mg/mL、10mg/mL、20mg/mL 药液，吸取 0.5mL 药液装入 1.5cm×8.5cm 指形管，将指形管在桌面上来回滚动至药液完全阴干，使得指形管的底部和管壁上形成一层药膜，以丙酮为对照。之后每管接入螺旋粉虱成虫 30 头，任其自由爬行，用纱布封口，置于控温光的人工气候箱中，重复 3 次。5h、12h 后检查褐飞虱的死亡情况。螺旋粉虱死亡判断：以细毛笔触及足和触角等附肢完全不动为死亡。计算其死亡率与校正死亡率。

由黄皮种子甲醇提取物对螺旋粉虱的触杀作用结果（见表 3-16）可知，黄皮种子甲醇提取物对螺旋粉虱具有一定的触杀活性，在浓度 5g/L 时，处理 5h 和 12h 后黄皮种子粗提物对螺旋粉虱的校正死亡率分别为 11.67%和 13.21%。而在 20g/L

表 3-16　黄皮种子甲醇粗提物对螺旋粉虱处理 5h 与 12h 后触杀活性

处理	浓度/(g/L)	5h		12h	
		死亡率/%	校正死亡率/%	死亡率/%	校正死亡率/%
黄皮种子甲醇粗提物	5	11.67±1.67	11.67±1.67b	23.33±1.67	13.21±1.89c
	10	16.67±3.33	16.67±3.33b	40.00±1.67	32.08±3.27b
	20	38.33±3.33	38.33±3.33a	53.33±3.33	47.17±3.77a
CK		0.00±0.00		11.67±1.67	

注：表中数据均为 3 次重复平均值±标准误；同列数据后字母相同者表示在 5%水平差异不显著（DMRT 法），同列数据后字母不同者表示在 5%水平差异显著（DMRT 法）。

浓度下，黄皮种子粗提物对螺旋粉虱 5h 和 12h 后的校正死亡率可以达到 38.33% 和 47.17%。且从整体上来看，黄皮种子提取物对螺旋粉虱的触杀活性与处理浓度呈线性关系，即随着处理浓度的升高而增强[1]。

10. 黄皮种子提取物及其各种萃取物对朱砂叶螨的触杀活性

朱砂叶螨（*Tetranychus cinnabarinus*）采自温室大棚内未接触过任何农药的豇豆叶片。在实验室条件下用盆栽豇豆苗饲养多代。试验前栽种一批整齐的豇豆苗，每株苗上挑朱砂叶螨雌成螨 15 只，任其产卵 24h，移去成螨。待螨卵孵化之后，同样条件下培养 8～9d 作为供试试虫。

黄皮种子甲醇提取物对朱砂叶螨雌成螨和卵的触杀作用结果（见表 3-17）表明，黄皮种子提取物对朱砂叶螨雌成螨和卵均具有很好的触杀活性，3 个处理浓度对雌成螨和卵的校正死亡率与对照之间具有明显的差异（$P<0.05$）。其中，提取物在质量浓度为 2.5g/L 时，对雌成螨和卵的校正死亡率分别为 67.80%和 68.91%。而在质量浓度为 10g/L 时，对雌成螨和卵的校正死亡率分别高达 95.77%和 98.32%[1]。

表 3-17　黄皮种子甲醇提取物对朱砂叶螨雌成螨和卵的触杀活性

处理	浓度/(g/L)	杀成螨活性		杀卵活性	
		死亡率/%	校正死亡率/%	死亡率/%	校正死亡率/%
提取物	10	95.83±0.83a	95.77±0.85a	98.33±1.67a	98.32±1.68a
	5	85.00±1.44b	84.75±1.47b	86.67±4.41b	86.55±4.44b
	2.5	68.33±3.63c	67.80±3.70c	69.17±2.20c	68.91±2.22c
阿维菌素	0.0001	98.33±1.67a	98.30±1.69a	81.67±2.20b	81.51±2.22b
	0.00005	87.50±3.82b	87.29±3.89b	70.00±4.33c	69.75±4.38c
CK	—	1.67±0.83d	—	0.83±0.83d	—

注：表中数据均为 3 次重复平均值±标准误；同列数据后字母相同者表示在 5%水平差异不显著（DMRT 法）。

将黄皮种子提取物稀释成 5 个不同梯度的质量浓度分别对朱砂叶螨雌成螨和卵进行生物活性测定，求出毒力回归方程及半数致死浓度（LC_{50}），结果见表 3-18。黄皮提取物对雌成螨和卵的 LC_{50} 分别为 0.8763mg/mL 和 1.2737mg/mL，表现出了较好的生物活性[1]。

表 3-18　黄皮种子提取物对朱砂叶螨的雌成螨和卵触杀毒力

处理	毒力回归方程	相关系数	LC_{50}/（g/L）	95%置信限/（g/L）
雌成螨	y=5.0789+1.3752x	0.9771	0.8763	0.6821～1.1258
卵	y=4.7928+1.9723x	0.9891	1.2737	1.0976～1.4779

将黄皮种子甲醇粗提物进行液-液萃取，分别得到石油醚、乙酸乙酯、正丁醇

及水相萃取物，并将其分别配制成2g/L的浓度，测定上述几种萃取物对朱砂叶螨的触杀活性，结果见表3-19。从表3-19可以看出，黄皮种子甲醇提取物不同溶剂萃取物之间对朱砂叶螨成螨和卵的触杀活性存在显著性差异（$P<0.05$）。在相同处理浓度下，石油醚萃取物的触杀活性最强，对朱砂叶螨成螨和卵的校正死亡率分别为100%和93.16%；乙酸乙酯萃取物的活性次之，校正死亡率分别为44.92%和34.19%；而正丁醇和水相萃取物对朱砂叶螨的触杀活性则很差[1]。

表3-19　黄皮种子甲醇提取物的不同溶剂萃取物对朱砂叶螨的杀虫活性

处理	杀成螨活性		杀卵活性	
	死亡率/%	校正死亡率/%	死亡率 /%	校正死亡率/%
A	100.00±0.00a	100.00±0.00a	93.33±0.83a	93.16±0.85a
B	45.83±0.83b	44.92±0.85b	35.83±2.20b	34.19±2.26b
C	11.67±1.67c	10.17±1.69c	8.33±1.67c	5.98±1.71c
D	0.83±0.83d	−0.85±0.85d	0.00±0.00d	−2.56±0.00d
CK	1.67±0.83d	—	2.50±1.44d	—

注：1. 表中数据均为3次重复平均值±标准误，同列数据后字母相同者表示在5%水平差异不显著（DMRT法）。

2. A：石油醚萃取物；B：乙酸乙酯萃取物；C：正丁醇萃取物；D：水相萃取物。

为进一步确定石油醚相萃取物对朱砂叶螨的毒力，将黄皮种子石油醚萃取物配制成1g/L、0.5g/L、0.25g/L、0.125g/L、0.0625g/L五个浓度，采用浸液法对朱砂叶螨进行毒杀活性测定，求出毒力回归方程为y=6.4393+1.5616x（r=0.9946）及LC_{50}值为0.12g/L（95%置信区间为0.09～0.15g/L），表现出了较好的触杀活性。

11. 黄皮种子甲醇提取物对蚜虫的触杀活性

玉米蚜虫（*Rhopalosiphum maidis*），采自农场基地的玉米叶片。

豆蚜（*Aphis craccivora*），采自温室大棚内未接触过任何农药的豇豆叶片上，在实验室条件下用盆栽豇豆苗进行饲养。

茶蚜（*Toxoptera aurantii*），采自茶园茶叶生长的茶蚜。

采用国际杀虫剂抗性行动委员会（IRAC）建议的浸渍法，将完整、生长良好的叶片浸入待测药液5s后取出，吸去多余药液，阴干，置于垫有湿润滤纸的培养皿内备用。将带30～50头蚜虫的叶片放在待测药液浸泡5s后取出，吸去多余药液，用小毛笔轻轻挑选大小一致的20头蚜虫转移到备用的叶片上。用保鲜膜封好培养皿，并用针在保鲜膜上扎若干个小眼。每种处理3个重复。黄皮的空白对照为含1%吐温-80的水溶液，而参比药剂吡虫啉的空白对照为清水。将培养皿置于温度为（25±0.5）℃、相对湿度为75%±3%、光周期为L∶D=12h∶12h的人工气候箱中，于24h和48h在双目解剖镜下检查死亡个体，计算死亡率和校正计算死亡率。

黄皮种子甲醇提取物对玉米蚜虫、豆蚜和茶蚜的触杀作用结果见表3-20～表3-22，由表可知，黄皮种子甲醇提取物对3种蚜虫均具有较好的触杀活性，且随着处理浓度的增加而增强。经方差分析，求得黄皮种子甲醇粗提物对玉米蚜虫和豆蚜的毒力回归方程及LC_{50}值，结果见表3-23。由表3-23可知，黄皮种子粗提物对玉米蚜虫48h后的半数致死浓度（LC_{50}）分别为3.76g/L，要优于对豆蚜的触杀作用，处理48h后对豆蚜的LC_{50}值则为4.39g/L[1]。

表3-20 黄皮种子提取物处理24h与48h后触杀玉米蚜虫活性

处理	浓度/(g/L)	24h		48h	
		死亡率/%	校正死亡率/%	死亡率/%	校正死亡率/%
黄皮种子甲醇提取物	2.5	11.67±3.33	10.17±3.39 e	40.00±8.66	35.71±9.28 c
	5	18.33±3.33	16.95±3.39de	60.00±5.77	57.14±6.19b
	10	28.33±4.41	27.12±4.48cd	78.33±4.41	76.79±4.72a
	20	40.00±5.77	38.98±5.87c	88.33±3.33	87.50±3.57a
	40	58.33±6.67	57.63±6.78b	90.00±5.00	89.29±5.36a
	60	76.67±4.41	76.27±4.48a	93.33±3.33	92.86±3.57a
CK		1.67±1.67		6.67±3.33	

注：表中数据均为3次重复平均值±标准误。同列数据后字母相同者表示在5%水平差异不显著（DMRT法）；同列数据后字母不同者表示在5%水平差异显著（DMRT法）。

表3-21 黄皮种子提取物处理24h与48h后触杀豆蚜活性

处理	浓度/(g/L)	24h		48h	
		死亡率/%	校正死亡率/%	死亡率/%	校正死亡率/%
黄皮种子甲醇提取物	1	2.22±1.11	2.22±1.11d	23.33±1.92	20.69±1.99e
	2	6.67±1.92	6.67±1.92cd	35.55±2.94	33.33±3.04d
	4	13.33±1.92	13.33±1.92bc	45.55±2.94	43.68±3.04c
	8	16.67±3.33	16.67±3.33b	61.11±2.94	59.77±3.04b
	16	20.00±3.33	20.00±3.33b	83.33±3.85	82.76±3.98a
	32	40.00±3.84	40.00±3.84a		
CK		0.00±0.00		3.33±1.92	

注：表中数据均为3次重复平均值±标准误。同列数据后字母相同者表示在5%水平差异不显著（DMRT法）；同列数据后字母不同者表示在5%水平差异显著（DMRT法）。

表3-22 黄皮种子提取物处理48h后触杀茶蚜活性

处理	浓度/(g/L)	死亡率/%	校正死亡率/%
黄皮种子甲醇提取物	1	52.60±3.24	48.14±3.60c
	5	63.48±3.05	60.05±3.34b
	10	76.70±1.11	74.51±1.21a
CK		8.59±1.11	

注：表中数据均为3次重复平均值±标准误。同列数据后字母相同者表示在5%水平差异不显著（DMRT法）；同列数据后字母不同者表示在5%水平差异显著（DMRT法）。

表 3-23 黄皮种子甲醇提取物处理 24h 与 48h 后对两种蚜虫的毒力

试虫	时间/h	回归方程	LC_{50}/(g/L)	相关系数(*r*)	LC_{50} 95%置信限/(g/L)
玉米蚜虫	24	y=3.0358+1.3974x	25.54	0.9854	19.64～35.62
	48	y=4.2238+1.3492x	3.76	0.9774	2.17～5.41
豆蚜	48	y=4.1094+1.3869x	4.39	0.9841	3.54～5.50

12. 黄皮种子甲醇提取物不同萃取相对豆蚜触杀活性

将黄皮种子甲醇粗提物进行液-液萃取，分别得到石油醚、乙酸乙酯、正丁醇及水相萃取物，将其分别配制成 2g/L 的浓度，测定上述几种萃取物对豆蚜的触杀活性，结果见表 3-24。

从表 3-24 可以看出，黄皮种子甲醇提取物的石油醚萃取物对豆蚜的触杀活性与其他三相萃取物之间具有极显著的差异（$P≤0.01$）。在相同处理浓度下，石油醚萃取物对豆蚜的触杀活性最强，处理 48h 后，对豆蚜的校正死亡率为 75.68%。乙酸乙酯相和正丁醇相次之，而水相萃取物则表现出促进生长的活性，对豆蚜校正死亡率为–2.70%。由此可见，黄皮种子中对豆蚜有毒杀作用的活性成分主要存在于石油醚相中。

为进一步确定石油醚相萃取物对豆蚜的毒力，将黄皮种子石油醚萃取物以 5g/L、4g/L、3g/L、2g/L、1g/L 的浓度梯度对豆蚜进行毒力测定，经统计分析，黄皮种子石油醚萃取物在处理 48h 后对豆蚜触杀活性的毒力回归方程为 y=4.7075+2.3427x（相关系数 r=0.9831），LC_{50} 为 1.3331g/L（95%置信限为 1.0143～1.6046g/L），表现出了一定的触杀活性[1]。

表 3-24 黄皮种子甲醇提取物的不同溶剂萃取物在 2g/L 浓度下对豆蚜 48h 的杀虫活性

萃取溶剂	死亡率/%	校正死亡率/%
石油醚	77.50±2.08A	75.68
乙酸乙酯	15.00±2.16B	8.11
正丁醇	11.25±1.26B	4.05
水	5.00±0.82B	–2.70
CK	7.50±0.58B	—

注：表中数据为 4 次重复平均值，同列数据后字母相同者表示在 1%极显著水平差异不显著（DMRT 法）。

二、黄皮提取物对几种害虫的拒食及生长发育抑制活性

1. 馏分 2 对斜纹夜蛾幼虫的拒食及生长发育抑制活性

测定了黄皮甲醇提取物经萃取的馏分 2 不同药量处理对斜纹夜蛾 3 龄幼虫的非选择性拒食活性的影响。结果发现，随着馏分 2 的处理药量增大，对斜纹夜蛾幼虫的拒食活性显著增强。使用 12.5μg/mL、25μg/mL、50μg/mL、100μg/mL、

200μg/mL 药量，48h 平均非选择性拒食率分别为 1.57%、8.95%、45.62%、71.27% 和 89.23%，拒食中浓度为 57.73μg/mL（y=2.5530x+0.5032，r=0.9543）。幼虫体重与取食量呈正相关，48h 幼虫体重增长抑制率 6.93%、16.77%、56.56%、66.10% 和 93.22%，抑制中浓度为 53.66μg/mL（表 3-25）[2]。

表 3-25　馏分 2 对斜纹夜蛾 3 龄幼虫非选择性拒食及生长发育抑制作用

处理	浓度/(μg/mL)	拒食率(AFI)/%	拒食中浓度(95%置信限)(AFC_{50})/(μg/mL)	幼虫体重增长抑制率/%	抑制中浓度(95%置信限)(IC_{50})/(μg/mL)
黄皮馏分 2	12.5	1.57±5.11d	57.73（40.64～82.0）	6.93±8.85e	53.66(44.41～64.80)
	25.0	8.95±2.17d		16.77±3.17d	
	50.0	45.62±1.64c		56.56± 2.70c	
	100.0	71.27±1.72b		66.10±1.12b	
	200.0	89.23±1.74a		93.22±0.25a	
40%印楝素可湿性粉剂	20	82.72±1.11a	□	88.88±0.55a	□

注：表中数据为平均值±标准误，同列数据后标有不同字母者表示在 5%水平上差异显著（DMRT），下同。

馏分 2 对斜纹夜蛾生长发育影响还表现为虫体发育时间延长，化蛹率、羽化率和产卵率下降，部分还可以造成畸形蛹或成虫发育不完全，甚至导致虫体死亡（图 3-1）。

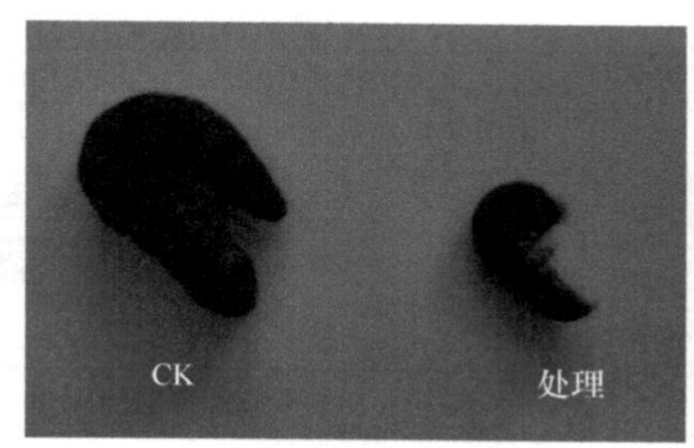

幼虫生长抑制作用明显

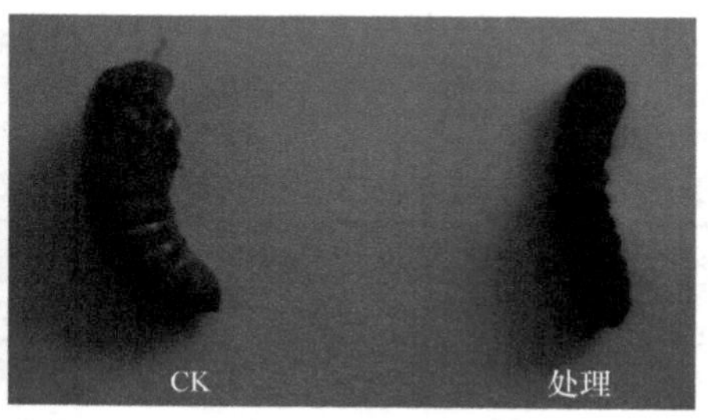

幼虫虫体发育时间延长

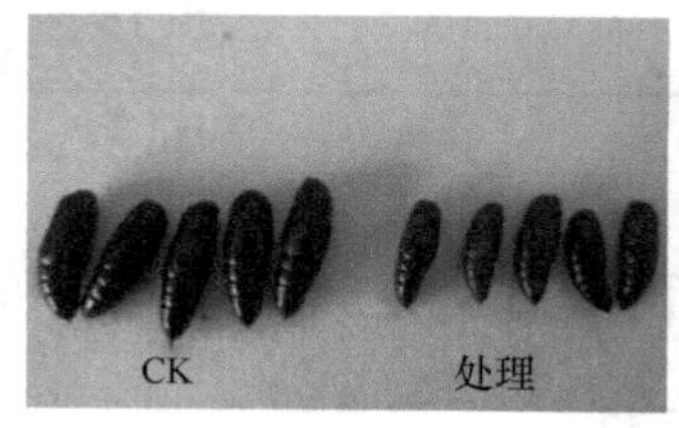

蛹重下降

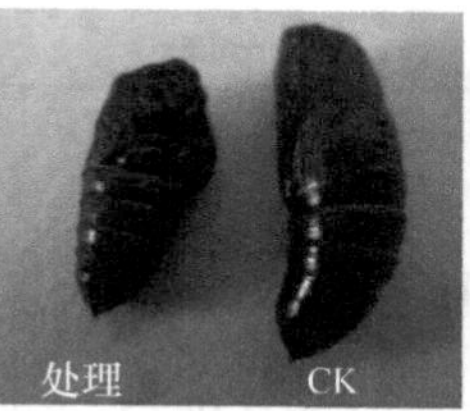

畸形蛹

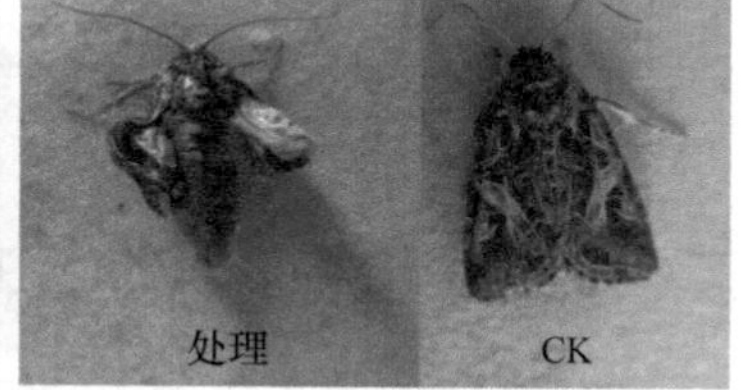

成虫翅膀发育不完全

图 3-1　馏分 2 对斜纹夜蛾生长发育的影响

2. 馏分 2 对小菜蛾的拒食及生长发育抑制活性

试验用小菜蛾（*Plutella xylostella*）为广州郊区未施药的甘蓝上的小菜蛾蛹，采回后在温室羽化至成虫，饲以 10%的蜜糖水，让其产卵于菜心（*Brassica parachinensis*）幼苗上。饲养 2～3 代，挑取个体大小一致的 3 龄幼虫作为试虫。提取物配制成系列梯度浓度，以吐温-80 丙酮水溶液和印楝素处理作为对照，将药液浸泡甘蓝（*Brassica oleracea*）叶片 5s，接入小菜蛾 3 龄幼虫，处理后 48h 测量不同处理取食面积及幼虫重量，统计拒食率和体重增长抑制率。

馏分 2 不同药量处理对小菜蛾 3 龄幼虫的非选择性拒食活性及生长发育影响结果见表 3-26。结果显示，随着处理药量的增大，馏分 2 对小菜蛾幼虫的拒食活性及生长抑制作用显著增强。使用 35μg/mL、70μg/mL、140μg/mL、280μg/mL、560μg/mL 药量，48h 平均非选择性拒食率分别为 5.90%、17.50%、53.20%、76.54%和 90.63%，体重增长抑制率分别为 8.90%、24.94%、59.48%、78.75%和 94.78%，拒食中浓度和体重增长抑制中浓度分别为 150.17μg/mL（y=2.4653x–0.366，r=0.9955）和 125.63μg/mL（y=2.4978x–0.243，r=0.9981）[2]。

表 3-26　馏分 2 对小菜蛾 3 龄幼虫非选择性拒食及生长发育抑制活性

浓度/(μg/mL)	拒食率(AFI)/%	拒食中浓度(95%置信限)(AFC_{50})/(μg/mL)	幼虫体重增长抑制率/%	抑制中浓度(95%置信限)(IC_{50})/(μg/mL)
35	5.90±1.76e	150.17（135.16～166.85）	8.90±1.72e	125.63（117.17～134.70）
70	17.50±2.00d		24.94±1.95d	
140	53.20±2.30c		59.48±2.0c	
280	76.54±1.11b		78.75±1.28b	
560	90.63±0.89a		94.78±1.60a	

3. 馏分 2 对亚洲玉米螟的拒食及生长发育抑制作用

亚洲玉米螟（*Ostrinia furnacalis*）幼虫，在生化培养箱（温度 25℃±1℃，光周期 L：D=16：8，相对湿度 70%）的条件下，用人工饲料进行饲养，挑取个体大小一致的 4 龄幼虫作为试虫。

采用饲毒法：将馏分 2 用少量丙酮溶解，加入适量的吐温-80 和水，配制亚洲玉米螟人工饲料，当温度降至 50～60℃时，根据饲料重量加入馏分 2 溶液，配制成系列梯度浓度处理饲料，空白对照加入等量的吐温-80、丙酮水溶液，饲料凝固冷却后分装成小块，称重，置于玉米虫饲养瓶中，接入 4 龄幼虫 1 头，药后 48h 分别称幼虫和剩余饲料重量，分别统计拒食率和体重增长抑制率。

馏分 2 对亚洲玉米螟 4 龄幼虫的非选择性拒食活性及生长发育结果见表 3-27。结果显示，幼虫拒食率和体重增长抑制率与处理药量呈正比，随着馏分 2 的药量增大，亚洲玉米螟幼虫取食量和体重增加量显著降低。使用 12.5μg/mL、25.0μg/mL、

50.0μg/mL、100.0μg/mL、200.0μg/mL 药量，48h 平均非选择性拒食率分别为 9.55%、16.56%、42.29%、70.70%和 84.20%，拒食中浓度为 61.64μg/mL（y=2.0387x+1.3511，r=0.9926）；48h 幼虫体重增长抑制率分别为 7.62%、18.86%、47.28%、76.52%和 89.51%，拒食中浓度为 54.19μg/mL（y=2.3176x+0.9815，r=0.9971）[2]。

表 3-27 馏分 2 对亚洲玉米螟 4 龄幼虫非选择性拒食及生长发育抑制作用

浓度/(μg/mL)	拒食率(AFI)/%	拒食中浓度(95%置信限)(AFC_{50})/(μg/mL)	幼虫体重增长抑制率/%	抑制中浓度(95%置信限)(IC_{50})/(μg/mL)
12.5	9.55±3.75d	61.64（53.68～70.78）	7.62±1.06	54.19（49.80～58.97）
25.0	16.56±3.64d		18.86±1.66	
50.0	42.29±3.55c		47.28±2.21	
100.0	70.70±2.17b		76.52±0.34	
200.0	84.20±0.89a		89.51±0.42	

三、黄皮种子甲醇提取物对害虫的驱避和产卵抑制活性

1. 黄皮种子甲醇提取物对茶黄蓟马的驱避活性

黄皮种子甲醇提取物对茶黄蓟马的驱避作用结果见图 3-2，从图 3-2 可以看出，黄皮种子甲醇提取物对茶黄蓟马具有很好的驱避活性，在 2.5g/L 浓度时，对茶黄蓟马 12h 和 24h 的驱避率分别达到 62.07%和 63.64%；而在 20g/L 浓度时，对茶黄蓟马 12h 和 24h 的驱避率分别高达 92.86%和 89.91%。同时，图 3-2 显示在试验阶梯浓度下黄皮种子甲醇提取物对茶黄蓟马 12h 和 24h 的驱避率，随着浓度的增加而呈上升趋势。另外，在相同处理浓度下，不同处理时间的驱避效果有所不同，整体分析，12h 时的驱避效果要强于 24h 的[1]。

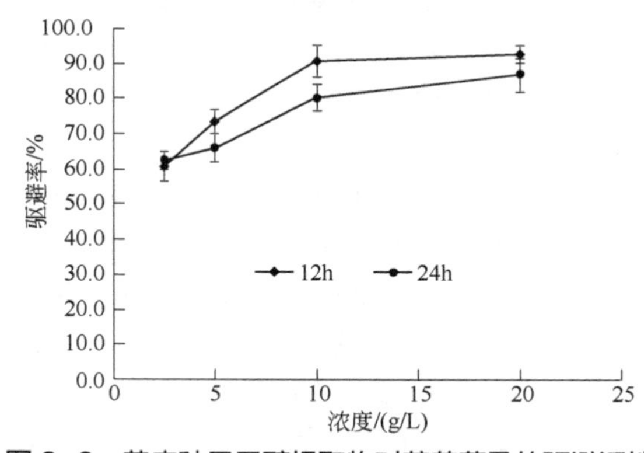

图 3-2 黄皮种子甲醇提取物对茶黄蓟马的驱避活性

2. 黄皮种子甲醇提取物对球茎象甲与假茎象甲的驱避活性

香蕉球茎象甲（*Cosmopolites sordidus*）与假茎象甲（*Odoiporus longicollis*）采自香蕉地。

驱避活性（滤纸选择法）：用丙酮将提取物分别配制成 1%、5%、10%（*W*/*V*）的药液，将直径 9cm 的圆形滤纸裁成两半，一半滴植物提取物的丙酮稀释液 0.5mL，室温下使丙酮挥发，另一半滴等量纯丙酮，挥发后作为对照。将两半滤纸重新并接，用粘胶纸固定后置同直径培养皿内，在培养皿壁涂上滑石粉防止试虫上爬，每个处理设 3 次重复。每皿内接入香蕉象甲成虫 10 头，置养虫室内，接虫 12h、24h、48h 后各检查 1 次成虫分布情况，计算驱避率。

从黄皮种子甲醇提取物对球茎象甲和假茎象甲的驱避作用结果（见图 3-3 和图 3-4）可以看出，黄皮种子提取物对香蕉上的球茎象甲和假茎象甲都有一定的驱避活性。从总体上分析，提取物对象甲的驱避活性随着处理时间的延长，先是趋于稳定，随后呈现出下降的趋势，尤其是 48h 后，下降明显，在 1%、5%和 10%的浓度下，提取物对球茎象甲的驱避率均低于 60%，而 1%和 5%浓度处理对假茎

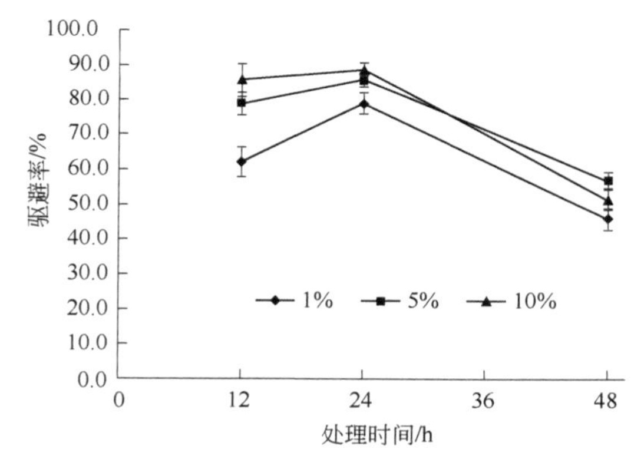

图 3-3　黄皮提取物对球茎象甲的驱避活性

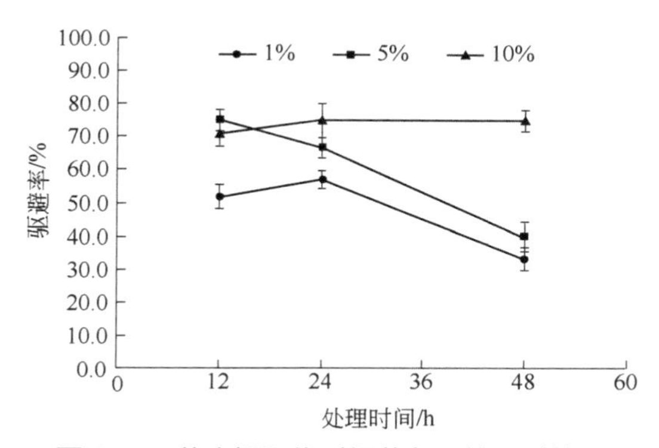

图 3-4　黄皮提取物对假茎象甲的驱避效果

象甲的驱避率也低于 60%。表明提取物对象甲的驱避活性的持效性较差[1]。

3. 黄皮种子提取物对朱砂叶螨的驱避活性

将黄皮种子甲醇提取物样品用丙酮配制成不同浓度梯度的稀释液，备用。将鲜嫩的豇豆叶片带叶脉剪成直径为 30mm 的小圆碟，并保证叶脉两侧的叶面对称一致，然后以叶脉为界，用干净的毛笔在叶片一侧的正反两面用试液涂布均匀，另一侧用丙酮处理作为对照，待叶片晾干，将叶片叶面朝上置于垫有湿滤纸的培养皿内，用大小均匀规则的湿棉条沿叶片边缘围住叶片防止螨逃逸。然后将大小一致、健康的成螨用毛笔轻轻挑在叶片上，每侧 15 头，共 30 头。每个浓度梯度为一个处理，每个处理重复 3 次。将培养皿置于温度为（25±0.5）℃、相对湿度为 75%±3%、光周期为 L：D=12h：12h 的人工气候箱中，于 12h、24h、36h 和 48h 检查处理和对照叶片两侧的螨数（叶脉上的螨不计算在内），并计算驱避率。

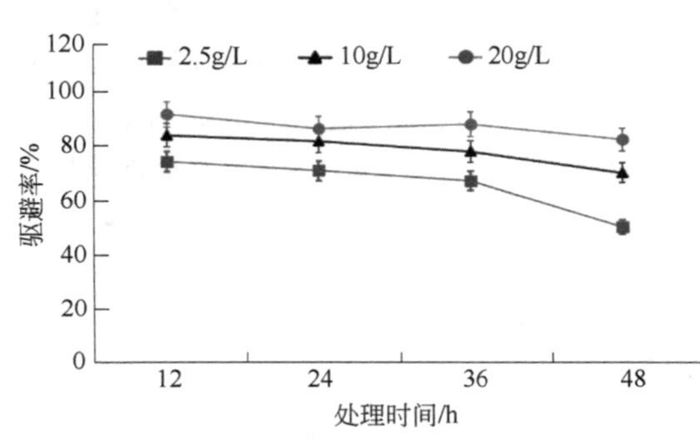

图 3-5　黄皮种子提取物对朱砂叶螨的驱避作用

由图 3-5 可知，黄皮种子提取物对朱砂叶螨具有很好的驱避作用，且随着提取物处理浓度的增加而增强。其质量浓度为 2.5g/L 时，对朱砂叶螨 12h、24h、36h 和 48h 的驱避率依次为 76.67%、73.19%、69.40% 和 52.38%；而在 20g/L 浓度时，对朱砂叶螨的驱避率分别高达 94.09%、88.79%、90.21%和 84.50%，表现出了很明显的驱避活性。同时，图 3-5 显示在相同的处理浓度下，黄皮种子提取物对朱砂叶螨的驱避效果随着处理时间的延长呈下降趋势[1]。

4. 黄皮种子甲醇提取物对朱砂叶螨的产卵抑制作用

采集新鲜的豇豆叶片，将叶片剪成直径为 30mm 的小圆碟，用干净的毛笔在叶片的正反两面用试液涂布均匀，待叶片晾干，将叶片叶面朝上置于垫有湿滤纸的培养皿内，接入雌成螨 20 头，用大小均匀规则的湿棉条沿叶片边缘围住叶片防止螨逃逸。每处理设 3 个重复，以丙酮处理作为对照。将培养皿置于温度为（25±0.5）℃、相对湿度为 75%±3%、光周期为 L：D=12h：12h 的人工气候箱中，统计 24h、48h 和 72h 的产卵量，计算产卵抑制指数和产卵抑制率。

黄皮种子提取物对朱砂叶螨的产卵抑制作用结果见表 3-28，无论从产卵抑制指数还是产卵抑制率来看，黄皮种子提取物对朱砂叶螨的产卵均表现出了很明显的抑制活性。其在质量浓度为 20mg/mL 时，处理 24h、48h、72h 后对朱砂叶螨的产卵抑制率分别高达 95.96%、94.47%、81.95%，呈现出了很好的抑制活性。同时，由表 3-28 可以看出随着处理时间的延长，提取物各处理浓度的产卵抑制率总体上呈下降趋势，但是下降的趋势比较平缓。这表明，黄皮种子甲醇提取物对朱砂叶螨产卵抑制作用的持效期较长[1]。

表 3-28　黄皮种子提取物对朱砂叶螨产卵的影响

浓度/（mg/mL）	产卵抑制指数			产卵抑制率/%		
	24h	48h	72h	24h	48h	72h
2.5	0.31±0.062	0.36±0.045	0.30±0.008	46.08±6.98c	52.20±4.93d	45.82±0.93b
5	0.53±0.027	0.53±0.035	0.39±0.058	69.07±2.30b	68.77±3.02c	55.79±6.13b
10	0.73±0.038	0.71±0.040	0.66±0.030	84.53±2.57a	82.91±2.75b	79.48±2.14a
20	0.92±0.024	0.90±0.018	0.69±0.019	95.96±1.32a	94.47±0.99a	81.95±1.31a

注：表中数据均为 3 次重复平均值±标准误，同列数据后字母相同者表示在 5%水平差异不显著（DMRT法）。

四、小结

1. 黄皮提取物对白纹伊蚊 4 龄幼虫有很强的毒杀活性

在 0.2mg/mL 的浓度下，处理 24h 后，甲醇提取物、石油醚相和乙酸乙酯相对白纹伊蚊的校正死亡率分别达到 93.00%、99.60%和 87.00%，处理 48h 后，其校正死亡率分别为 96.67%、100.00%和 90.00%，种子甲醇提取物、石油醚相和乙酸乙酯相对白纹伊蚊 4 龄幼虫毒力 24h 的 LC_{50} 和 LC_{90} 分别为 28.44mg/L、22.99mg/L、34.51mg/L 和 144.13mg/L、89.11mg/L、227.11mg/L。

2. 黄皮提取物对几种农业重要害虫具有拒食及生长抑制活性

黄皮提取物对斜纹夜蛾和小菜蛾 3 龄幼虫及亚洲玉米螟 4 龄幼虫具有较强的拒食活性及生长抑制作用，48h 的拒食中浓度分别为 57.73μg/mL、150.17μg/mL 和 61.64μg/mL，抑制中浓度分别为 53.66mg/L、125.63mg/L 和 54.19mg/L。与此同时，馏分 2 对斜纹夜蛾、小菜蛾和亚洲玉米螟幼虫的生长发育影响还表现为发育时间延长，化蛹率、羽化率和产卵率下降，造成畸形蛹或成虫发育不完全，甚至导致虫体死亡等。

3. 黄皮种子甲醇提取物对多种害虫具有触杀和驱避活性

黄皮种子甲醇提取物对蓟马、米象、朱砂叶螨和蚜虫具有显著的杀虫活性，对象甲、蓟马和朱砂叶螨具有一定的驱避活性。

4. 采用液-液分配萃取法，获得到石油醚、乙酸乙酯、正丁醇和水相萃取物，并比较其活性

比较黄皮不同萃取物对豆蚜和朱砂叶螨生物活性，结果表明杀虫活性成分主要存在于石油醚萃取物中。以浸渍法处理米象（7d）、豆蚜（48h）和朱砂叶螨（12h）后，黄皮种子石油醚萃取物的半数致死浓度（LC_{50}）分别为 154.13mg/kg、1333.1mg/L 和 120mg/L。而黄皮种子中的驱避活性成分主要存在于乙酸乙酯相萃取物中。

第二节　黄皮提取物与吡虫啉混用对豆蚜的联合毒力

1. 两单剂 LC_{50} 值

采用浸渍法测定黄皮种子甲醇粗提物与吡虫啉对豆蚜（*Aphis craccivora*）的室内毒力，结果（见表 3-29）表明：在药后 48h，黄皮种子甲醇粗提物与吡虫啉对豆蚜的 LC_{50} 值分别为 4387.10mg/L 和 2.5mg/L[1]。

表 3-29　黄皮种子甲醇提取物与吡虫啉对豆蚜的毒力

药剂	毒力回归方程	相关系数	LC_{50}/(mg/L)	95%置信限/(mg/L)
黄皮种子提取物	y=4.1094+1.3869x	r=0.9841	4387.10	3537.8～5496.6
吡虫啉	y=4.4255+1.4387x	r=0.9817	2.5	2.0～3.3

2. 两单剂不同配比混用后的毒性比率

以两单剂 LC_{50} 的近似值（黄皮种子甲醇提取物 4390mg/L，吡虫啉 2.5mg/L）为 100%，取不同比例进行复配，进行生物活性测定，计算其共毒比率，结果见表 3-30。

表 3-30　两单剂不同配比混用后的毒性比率（48h）

组别	体积比（黄：吡）	质量比（黄：吡）	供试数	存活数	实际死亡率/%	理论死亡率/%	共毒比率
1	10：0		90	46	51.11	51.11	1.00
2	9：1	15804：1	90	58	64.44	50.89	1.27
3	8：2	7024：1	90	62	68.89	50.67	1.36
4	7：3	4097.3：1	90	69	76.67	50.44	1.52
5	6：4	2634：1	90	59	65.56	50.22	1.31
6	5：5	1756：1	90	52	57.78	50.00	1.16
7	4：6	1170.7：1	90	57	63.33	49.78	1.27
8	3：7	752.6：1	90	51	56.67	49.56	1.14
9	2：8	439：1	90	41	45.56	49.33	0.92
10	1：9	195.1：1	90	52	57.78	49.11	1.18
11	0：10		90	44	48.89	48.89	1.00

从表 3-30 中可以看出：除第 9 组复配剂的共毒比率小于 1 外，其余各组（第 1、11 组为单剂）的共毒比率都在 1 以上，表现增效作用。两单剂复配后，共毒比率总体呈现先增加后降低的特点，增效作用较强 3 组分别是第 3、4、5 组，其

共毒比率为 1.36、1.52、1.31。

3. 混剂共毒系数

对共毒比率较高的第 3、4、5 组，进行了室内毒力测定，计算出各组 LC_{50} 值和毒力回归方程，并根据孙云沛法计算出了各组的共毒系数，结果见表 3-31。

表 3-31 两单剂不同配比混用后的共毒系数（48h）

药剂	毒力回归方程	相关系数（r）	LC_{50}/（mg/L）	95%置信限/（mg/L）	共毒系数（CTC）
3	y=4.3761+1.4788x	0.9897	2642.2	2114.0～3362.3	132.94
4	y=4.7168+1.3684x	0.9701	1610.4	1236.9～2034.0	190.87
5	y=4.5175+1.3012x	0.9975	2348.4	1827.3～3173.0	112.0

从表 3-31 可以看出：3 组的共毒系数均在 100 以上，说明黄皮种子甲醇提取物与吡虫啉在这 3 种配比下均表现为增效作用，其中第 4 组共毒系数最大，达到 190.87，为二者的最佳配比，结合表 3-30 可以看出此配比中黄皮种子甲醇提取物与吡虫啉的质量比为 4097.3：1[1]。

黄皮种子甲醇粗提物按不同配比与吡虫啉混用后对豆蚜的室内毒力试验结果表明：黄皮种子甲醇提取物与化学杀蚜剂吡虫啉混配具有明显的增效作用，当黄皮种子甲醇提取物与吡虫啉质量比为 4097.3：1 混配时，达到最佳增效效果，其共毒系数为 190.87，此配比为二者的最佳配比，对豆蚜的 LC_{50} 值为 1610.4mg/L。

第三节　活性化合物生物活性研究

经提取物对害虫和害螨的生物活性生测，和经萃取和跟踪生测，杀虫活性成分为一种酰胺化合物即黄皮新肉桂酰胺 B（lansiumamide B），在另一组实验中，触杀活性成分为 (*S*,1*Z*,2*Z*,5*E*,10*Z*)-9-((*R*)–hydroxy(phenyl)methyl)-8-methyl-8-azabicyclo[4,3,2]undeca-1,3,5,10- tetraen-7-one（代号 7-3）。为了明确黄皮新肉桂酰胺 B 和 7-3 的杀虫活性、毒力和作用方式，开展黄皮新肉桂酰胺 B 和 7-3 对几种害虫和害螨的生物活性研究。

一、活性化合物对害虫、害螨的生物活性

1. 分离的 8 个化合物对白纹伊蚊的毒杀活性

测定了分离的 8 个化合物，其中化合物 1（黄皮新肉桂酰胺 B）对白纹伊蚊 4 龄幼虫的杀虫活性最好，在 5μg/mL 的处理浓度下，24h 和 48h 的校正死亡率分别为 98.86%和 100.00%。其次为化合物 2 辛黄皮酰胺，处理 24h 和 48h 后，其校正

死亡率分别为 20.33%和 41.23%。其余的化合物对白纹伊蚊表现出较弱或没有毒杀活性（表 3-32）。对化合物 1 的毒力测定结果显示，其 24h 的 LC_{50} 和 LC_{90} 分别为 0.45mg/L 和 2.19mg/L，均低于鱼藤酮的 LC_{50} 和 LC_{90} 2.04mg/L 和 12.09mg/L（表 3-33）[3]。

表 3-32 化合物 1~8（5μg/mL）对白纹伊蚊 4 龄幼虫杀虫活性

化合物	校正死亡率/%		化合物	校正死亡率/%	
	24h	48h		24h	48h
1	98.86±2.89b	100.00±1.67b	5	0.00±0.00d	0.00±0.00d
2	20.33±1.67a	41.23±5.77a	6	0.00±0.00d	0.00±0.00d
3	3.33±1.67c	13.67±2.89b	7	0.00±0.00d	0.00±0.00d
4	3.33±2.89d	11.67±2.89c	8	0.00±0.00d	0.00±0.00d

注：1. 表中同列数据后小写字母相同者，表示在 5%水平上差异不显著（DMRT 法），数据为平均值±SE。

2. 化合物 **1**、**2**、**3**、**4**、**5**、**6**、**7**、**8** 分别为黄皮新肉桂酰胺 B、辛黄皮酰胺、苯丙酰胺类生物碱、*N*-甲基-桂皮酰胺、山柰酚、*β*-谷甾醇-3-*O*-葡萄糖苷、7,4′-dihydroxyflavane、对羟基苯甲酸。

表 3-33 黄皮新肉桂酰胺 B 对白纹伊蚊 4 龄幼虫 24h 的毒力

名称	LC_{50} /(mg/L)	95%置信限 /(mg/L)	LC_{90} /(mg/L)	95%置信限 /mg/L)	毒力回归方程	相关系数(r)
化合物 1	0.45	0.33～0.56	2.19	1.83～2.75	y=5.6486+1.8554x	0.99
鱼滕酮	2.04	1.70～2.41	12.09	9.07～17.98	y=4.4867+1.6580x	0.99

2. 黄皮新肉桂酰胺 B 对白纹伊蚊幼虫不同龄期的毒力

黄皮新肉桂酰胺 B 对白纹伊蚊低龄幼虫的毒杀活性远高于高龄幼虫，且其对白纹伊蚊幼虫有明显的慢性毒性，随处理时间的延长 LC_{50} 值逐渐降低（如表 3-34）。黄皮新肉桂酰胺 B 对 1、2、3、4 龄幼虫处理 12h 时的 LC_{50} 值分别为 2.06μg/mL、3.46μg/mL、5.59μg/mL、8.11μg/mL，处理 24h 的 LC_{50} 值分别为 1.27μg/mL、2.70μg/mL、2.71μg/mL、4.35μg/mL，处理 36h 的 LC_{50} 值分别为 0.70μg/mL、1.12μg/mL、2.44μg/mL、2.76μg/mL，处理 48h 的 LC_{50} 值分别为 0.34μg/mL、0.94μg/mL、1.89μg/mL、2.22μg/mL；其 48h 的毒力分别是 12h 的 6.06 倍、3.68 倍、2.96 倍和 3.69 倍。其中黄皮新肉桂酰胺 B 对 1 龄幼虫的毒杀作用最明显。

表 3-34 黄皮新肉桂酰胺 B 对白纹伊蚊幼虫的毒力 单位：μg/mL

龄期/龄	12h		24h		36h		48h	
	LC_{50}	95%置信限	LC_{50}	95%置信限	LC_{50}	95%置信限	LC_{50}	95%置信限
1	2.06	1.93～2.21	1.27	1.19～1.38	0.70	0.64～0.76	0.34	0.29～0.38
2	3.46	3.05～3.87	2.70	2.41～3.07	1.12	0.99～1.40	0.94	0.81～1.64
3	5.59	5.11～6.09	2.71	2.48～2.99	2.44	2.05～2.45	1.89	1.35～2.81
4	8.11	7.56～8.90	4.35	4.04～4.65	2.76	2.31～3.20	2.22	1.83～2.61

3. 黄皮新肉桂酰胺B对白纹伊蚊卵的毒杀效果

黄皮新肉桂酰胺B对具24h卵龄的白纹伊蚊卵具有很好的毒杀活性（表3-35），其对卵的毒杀活性随着处理浓度的增加而增强，当处理浓度为5μg/mL时，其杀卵活性达到89.89%[4]。

表3-35　黄皮新肉桂酰胺B对白纹伊蚊卵的毒杀效果

浓度/(μg/mL)	总虫数/头	死虫数/头	死亡率/%	校正死亡率/%
对照	333	35	10.33	
0.3125	315	103	32.56	24.79±4.72 d
0.625	320	167	52.02	46.49±1.99 c
1.25	329	254	77.07	74.42±3.98 b
2.5	344	276	80.27	77.99±1.54 b
5	320	291	90.93	89.89±0.38 a

注：表中同列数据后小写字母相同者，表示在5%水平上差异不显著，数据为平均值±标准差。

4. 黄皮新肉桂酰胺B对白纹伊蚊蛹的影响

黄皮新肉桂酰胺B对白纹伊蚊蛹的毒杀活性不明显，也不会影响蛹的羽化时间（表3-36），但其对白纹伊蚊蛹的毒杀效果随着处理浓度的增加而缓慢增加。总之，在处理浓度范围内黄皮新肉桂酰胺B对白纹伊蚊蛹羽化的影响不明显。药剂处理与未处理羽化率差异不大[4]。

表3-36　黄皮新肉桂酰胺B对白纹伊蚊蛹羽化的影响（3d）

处理浓度/（μg/mL）	羽化率/%	处理浓度/（μg/mL）	羽化率/%
0	98.5±0.00a	1.25	95.5±0.01b
0.3125	98.5±0.00a	5	89.4±0.00c

注：表中同行数据后小写字母相同者，表示在5%水平上差异不显著，数据为平均值±标准差。

5. 黄皮新肉桂酰胺B对白纹伊蚊4龄幼虫生长发育的影响

黄皮新肉桂酰胺B处理白纹伊蚊12h，经清洗后正常饲养的观察结果（见表3-37）表明，经不同浓度处理的白纹伊蚊幼虫的羽化率、化蛹率均明显低于对照组。0.3125μg/mL、1.25μg/mL和2.5μg/mL处理组的化蛹率与对照组没有显著性差异（$P<0.05$），但5μg/mL处理组显著低于对照组；0.3125μg/mL和1.25μg/mL处理组的羽化率与对照组虽有一定差异，但2.5μg/mL和5μg/mL处理组的羽化率显著低于0.3125μg/mL和1.25μg/mL处理组（$P<0.05$）[4]。表明黄皮新肉桂酰胺B对白纹伊蚊蛹的羽化具有显著的抑制作用。

黄皮新肉桂酰胺B处理白纹伊蚊24h，经清洗后正常饲养的观察结果（表3-38）表明，经不同浓度处理的白纹伊蚊幼虫的羽化率、化蛹率明显低于对照组。0.3125μg/mL处理组的化蛹率和羽化率均与对照组没有显著性差异（$P<0.05$），但

0.625μg/mL、1.25μg/mL 和 2.5μg/mL（5μg/mL）处理组均显著低于对照组。

表 3-37　黄皮新肉桂酰胺 B 对处理 12h 白纹伊蚊 4 龄幼虫发育的影响

浓度/(μg/mL)	试虫总数/头	化蛹虫数/头	羽化虫数/头	化蛹率/%	羽化率/%
0（对照）	209	204	198	97.72±3.22a	97.06±0.12a
0.3125	189	178	141	94.32±3.27a	79.28±2.99b
1.25	197	182	142	92.68±7.32a	78.02±4.66b
2.5	196	181	123	92.32±1.17a	67.93±0.69c
5	188	108	70	57.61±3.05b	64.84±0.77c

注：表中同列数据后小写字母相同者，表示在 5%水平上差异不显著，数据为平均值±标准差。

表 3-38　黄皮新肉桂酰胺 B 对处理 24h 白纹伊蚊 4 龄幼虫发育的影响

浓度/(μg/mL)	试虫总数/头	化蛹虫数/头	羽化虫数/头	化蛹率/%	羽化率/%
0（对照）	190	178	160	93.61±1.97a	90.66±4.16a
0.3125	180	161	146	89.42±2.52a	89.69±1.29a
0.625	190	150	123	79.11±4.40b	82.13±13.80ab
1.25	201	78	56	38.79±3.95c	71.43±6.73b
2.5	189	14	7	7.47±2.00d	50.00±0.00c
5	188	8	3	4.20±1.12d	36.66±4.72c

注：表中同列数据后小写字母相同者，表示在 5%水平上差异不显著，数据为平均值±标准差。

黄皮新肉桂酰胺 B 处理白纹伊蚊 4 龄幼虫不同时间对其生长发育影响结果表明，黄皮新肉桂酰胺 B 浓度相同时，处理 24h 幼虫的化蛹率和羽化率明显低于 12h，且浓度越大效果越明显。本实验表明，黄皮新肉桂酰胺 B 对白纹伊蚊幼虫的生长发育具有抑制作用，但 0.3125μg/mL 处理组对白纹伊蚊幼虫的生长发育影响不明显[4]。

6. 黄皮新肉桂酰胺 B 对白纹伊蚊 1 龄幼虫生长发育的影响

从图3-6可见，黄皮新肉桂酰胺B处理组试虫的生长发育明显较对照组迟缓，且随处理浓度增加，抑制生长发育作用也随之增加。在黄皮新肉桂酰胺 B 处理周期内，各处理组第 2 天 1 龄幼虫、第 3 天 1 龄幼虫、第 7 天 2 龄幼虫、第 12 天 3 龄幼虫和第 14 天 3 龄幼虫的存活率均明显高于对照组（处理浓度为 0.3μg/mL 时，第 7 天 2 龄幼虫的存活率，处理组与对照组均为 0），且随处理浓度的增加存活率呈现先升高后降低的趋势。当幼虫发育到第 7 天时，对照组由 4 龄和 3 龄幼虫组成，分别占总虫数的 66.18%和 30.39%，除 1.2μg/mL 处理组外，其他处理组 3 龄幼虫所占比例均高于对照组，且随处理浓度的增加而增加，此外，部分处理组仍有部分 2 龄幼虫。实验显示，黄皮新肉桂酰胺 B 各浓度处理组白纹伊蚊 4 龄幼虫均较对照组迟缓，故推测，黄皮新肉桂酰胺 B 对白纹伊蚊 4 龄幼虫有抑制生长发育的影响[4]。

7. 黄皮新肉桂酰胺 B 对柑橘全爪螨的触杀活性

采用载玻片浸液法测定了黄皮新肉桂酰胺 B、鱼藤酮与印楝素对柑橘全爪螨的触杀活性，结果见表 3-39。

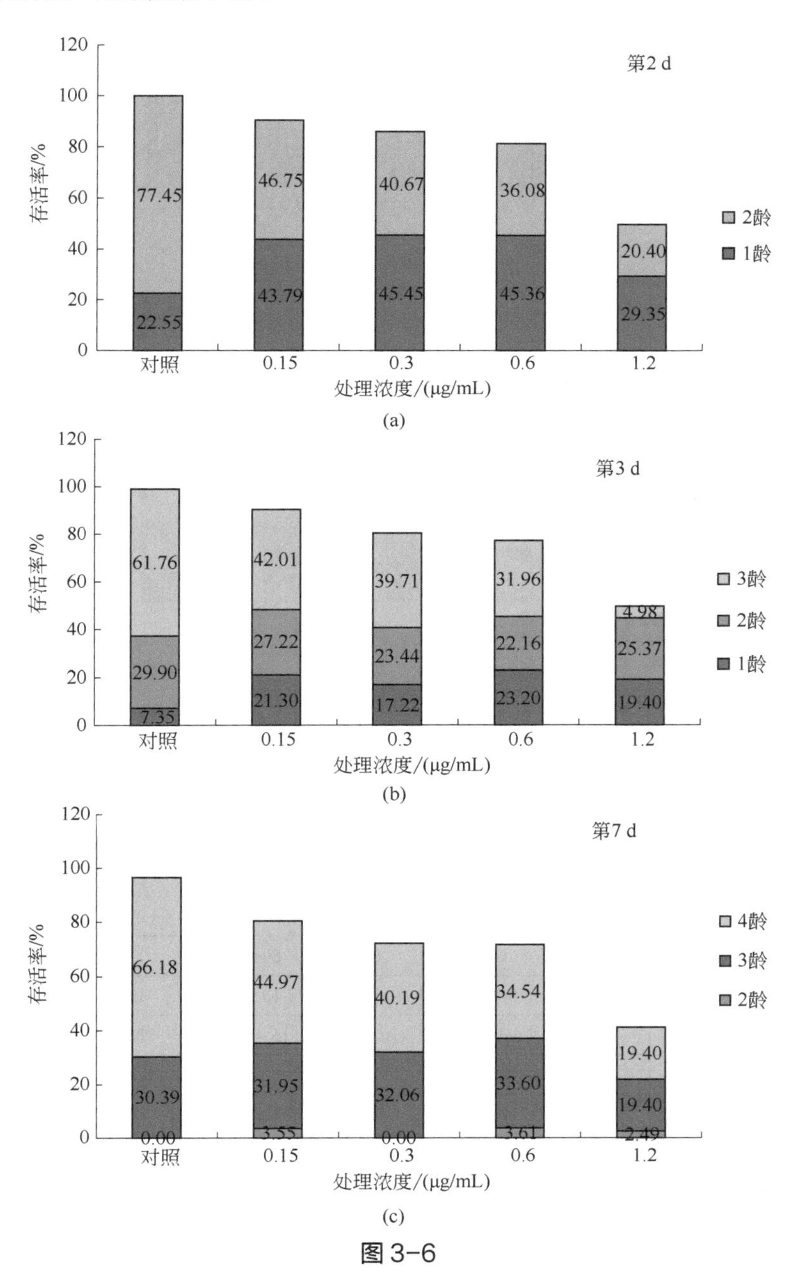

图 3-6

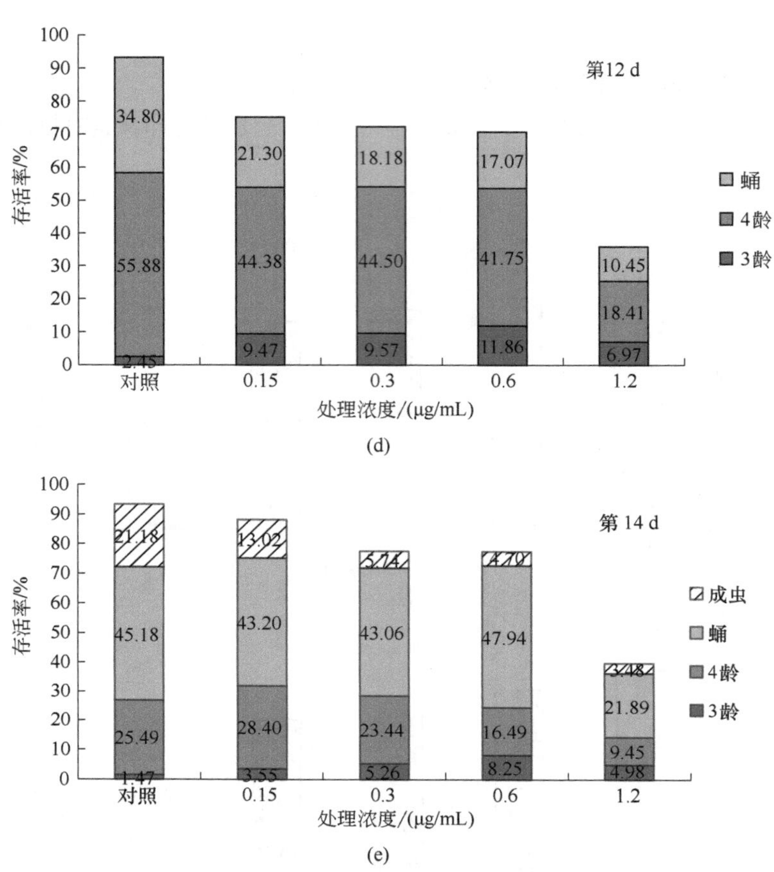

图 3-6　黄皮新肉桂酰胺 B 对白纹伊蚊 1 龄幼虫（2~14d）生长发育的影响

表 3-39　黄皮新肉桂酰胺 B、鱼藤酮和印楝素对柑橘全爪螨的触杀活性

化合物	浓度/(μg/mL)	12h		24h		36h	
		死亡率/%	校正死亡率/%	死亡率/%	校正死亡率/%	死亡率/%	校正死亡率/%
黄皮 B	10	21.7	14.5±0.50a	21.7	14.5±0.50 a	23.3	16.4±1.4 a
印楝素		6.70	6.70±0.00a	8.30	6.80±0.10b	16.7	13.8±0.40a
鱼藤酮		5.00	5.00±0.00a	6.70	5.10±0.10b	13.3	10.3±0.87a
黄皮 B	25	23.3	16.4±1.10a	23.3	16.4±1.1a	25.0	18.2±1.0a
印楝素		6.70	6.70±0.00b	15.0	13.6±1.4ab	23.3	20.7±0.62a
鱼藤酮		5.00	5.00±0.00b	6.70	5.10±0.10b	15.0	12.1±2.0a
黄皮 B	50	35.0	29.1±0.53a	36.7	31.0±0.44a	45.0	40.0±1.7a
印楝素		8.30	8.30±0.89b	16.7	15.3±0.10b	25.0	22.4±0.87b
鱼藤酮		8.30	8.3±0.40b	11.7	10.2±0.62b	24.8	22.2±0.62b

续表

化合物	浓度/(μg/mL)	12h		24h		36h	
		死亡率/%	校正死亡率/%	死亡率/%	校正死亡率/%	死亡率/%	校正死亡率/%
黄皮B	100	62.5	59.1±0.50a	75.0	72.7±1.7a	75.0	72.8±0.10a
印楝素		16.7	16.7±0.40b	25.0	23.7±1.4b	48.3	46.6±1.3b
鱼藤酮		15.0	15.0±0.50b	20.0	18.6±2.2b	33.3	31.0±0.20b
黄皮B	500	96.7	96.4±0.20a	98.3	98.2±1.0a	98.3	98.2±2.9a
印楝素		63.3	63.3±1.0b	78.3	78.0±1.0b	96.7	96.6±2.9a
鱼藤酮		68.3	68.3±1.9b	76.7	76.3±0.89b	96.7	96.6±2.9a

注：1.表中相同浓度不同药剂的数据后小写字母相同者，表示在 5%水平上差异不显著，数据为平均值±标准差。

2.表中“黄皮B”是黄皮新肉桂酰胺B的简写。

在处理浓度范围内，3 种化合物对柑橘全爪螨的毒杀活性均随着处理浓度的增加和处理时间的延长而增强；其中，当处理时间为 36h，浓度为 10μg/mL 和 500μg/mL 时，黄皮新肉桂酰胺B对柑橘全爪螨的触杀活性分别为16.4%和98.2%，均大于鱼藤酮和印楝素，但三者之间不存在显著性差异。除此以外，相同浓度和时间处理下，黄皮新肉桂酰胺B的毒杀活性均显著高于印楝素和鱼藤酮，且鱼藤酮和印楝素毒杀活性相当。处理浓度为100μg/mL 时，黄皮新肉桂酰胺B对柑橘全爪螨的触杀活性大于 62.5%，且随处理时间的延长而增大，处理 36h 的校正死亡率为 72.8%。500μg/mL 处理浓度下，黄皮新肉桂酰胺B处理柑橘全爪螨 12h、24 时的校正死亡率分别为 96.4%和 98.2%，均显著大于鱼藤酮和印楝素。黄皮新肉桂酰胺B对柑橘全爪螨的 LC_{50} 和 LC_{90} 分别为 62.92μg/mL 和 346.02μg/mL，鱼藤酮为 234.43μg/mL 和 1863.03μg/mL，印楝素为 199.04μg/mL 和 2799.10μg/mL；且其触杀毒力分别是鱼藤酮的 3.7 倍和 5.4 倍、印楝素的 3.2 倍和 8.1 倍（表 3-40）。表明黄皮新肉桂酰胺 B 对柑橘全爪螨具有很好的触杀活性，比经典的植物源农药鱼藤酮、印楝素活性更好[4]。

表 3-40　黄皮新肉桂酰胺B、鱼藤酮和印楝素对柑橘全爪螨 24h 的触杀毒力

化合物	LC_{50}/(μg/mL)	95%置信区间/(μg/mL)	LC_{90}/(μg/mL)	95%置信区间/(μg/mL)	毒力回归方程	相关系数(*r*)
黄皮新肉桂酰胺B	62.92	51.36～77.97	346.02	232.63～459.41	y=1.0036+2.2218x	0.9626
鱼藤酮	234.43	163.19～305.67	1863.03	1757.18～1968.88	y=0.6695+1.8272x	0.9423
印楝素	199.04	138.61～259.47	2799.10	2679.80～2918.40	y=1.7063+1.4327x	0.9543

8. 黄皮新肉桂酰胺B对柑橘全爪螨的杀卵活性

采用叶片残毒法测定了黄皮新肉桂酰胺B、鱼藤酮与印楝素对柑橘全爪螨卵

的毒杀活性，结果见图 3-7。鱼藤酮对柑橘全爪螨的杀卵活性在 10～50μg/mL 浓度范围内，随着浓度的增加活性上升，而在 50～100μg/mL 浓度间活性有下降现象，然后才具缓慢上升的趋势，在 500μg/mL 处杀卵活性最大，达 10.4%。印楝素和黄皮新肉桂酰胺 B 的杀卵活性随浓度的增加而增加，其在 500μg/mL 处的杀卵活性分别为 87.0%和 55.8%；印楝素的杀卵活性在小于 100μg/mL 时缓慢增加，大于 100μg/mL 时急剧增加；黄皮新肉桂酰胺 B 的杀卵活性在小于 100μg/mL 时急剧增加，大于 100μg/mL 时增加不明显。在处理浓度为 100μg/mL 时，黄皮新肉桂酰胺 B 的杀卵活性优于同浓度处理的印楝素和鱼藤酮；小于 300μg/mL 时，3 种化合物的杀卵活性大小依次是黄皮新肉桂酰胺 B>印楝素>鱼藤酮；大于 300μg/mL 时，3 种化合物的杀卵活性大小依次是印楝素>黄皮新肉桂酰胺 B>鱼藤酮[3]。

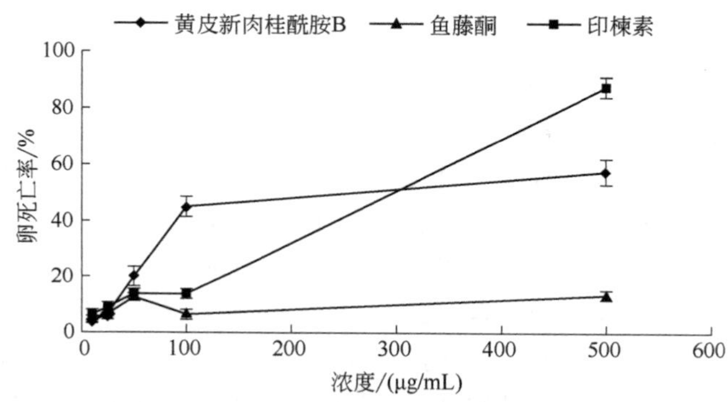

图 3-7　黄皮新肉桂酰胺 B、鱼藤酮、印楝素对柑橘全爪螨的杀卵活性

9. 黄皮新肉桂酰胺 B 对柑橘全爪螨的驱避活性

黄皮新肉桂酰胺 B、鱼藤酮与印楝素对柑橘全爪螨都有一定的驱避活性，且驱避活性随着处理浓度的增加而增加（表 3-41）。处理浓度为 10μg/mL、25μg/mL 时，3 种植物源化合物对柑橘全爪螨的驱避活性均小于 55.85%；50μg/mL 时，随处理时间的延长，黄皮新肉桂酰胺 B 和印楝素的驱避率相对稳定，均在 50%左右波动，鱼藤酮的驱避率先在 24h 增加到 71.40%然后急剧减少；100μg/mL 时，3 种化合物的驱避活性均随着时间的延长在 36h 时达到最大后下降，且三者间无显著差异；500μg/mL 时，3 种化合物的驱避活性均随着时间的延长先增加后下降，黄皮新肉桂酰胺 B 和印楝素的驱避活性均在 36h 时达到最大，分别达 86.10%和 85.70%，鱼藤酮的驱避活性在 24h 达到最大 92.10%，处理 36h 时三者的驱避活性从大到小依次是鱼藤酮、黄皮新肉桂酰胺 B、印楝素。500μg/mL 时，除处理 24h 时鱼藤酮显著高于黄皮新肉桂酰胺 B 和印楝素外，三者驱避活性相当。实验结果表明，药剂处理浓度在 100μg/mL 之上时（包括 100μg/mL），黄皮新肉桂酰胺 B、印楝素及鱼藤酮 3 种化合物对柑橘全爪螨的驱避活性相当[4]。

表 3-41　黄皮新肉桂酰胺 B、鱼藤酮和印楝素对柑橘全爪螨的驱避作用

化合物	浓度/（μg/mL）	平均驱避率/%			
		12h	24h	36h	48h
黄皮 B	10	46.00±1.40a	32.80±1.00a	20.80±1.20b	15.10±2.20a
印楝素	10	15.10±0.08b	13.90±2.00b	6.25±0.35c	6.25±1.10b
鱼藤酮	10	16.60±0.49b	33.00±0.49a	31.20±1.80a	21.10±3.30a
黄皮 B	25	55.80±5.30a	33.30±0.00b	31.40±2.80b	27.30±3.20b
印楝素	25	40.5±2.30b	43.90±5.20a	55.10±0.16a	48.80±1.70a
鱼藤酮	25	20.00±0.95c	48.50±2.10a	34.30±1.40b	26.00±0.41b
黄皮 B	50	57.00±2.80a	41.70±2.40b	53.20±1.80a	49.70±7.50a
印楝素	50	52.50±3.40a	49.40±0.78b	50.10±0.21a	45.10±0.21a
鱼藤酮	50	52.00±1.10a	71.40±2.50a	43.80±1.80a	37.80±3.70b
黄皮 B	100	57.10±0.00a	69.60±0.00a	82.80±5.10a	75.90±4.60a
印楝素	100	56.80±0.25a	77.00±4.30a	83.60±6.20a	71.60±4.80a
鱼藤酮	100	59.80±1.10a	74.20±1.10a	79.90±3.80a	74.40±0.77a
黄皮 B	500	71.60±2.00a	82.30±3.30b	86.10±2.00a	79.80±6.80a
印楝素	500	73.90±0.67a	81.70±3.60b	85.70±3.30a	77.50±3.50a
鱼藤酮	500	67.30±3.20a	92.10±0.65a	89.60±3.80a	81.40±4.50a

注：1.表中相同浓度不同药剂的数据后小写字母相同者，表示在 5%水平上差异不显著，数据为平均值±标准差。

2.表中“黄皮 B”是黄皮新肉桂酰胺 B 的简写。

10. 黄皮种子石油醚相柱层析不同馏分的杀蚜活性

为进一步了解黄皮种子中的活性成分，采用常压柱层析对其石油醚萃取物进一步分离，共得到馏分 189 个，经 TLC 检测后，相同成分合并得到 10 个馏分。将这 10 个馏分分别配成质量浓度为 2g/L 的溶液，采用浸液法对豆蚜进行生物活性测定，结果见表 3-42。试验结果表明，在处理 24h、48h 后，在所得的 10 个馏分中，馏分 7 对豆蚜的触杀效果最好，显著高于其他的馏分，对豆蚜的校正死亡率分别为 35.00%和 89.47%。选定馏分 7 继续进行分离。

表 3-42　黄皮石油醚萃取物不同馏分触杀豆蚜活性

馏分	24h		48h	
	死亡率/%	校正死亡率/%	死亡率/%	校正死亡率/%
1	3.75±2.39	3.75±2.39cde	16.25±2.39	11.84±2.52e
2	6.25±1.25	6.25±1.25bcde	18.75±2.39	14.47±2.52e
3	10.00±2.04	10.00±2.04bcd	21.25±3.15	17.11±3.31e
4	12.50±3.23	12.50±3.23bc	60.00±7.36	57.89±7.74b
5	13.75±3.15	13.75±3.15b	35.00±3.54	31.58±3.72c

续表

馏分	24h		48h	
	死亡率/%	校正死亡率/%	死亡率/%	校正死亡率/%
6	2.50±1.44	2.50±1.44de	15.00±2.89	10.53±3.04e
7	35.00±4.56	35.00±4.56a	90.00±4.56	89.47±4.80a
8	10.00±2.04	10.00±2.04bcd	22.50±5.20	18.42±5.48de
9	8.75±4.27	8.75±4.27bcde	33.75±3.15	30.26±3.31cd
10	6.25±2.39	6.25±2.39 bcde	18.75±2.39	14.47±2.52 e
CK	0.00±0.00		5.00±2.04	

注：表中数据均为 4 次重复平均值，同列数据后字母相同者表示在 5%水平差异不显著（DMRT 法）。

11. 馏分 7 柱层析物对豆蚜的触杀活性

馏分 7 经柱层析共得到 4 个馏分，将这 4 个馏分分别配成质量浓度为 0.8g/L 的溶液，采用浸液法对豆蚜进行生物活性测定，结果见表 3-43。试验结果表明，各馏分均对豆蚜表现出一定的触杀活性，其中馏分 7-3 对豆蚜的触杀效果最好，显著高于其他的馏分，在处理 24h、48h 后，对豆蚜的校正死亡率分别为 38.46% 和 73.68%。馏分 7-3 化学结构鉴定为(*S*,1*Z*,2*Z*,5*E*,10*Z*)-9-((*R*)-hydroxy(phenyl) methyl)-8-methyl-8-azabicyclo[4,3,2]undeca-1,3,5,10-tetraen-7-one[2]。

为进一步确定化合物 7-3 对豆蚜的毒力，将化合物 7-3 以 1.6g/L，0.8g/L，0.4g/L，0.2g/L，0.1g/L 的浓度梯度对豆蚜进行毒力测定，经统计分析，化合物 7-3 在处理 48h 后对豆蚜触杀活性的毒力回归方程为 y=5.4921+1.4357x（相关系数 r=0.9823），LC_{50} 为 0.4542g/L（置信限为 0.3637～0.5761g/L），表现出了一定的触杀活性[1]。

表 3-43　馏分 7 的 4 个柱层析物触杀豆蚜活性比较

馏分	24h		48h	
	死亡率/%	校正死亡率/%	死亡率/%	校正死亡率/%
7-1	10.00±2.04	7.69±2.09bc	21.25±2.39	17.11±2.52c
7-2	16.25±2.39	14.10±2.45b	36.25±4.27	32.89±4.49b
7-3	40.00±2.04	38.46±2.09a	75.00±2.39	73.68±2.14a
7-4	13.75±2.39	11.54±2.45b	31.25±4.27	27.63±4.49b
CK	2.50±2.50		5.00±2.04	

注：表中数据均为 4 次重复平均值，同列数据后字母相同者表示在 5%水平差异不显著（DMRT 法）。

二、黄皮新肉桂酰胺 B 生物活性明显

1. 黄皮新肉桂酰胺 B 对柑橘全爪螨具有明显的生物活性

黄皮新肉桂酰胺 B 对柑橘全爪螨的活性主要表现在对雌成螨有很好的触杀、

驱避和杀卵活性，且每种生物活性都与处理浓度呈正相关关系，即随着处理浓度的增加生物活性随着增高；其次，处理浓度相同时，黄皮新肉桂酰胺 B 对柑橘全爪螨的生物活性（从大到小）依次是触杀作用、驱避作用、杀卵作用活性。

在处理 24h 时，黄皮新肉桂酰胺 B 对柑橘全爪螨雌成螨的触杀 LC_{50} 和 LC_{90} 分别是 62.92μg/mL 和 346.02μg/mL，是鱼藤酮毒力的 3.7 倍和 5.4 倍，是印楝素毒力的 3.2 倍和 8.1 倍。

黄皮新肉桂酰胺 B 对柑橘全爪螨在 100μg/mL 和 500μg/mL 浓度下，处理 36h 时的驱避率达到最大，分别为 82.80%和 86.10%，与鱼藤酮和印楝素相当，说明其有较强的驱避活性。

2. 黄皮新肉桂酰胺 B 对白纹伊蚊幼虫具有显著的触杀活性

实验结果表明：①黄皮新肉桂酰胺 B 对白纹伊蚊幼虫毒杀活性随着处理浓度的增加而增高；②黄皮新肉桂酰胺 B 对白纹伊蚊幼虫的毒杀活性跟幼虫龄期有负相关关系，即幼虫龄期越小，对黄皮新肉桂酰胺 B 越敏感，其中，黄皮新肉桂酰胺 B 处理白纹伊蚊 1 龄、2 龄、3 龄、4 龄幼虫 48h 的 LC_{50} 分别是 0.34μg/mL、0.94μg/mL、1.89μg/mL、2.22μg/mL。测得对白纹伊蚊 4 龄幼虫 24h 的 LC_{50} 和 LC_{90} 分别为 0.45mg/L 和 2.09mg/L。

根据黄皮新肉桂酰胺 B 致白纹伊蚊幼虫的中毒症状，推测其可能作用于蚊幼虫中肠。黄皮新肉桂酰胺 B 对具 24h 卵龄的白纹伊蚊卵有很强的毒杀效果，随其处理浓度的增高杀卵活性增强，5μg/mL 时，卵的校正死亡率达到 89.89%。

黄皮新肉桂酰胺 B 对白纹伊蚊蛹有一定的毒杀效果，但不明显，且对蛹的羽化时间没有影响。

将黄皮种子石油醚相萃取物进行柱层析分离，共获得 10 个不同的组分，其中馏分 3 和馏分 4 析出大量的结晶。生物活性测定结果表明，各馏分对豆蚜都有一定的触杀活性，其中馏分 7 的活性最高，处理豆蚜 48h 后的校正死亡率为 89.47%。将化合物 7 继续进行柱层析分离，重结晶得到一白色晶体，(*S*,1*Z*,2*Z*,5*E*,10*Z*)-9-((*R*)-hydroxy(phenyl)methyl)-8-methyl-8- azabicyclo[4,3,2] undeca-1,3,5,10-tetraen-7-one。毒力测定结果表明，化合物 7-3 处理豆蚜 48h 后的 LC_{50} 为 454.2mg/L。

第四节　黄皮新肉桂酰胺 B 作用机理初步研究

1. 黄皮新肉桂酰胺 B 致白纹伊蚊幼虫中毒的症状

黄皮新肉桂酰胺 B 作用于白纹伊蚊幼虫后，除 0.3125μg/mL 和 0.625μg/mL 处理组外，其余 3 组均出现明显的中毒症状，如图 3-8。中毒幼虫表现为先活动增强，后活动减弱，部分团聚于水面之上，反应迟钝，针触后虫体痉挛性抖动数秒后恢复原状，似麻醉；部分幼虫躯体萎缩变短；部分幼虫躯体腹部发黑；部分相邻幼虫出现头头相连（嘴咬嘴）；部分幼虫尾部出现体内排泄物。部分死亡幼虫躯体消瘦僵直；部分死亡幼虫躯体萎缩发黑；部分死亡幼虫躯体漂浮于水面，针触后沉于水底。死亡幼虫一般多沉于水底。0.3125μg/mL 和 0.625μg/mL 组及对照组幼虫均未出现明显的上述中毒症状[4]。

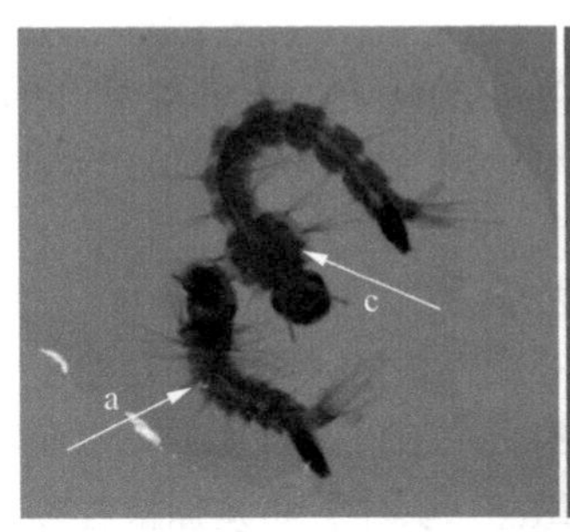

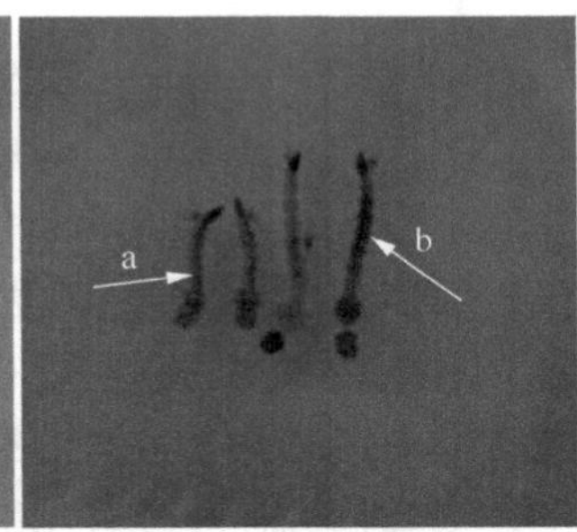

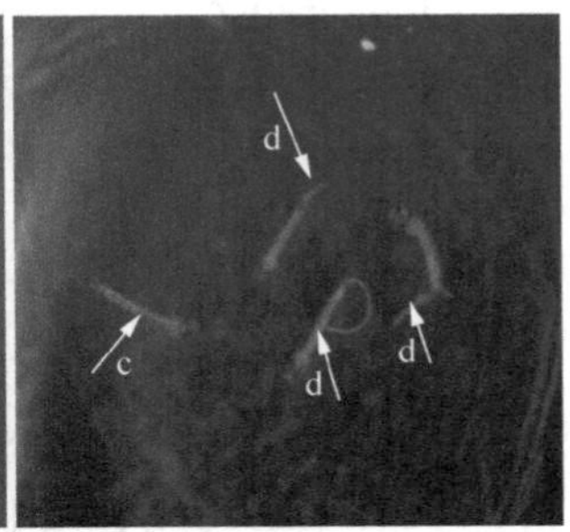

图 3-8　黄皮新肉桂酰胺 B 对白纹伊蚊幼虫的毒杀症状

a：蚊幼虫躯体萎缩变短；b：蚊幼虫腹部发黑；
c：正常幼虫；d：幼虫尾部出现体内排泄物

2. 黄皮新肉桂酰胺 B 对 SL 细胞的细胞毒性

由表 3-44 结果可见，黄皮新肉桂酰胺 B 对斜纹夜蛾 SL 细胞有较强的细胞毒性，随着处理药量的加大，SL 细胞的死亡率显著提高。使用 2.5μg/mL、5.0μg/mL、10.0μg/mL、15.0μg/mL、20.0μg/mL 浓度，处理 48h 后 SL 细胞的相对死亡率分别为 5.96%、24.75%、50.24%、68.42%和 74.33%，抑制中浓度为 10.09μg/mL（y=2.4717x+2.5186，r=0.9972）[2]。

表 3-44　黄皮新肉桂酰胺 B 对 SL 细胞的细胞毒性

剂量/(μg/mL)	OD_{570} 均值	调零后 OD_{570} 值	48h 死亡率/%	抑制中浓度(95%置信限)/(μg/mL)
2.5	0.6200±0.0284	0.5330	5.96d	10.09（9.44～10.78）
5.0	0.5135±0.0070	0.5135	24.75c	
10.0	0.3690±0.0064	0.3690	50.24b	
15.0	0.2660±0.0069	0.2660	68.42a	
20.0	0.2325±0.0092	0.2325	74.33a	

3. 黄皮新肉桂酰胺 B 对白纹伊蚊幼虫蛋白含量的影响

考马斯亮蓝染色法测定牛血清白蛋白的标准曲线如图 3-9 所示。

黄皮新肉桂酰胺 B 对白纹伊蚊蛋白含量的影响结果（图 3-10）表明，0.3125μg/mL 处理组在 3h、6h、9h 时，蛋白比显著高于对照组，但处理 12h 后，处理组与对照组蛋白比均呈下降趋势，但二者无显著差异；1.25μg/mL 处理组蛋白比先降低后增加再降低，且除处理 12h 时蛋白比显著高于对照组外，其他处理时间的蛋白比与对照组没有差异；5μg/mL 处理组蛋白比先降低后增加，之后再降低，且在整个处理周期里，除 0h 外，其他处理时间组与对照组存在显著差异[4]，这种不同浓度不同时间处理蛋白比的波动的机制，有待研究。

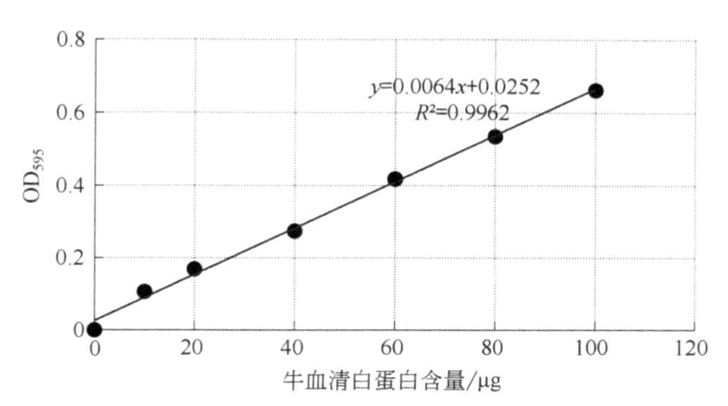

图 3-9　牛血清白蛋白标准曲线

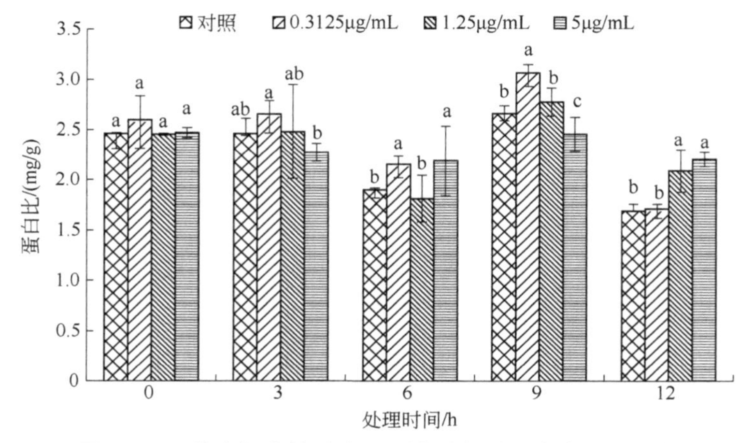

图 3-10　黄皮新肉桂酰胺 B 对白纹伊蚊蛋白含量的影响

4. 黄皮新肉桂酰胺 B 对白纹伊蚊幼虫总酯酶的影响

黄皮新肉桂酰胺 B 对白纹伊蚊幼虫总酯酶活性的影响结果（图 3-11）表明，在整个实验周期内，各浓度处理组的总酯酶活性显著高于对照组，总酯酶活性受到明显的激活作用。处理 9h 时，5μg/mL 处理组酯酶活性显著高于对照组和其他处理组；此外，处理 3h、6h、12h 时，1.25μg/mL 处理组酯酶活性明显大于 0.3125μg/mL 和 5μg/mL 处理组，其中处理 3h、6h 时，各处理组间酯酶活性没有显著差异。总之，经黄皮新肉桂酰胺 B 处理，白纹伊蚊幼虫体内总酯酶受到激活。

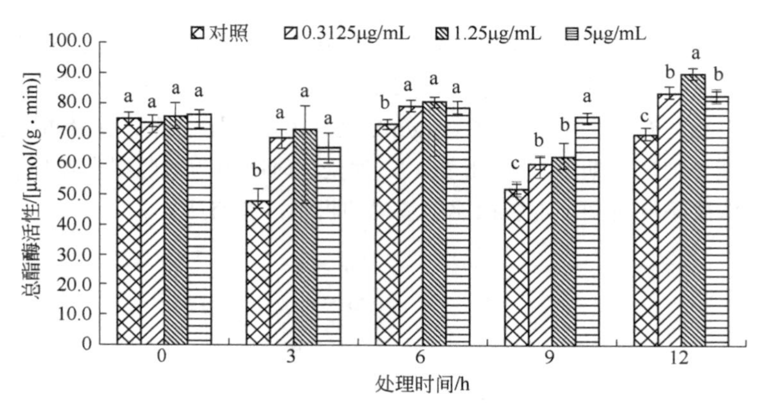

图 3-11 黄皮新肉桂酰胺 B 对白纹伊蚊 4 龄幼虫总酯酶活性的影响

5. 黄皮新肉桂酰胺 B 对白纹伊蚊幼虫保护性酶的影响

（1）超氧化物歧化酶的测定结果

黄皮新肉桂酰胺 B 对白纹伊蚊幼虫超氧化物歧化酶（SOD）活性影响见图 3-12。经不同浓度黄皮新肉桂酰胺 B 处理 3h、6h、9h、12h 后，白纹伊蚊幼虫体内超氧化物歧化酶活性显著低于对照组；处理时间相同时，超氧化物歧化酶活性随黄皮新肉桂酰胺 B 处理浓度的增加而降低[4]。

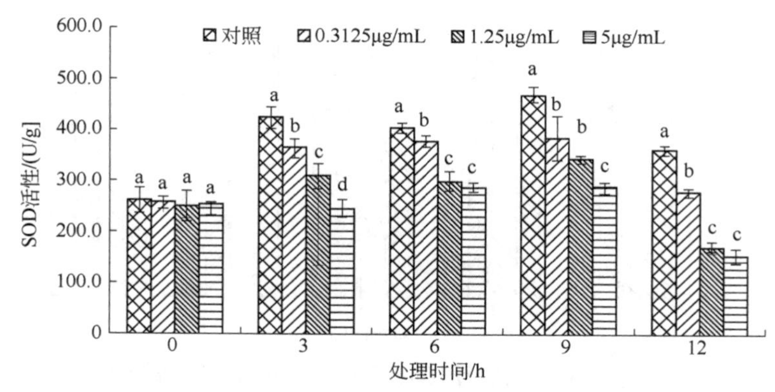

图 3-12 黄皮新肉桂酰胺 B 对白纹伊蚊 4 龄幼虫超氧化物歧化酶活性的影响

（2）过氧化氢酶活性测定结果

黄皮新肉桂酰胺 B 对白纹伊蚊幼虫过氧化氢酶（CAT）活性影响结果（图 3-13）表明，处理 3h 时，各处理组过氧化氢酶活性受到明显的激活作用，但处理浓度与激活作用呈负相关关系；处理 6h 时，除 5μg/mL 处理组过氧化氢酶活性被激活外，其他处理组酶活性均受到抑制，显著低于对照组；处理 9h 时，除 0.3125μg/mL 处理组过氧化氢酶活性显著高于对照组外，其他处理组与对照组均不存在差异；处理 12h 时，1.25μg/mL 处理组过氧化氢酶活显著高于对照组，其他处理组酶活均低于对照组，但没有显著差异。0.3125μg/mL 处理组酶活随着时间的延长先增加后降低，接着升高再降低；1.25μg/mL 处理组酶活随时间的延长先增加后降低再增加；5μg/mL 处理组酶活随时间增加先增加后缓慢降低[4]。

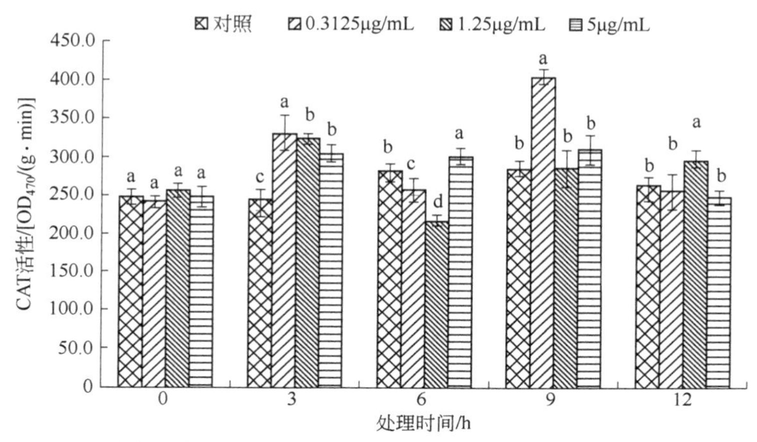

图 3-13 黄皮新肉桂酰胺 B 对白纹伊蚊 4 龄幼虫过氧化氢酶活性的影响

6. 黄皮新肉桂酰胺 B 对白纹伊蚊幼虫丙二醛含量变化的影响

丙二醛（MDA）是氧自由基引起的脂质过氧化反应的降解终产物，具有极强的氧化作用，能引起细胞的损伤、衰老和死亡。不同浓度黄皮新肉桂酰胺 B 对白纹伊蚊幼虫体内丙二醛动态含量影响的测定结果（图 3-14）表明，白纹伊蚊幼虫在处理后 3h、6h、9h 时，处理组幼虫体内丙二醛含量与对照组没有差异；处理 12h 时，丙二醛含量随处理浓度的增加而上升，且 1.25μg/mL、5μg/mL 处理组丙二醛含量显著高于对照组和 0.3125μg/mL 处理组。故可推测，不同浓度黄皮新肉

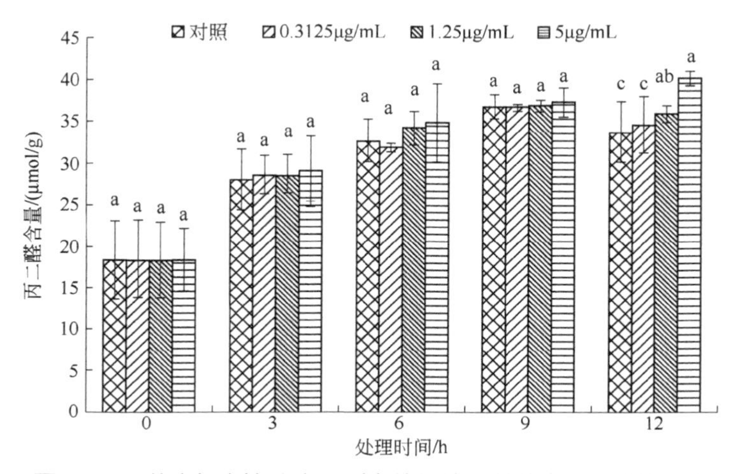

图 3-14 黄皮新肉桂酰胺 B 对白纹伊蚊 4 龄幼虫丙二醛的影响

桂酰胺 B 处理早期，受保护酶 SOD、CAT 对自由基的消除作用，白纹伊蚊幼虫体内的丙二醛含量没有明显增加，当 SOD、CAT 受到抑制时，丙二醛含量明显增加，伴随脂质过氧化和细胞受损。蚊试虫体内 MDA 含量的增加是 SOD、CAT 对自由基的消除作用减退及细胞氧化受损的一种标记。

7. 黄皮新肉桂酰胺 B 对白纹伊蚊 4 龄幼虫中肠肠壁细胞超微结构的影响

通过制作超薄切片，对黄皮新肉桂酰胺 B 处理的白纹伊蚊幼虫中肠进行透射电镜观察，其对蚊幼虫的中肠细胞超微结构的影响见图 3-15。

根据白纹伊蚊幼虫对黄皮新肉桂酰胺 B 的中毒症状，黄皮新肉桂酰胺 B 对白纹伊蚊幼虫中肠细胞的内膜系统有明显的影响。黄皮新肉桂酰胺 B 作用于白纹伊蚊幼虫 12h 后，部分中肠细胞线粒体肿胀、双层膜和嵴模糊不清；细胞核内染色质浓缩成团，核膜不清晰或消失；微绒毛断裂，数量减少；出现髓样结构。故推测，黄皮新肉桂酰胺 B 对白纹伊蚊幼虫中肠内膜及其细胞器的破坏可能是其致毒

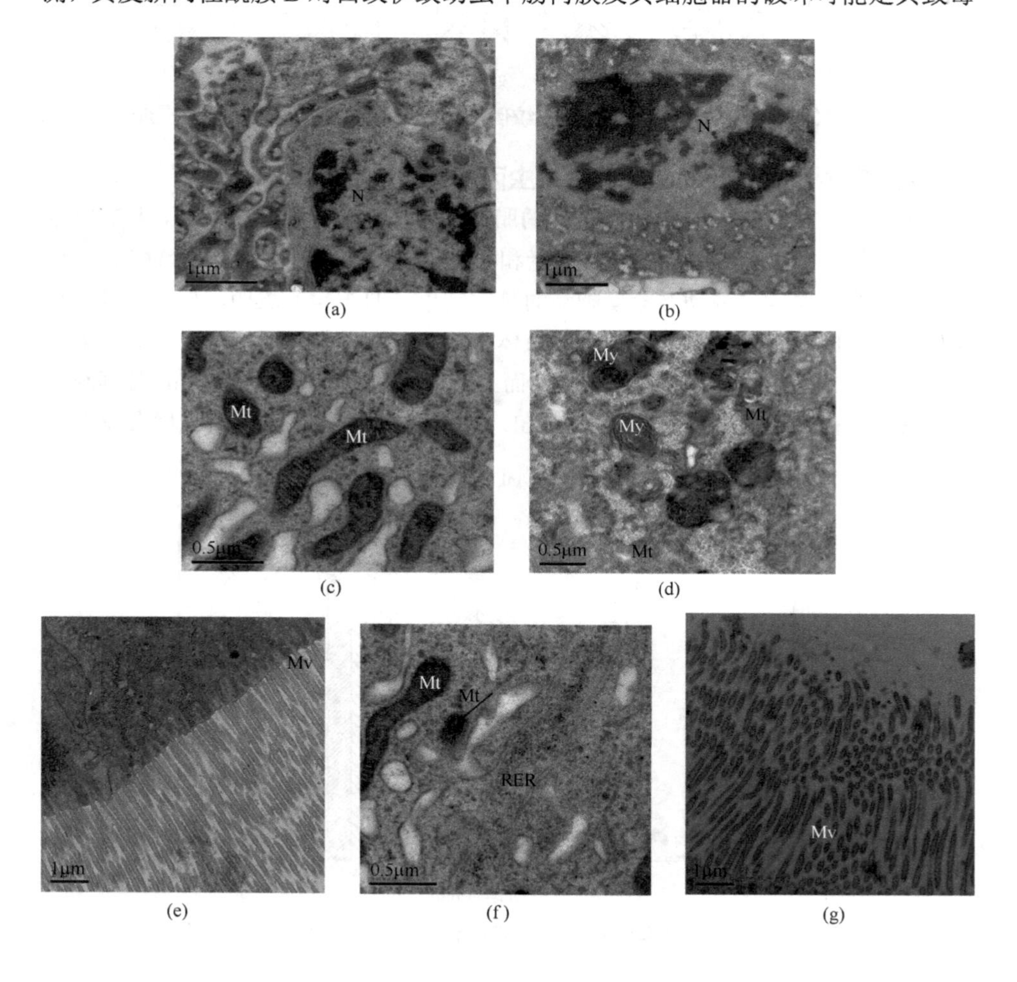

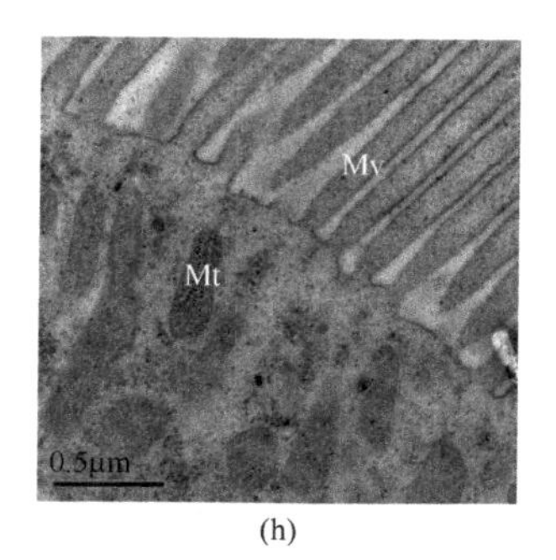

(h)

图 3-15　黄皮新肉桂酰胺 B 对白纹伊蚊幼虫中肠超微结构的影响

（a）：正常中肠细胞核,核内染色质分布均匀（4800×）；（b）：处理后核膜消失,核内染色质浓缩（4800×）；（c）：正常线粒体（9300×）；（d）：髓样结构（6800×）；（d）、（f）、（h）：部分线粒体肿胀,嵴模糊不清晰（9300×）；（e）：正常微绒毛（2900×）；（g）：处理后微绒毛数量减少（2900×）；（h）：处理后微绒毛断裂（9300×）

缩略语：RER 粗面内质网；Mt 线粒体；N 细胞核；My 髓样结构；Mv 微绒毛

机理之一，可能是一种消化道破坏剂。

作用机理初步研究表明黄皮新肉桂酰胺 B 对害虫细胞具有毒杀作用，主要表现在：

① 黄皮新肉桂酰胺 B 对害虫离体细胞毒性　对斜纹夜蛾离体培养生殖细胞（SL 细胞）具有较强的细胞毒性，处理 48h 后 SL 细胞抑制中浓度为 10.09μg/mL。

② 黄皮新肉桂酰胺 B 对昆虫有关代谢酶的影响　处理白纹伊蚊幼虫后，能明显激活酯酶活性，这可能是蚊虫的一种应激反应。黄皮新肉桂酰胺 B 处理白纹伊蚊幼虫后，试虫体内 SOD 和 CAT 活性受到抑制，MDA 含量明显增高，可能是蚊虫体内存在的大量氧自由基使蚊虫体内氧化与抗氧化水平失衡，破坏了细胞膜结构，导致蚊幼虫死亡。这可能是造成蚊幼虫死亡的一个重要原因。

③ 中肠组织细胞的结构损伤　黄皮新肉桂酰胺 B 处理白纹伊蚊幼虫后，幼虫中毒症状、中肠透射电镜结果及机体内蛋白酶、淀粉酶活性的变化情况，说明黄皮新肉桂酰胺 B 的作用靶标之一是蚊幼虫的消化系统。

参考文献

[1] 张瑞明. 黄皮种子杀虫活性及其有效成分研究[D]. 广州: 华南农业大学, 2011.
[2] 郭成林. 黄皮种核提取物杀虫活性及作用机理研究[D]. 广州: 华南农业大学, 2015.
[3] 韩云. 黄皮种子生物活性及有效成分研究[D]. 广州: 华南农业大学, 2013.
[4] 冯秀杰. 黄皮新肉桂酰胺 B 的杀虫活性及作用机理研究. [D]. 广州: 华南农业大学, 2015.

第四章
黄皮提取物及活性成分除草活性研究

植物化感作用是指植物通过释放次生代谢物质，对周围生物产生一定的影响。有些次生代谢产物可以成为天然的除草剂，具有资源丰富、不易产生抗性、残留少、对非靶标生物安全等特点。从黄皮提取物中分离到具有除草活性的化感物质，检测对农田主要杂草除草活性，以期为该化感物质成为具有除草活性的先导化合物提供理论支持。

研究工作首先对黄皮各部位提取物进行活性筛选，从中筛选出活性较高的提取物，然后系统研究对杂草的抑制效果，并对其中所含有的活性成分进行分离与提纯，测定活性成分的除草效果，对除草机理进行分析研究，从中寻找出杀草活性成分，可用来开发新的除草剂或作为先导化合物使用。

第一节　黄皮提取物及除草活性测定

一、黄皮提取物和活性化合物

按照第二章介绍的方法提取、分离活性化合物。提取分离步骤主要是：黄皮枝叶经甲醇浸提，获甲醇提取物；采用液-液分配萃取法对黄皮甲醇提取物进行初步分离，得到石油醚相、三氯甲烷相、乙酸乙酯相、正丁醇相、水相等萃取物；将乙酸乙酯相萃取物进行柱层析，分离得到 12 个馏分。馏分 6 和馏分 10 分别经薄层层析后，得到两个白色晶体，通过核磁共振氢谱和碳谱分析，证实该化合物分别为 anisolactone 和 2′,3′-epoxyanisolactone，定其中文名为黄皮内酯Ⅰ和黄皮内酯Ⅱ。另一活性化合物经由甲醇提取物分别用石油醚、乙酸乙酯、三氯甲烷、正丁醇依次进行萃取，萃取物经生测，获活性萃取相。经柱层析，分离得到活性馏分，经结构鉴定为肉豆蔻醚。

二、活性筛选测定

1. 小杯法

小杯法是除草活性筛选常用的方法，实验材料可选择经催芽的稗草[*Echinochloa crusgalli* (L.) Beauv]、三叶鬼针草（*Bidens pilosa*）、马齿苋（*Portulaca oleracea*）、白菜（*Brassica rapa* var. *glabra*）、无芒雀麦（*Bromus inermis*）、水稻（*Oryza sativa*）等种子，受试植物种子分别放入50mL的小烧杯内，杯内底部加入20mL刻度小玻璃珠，垫上一层定性滤纸（滤纸大小与杯口内径大小一致），选取整齐一致的发芽种子20粒。小烧杯内加入10mL药液，放入光照培养箱中25℃下恒温培养处理。一般7d后调查结果，测量幼苗的根长、茎长，称量幼苗的鲜重，分别计算根长、茎长和鲜重抑制率。

2. 盆栽法

盆栽法是评估药效的常用方法。本研究采用塑料盆，放入试验土壤，每盆放大小一致种子30～50粒，待发芽生长至2叶期时进行试验。配制不同浓度的药液均匀喷雾处理。设重复和空白对照，放入温室处理8d或16d后，测定其存活株数、鲜重，计算抑制率和防效。

第二节　黄皮提取物及活性成分除草生物活性

一、黄皮提取物对稗草的生长抑制活性

1. 不同部位提取物的活性比较

对黄皮的果核、花、枝叶进行索氏提取，叶子的提取率最高，为28.78%，花和果核的提取率相差不大，分别为24.7%和24.54%。进一步采用小杯法对其甲醇提取物进行生物活性测定，结果表明，在8mg/mL的处理浓度下，果核的甲醇提取物对稗草的根长抑制率最高，为92.64%，叶子的次之，为92.02%，花的活性较差，仅为30.06%。果核和叶子的甲醇提取物对稗草的茎长也表现出很好的抑制活性，抑制率分别为98.50%和98.31%，且其对稗草鲜重的抑制活性显著高于花（表4-1）。

2. 黄皮枝叶甲醇提取物对稗草生长抑制活性

采用小杯法进行测定，结果见表4-2，试验结果表明，处理7d后，枝叶的甲醇提取物在10mg/mL的浓度下，光照组对稗草根长、茎长和鲜重的抑制率分别达到99.58%、96.43%和79.94%，非光照组的抑制率也分别达到了99.25%、92.41%和66.23%，光照组的活性高于非光照组，且对于茎长和鲜重，光照组与非光照组

的差异显著。在处理浓度为 0.625mg/mL 时，光照组对根长、茎长和鲜重的抑制率也分别达到了 47.46%、39.39%和 16.95%，高于非光照组的 38.81%、31.83%和 14.93%，且光照组与非光照组的差异显著。其他各处理浓度对稗草也有一定的抑制活性，光照组与非光照组的差异显著。

表 4-1 黄皮各部分甲醇提取物的提取率及对稗草的生长抑制活性

植物部位	提取率%	根长/cm	根长抑制率/%	茎长/cm	茎长抑制率/%	鲜重/g	鲜重抑制率/%
花	24.7	2.28±0.74a	30.06	3.86±1.21a	27.72	0.1622±0.05a	16.65
果核	24.54	0.24±0.11b	92.64	0.08±0.01b	98.50	0.0186±0.01b	90.44
叶子	28.78	0.26±0.43b	92.02	0.09±0.01b	98.31	0.0192±0.01b	90.13
CK		3.26±1.06a		5.34±1.74a		0.1946±0.06a	

注：1.表内数据为 3 次重复平均值 $\bar{X}$±SE，同列数据后标有相同字母者表示在 5%水平差异不显著（DMRT 法）。

2.以上各处理的溶剂为 1%DMF 水溶液；CK 为等量不加萃取物的 1%DMF 水溶液。

表 4-2 黄皮枝叶甲醇提取物对稗草生长抑制活性

浓度/（mg/mL）	光照条件	根长/cm	根长抑制率/%	茎长/cm	茎长抑制率/%	鲜重/g	鲜重抑制率/%
0.625	非光照组	1.64±0.26b	38.81	3.77±0.22b	31.83	0.0587±0.0043b	14.93
	光照组	1.24±0.28d	47.46	3.4±0.27c	39.39	0.0534±0.0013c	16.95
1.25	非光照组	1.42±0.13c	47.01	2.81±0.22d	49.19	0.0529±0.0011c	23.33
	光照组	1.02±0.06e	56.78	2.15±0.22f	61.68	0.0459±0.0019de	28.62
2.5	非光照组	0.67±0.02f	75	2.3±0.03e	58.41	0.0485±0.0012d	29.71
	光照组	0.28±0.08g	88.14	1.62±0.06g	71.18	0.0435±0.0038e	32.35
5	非光照组	0.333±0.02g	87.57	1.25±0.20h	77.39	0.0454±0.0036de	34.20
	光照组	0.12±0h	94.92	1.077±0.25i	80.80	0.0302±0.0027f	53.03
10	非光照组	0.02±0h	99.25	0.42±0j	92.41	0.0233±0.0043g	66.23
	光照组	0.01±0.0h	99.58	0.20±0k	96.43	0.0129±0.0083h	79.94
CK	非光照组	2.68±0.13a		5.53±0.64a		0.069±0.0053a	
	光照组	2.36±0.32a		5.61±0.31a		0.0643±0.0044a	

注：1.表内数据为 3 次重复平均值 $\bar{X}$±SE，同列数据后标有相同字母者表示在 5%水平差异不显著（DMRT 法）。

2.以上各处理的溶剂为 1%DMF 水溶液；CK 为等量不加萃取物的 1%DMF 水溶液。

毒力测定结果见表 4-3，结果表明，光照条件下，提取物对稗草根长、茎长和鲜重抑制作用的 IC_{50} 值分别为 0.839mg/mL、0.9592mg/mL 和 3.5416mg/mL，非光照组的 IC_{50} 值分别为 1.1101mg/mL、1.4053mg/mL 和 6.6599mg/mL。根长、茎长和鲜重的光活化比分别为 1.32、1.47 和 2.52。回归方程的相关系数均为 0.98 以上。

表 4-3　黄皮枝叶甲醇提取物对稗草的毒力

测试项目	光照条件	回归方程	相关系数	IC_{50}/（mg/mL）	IC_{50} 95%置信限/（mg/mL）	光活化比
根长	光照	$y=-2.2036+2.4635x$	0.9862	0.839	0.6840～1.0290	1.32
	非光照	$y=-1.7437+2.2144x$	0.9867	1.1101	0.9235～1.3345	
茎长	光照	$y=0.3256+1.5676x$	0.9819	0.9592	0.7355～1.2509	1.47
	非光照	$y=0.2075+1.5225x$	0.9857	1.4053	1.1339～1.7418	
鲜重	光照	$y=0.0108+1.4057x$	0.9864	3.5416	2.8789～4.3568	2.52
	非光照	$y=0.8877+1.0755x$	0.9893	6.6599	4.6295～9.5807	

3. 黄皮枝叶甲醇提取物初步分离及活性

按第二章介绍的方法浸提的甲醇提取物，分别得到石油醚相、三氯甲烷相、乙酸乙酯相、正丁醇相及水相萃取物，采用小杯法测定上述几种萃取物对稗草的生物活性。试验结果（表 4-4）表明，在 4mg/mL 的处理浓度下，处理 7d 后，石油醚相、三氯甲烷相、乙酸乙酯相均对稗草表现出一定的活性，非光照组的根长抑制率分别为：48.78%、65.85%和 86.99%，光照组的根长抑制率分别为 50%、65.32%和 91.13%；非光照组的茎长抑制率分别为 13.96%、31.69%和 76.60%，光照组的茎长抑制率分别为 13.15%、33.70%和 76.85%，对鲜重也有一定的抑制作用，且乙酸乙酯相显示出一定的光活化活性。正丁醇相和水相对稗草的抑制效果不明显，且表现出一定的促进生长的活性，这可能是因为这两相的萃取物极性较大，多为糖类等物质。由表中数据可知，乙酸乙酯相萃取物的活性最高。

4. 黄皮活性成分的柱层析及活性跟踪

根据 TCL 层析所得结果，确定石油醚：乙酸乙酯为 3：2 时分离的效果最好，展开点数最多，且 R_f 值大多落在 0.6 以内。采用梯度洗脱的方法，从石油醚：乙酸乙酯为 6：1 时开始冲柱，逐渐加大乙酸乙酯的比例而加大洗脱剂的极性，最后用甲醇冲柱。每次接 250mL，共收集 418 个馏分，经 TCL 点板分析，放置在紫外灯下检测，并结合显色检测，做好标记，合并显色结果一致的馏分，共得到 12 个大的馏分，用于生物活性的测定。

表 4-4　不同萃取层萃取物对稗草的生长抑制活性测定结果

萃取物	有无光照	根长/cm	根长抑制率/%	茎长/cm	茎长抑制率/%	鲜重/g	鲜重抑制率/%
石油醚相	光照组	1.24±0.10b	50	4.69±0.07d	13.15	0.1245±0.0021d	22.62
	非光照组	1.26±0.45b	48.78	4.56±0.05d	13.96	0.1256±0.0005d	22.08
三氯甲烷相	光照组	0.86±0.07b	65.32	3.58±0.03e	33.70	0.0836±0.0003e	48.04
	非光照组	0.84±0.10b	65.85	3.62±0.22e	31.69	0.0824±0.0002e	48.88
乙酸乙酯相	光照组	0.22±0.01c	91.13	1.25±0.09f	76.85	0.0482±0.0017g	70.04
	非光照组	0.32±0.05c	86.99	1.24±0.06f	76.60	0.0632±0.0006f	60.79

续表

萃取物	有无光照	根长/cm	根长抑制率/%	茎长/cm	茎长抑制率/%	鲜重/g	鲜重抑制率/%
正丁醇相	光照组	2.42±0.09a	2.42	5.88±0.15a	–8.89	0.1421±0.0002c	11.68
	非光照组	2.52±0.06a	–2.44	5.64±0.10ab	–6.41	0.152±0.0002b	5.71
水相	光照组	2.62±0.03a	–5.65	5.24±0.05c	2.96	0.1508±0.0002b	6.28
	非光照组	2.48±0.06a	–0.81	5.22±0.01c	1.51	0.1522±0.0007b	5.58
CK	光照组	2.48±0.03a		5.4±0.24bc		0.1609±0.0009a	
	非光照组	2.46±0.02a		5.3±0.01bc		0.1612±0.0006a	

注：1.各处理浓度均为4mg/mL。

2.表内数据为3次重复平均值 $\bar{X}$±SE，同列数据后标有相同字母者表示在5%水平差异不显著（DMRT法）。

3.以上各处理的溶剂为1%DMF水溶液；CK为等量不加萃取物的1%DMF水溶液。

5. 乙酸乙酯相萃取物柱层析后各馏分对稗草的生长抑制活性

采用小杯法测定黄皮乙酸乙酯相萃取物柱层析后各馏分对稗草的生长抑制活性。试验结果表明，处理7d后，在所得的12个馏分中，馏分6和馏分10对稗草的活性显著高于其他的馏分，与对照差异显著。馏分6在光照条件下，对根长、茎长和鲜重的抑制率分别为98.93%、92.16%和89.52%，非光照条件下分别为91.57%、88.59%和77.59%。馏分10在光照条件下，对稗草根长、茎长和鲜重的抑制率分别为98.21%、95.19%和73.95%，非光照条件下分别为96.86%、91.62%和66.08%。从统计分析中可以看出这两个馏分对稗草茎长和鲜重的抑制作用表现出显著的光活化活性，与对照及其他处理均差异显著。选定馏分6和10继续进行分离。

6. 活性馏分6对稗草的生长抑制活性

馏分6对稗草生长抑制活性的测定结果见表4-5。结果表明，在0.5mg/mL的浓度条件下，光照组对根长、茎长和鲜重的抑制率分别为93.79%、81.40%和75.24%；非光照组对根长、茎长和鲜重的抑制率分别为86.76%、74.96%和70.22%，光照组的抑制率明显高于非光照组的，且对根长和茎长抑制作用差异显著。在低浓度0.03125mg/mL下，光照组对根长的抑制率也分别达到了31.64%、35.55%和11.40%，非光照组的也分别达到了20.27%、34.48%、14.57%。

毒力测定结果见表4-6。结果表明光照条件下，馏分6对稗草根长、茎长和鲜重的抑制作用的IC_{50}值分别为0.0712mg/mL、0.0721mg/mL和0.1358mg/mL。非光照条件下对根长、茎长和鲜重抑制作用的IC_{50}值分别为0.0924mg/mL、0.0925mg/mL和0.1698mg/mL。根长、茎长和鲜重的光活化比分别为1.29、1.29和1.25，有一定的光活化活性。测定结果中回归方程的相关系数均为0.98以上。

表 4-5　馏分 6 对稗草生长抑制活性的测定结果

浓度/(mg/mL)	光照条件	根长/cm	根长抑制率/%	茎长/cm	茎长抑制率/%	鲜重/g	鲜重抑制率/%
0.5	光照组	0.22±0.02i	93.79	1.12±0.05j	81.40	0.0232±0.0019h	75.24
	非光照组	0.49±0.13h	86.76	1.46±0.20i	74.96	0.0274±0.0031gh	70.22
0.25	光照组	0.51±0.07h	85.59	1.82±0.20h	69.77	0.0358±0.0032gf	61.79
	非光照组	0.83±0.21g	77.57	2.21±0.19g	62.09	0.0397±0.0033ef	56.85
0.125	光照组	1.41±0.07f	60.17	2.42±0.44f	59.80	0.0422±0.0045ef	54.96
	非光照组	1.34±0.12f	63.78	2.73±0.05e	53.17	0.0464±0.0037ed	49.57
0.0625	光照组	2.03±0.02e	42.66	3.25±0.04d	46.01	0.0526±1.08d	43.86
	非光照组	2.09±0.12e	43.51	3.16±0.07d	45.80	0.0631±0.0037c	31.41
0.03125	光照组	2.42±0.2d	31.64	3.88±0.15c	35.55	0.083±0.0022b	11.40
	非光照组	2.95±0.16c	20.27	3.82±0.12c	34.48	0.0786±0.0038b	14.57
CK	光照组	3.54±0.28a		6.02±0.11a		0.0937±0.0059a	
	非光照组	3.7±0.17a		5.83±0.11a		0.092±0.0057a	

注：1.表内数据为 3 次重复平均值 $\bar{X}\pm$SE，同列数据后标有相同字母者表示在 5%水平差异不显著（DMRT 法）。

2.以上各处理的溶剂为 1%DMF 水溶液；CK：等量不加萃取物的 1%DMF 水溶液。

表 4-6　馏分 6 对稗草的毒力

测定项目	光照条件	回归方程	相关系数	IC_{50}/(mg/mL)	IC_{50} 95%置信限/（mg/mL）	光活化比
根长	光照	y=7.0219+1.7529x	0.9873	0.0712	0.0579～0.0851	1.29
	非光照	y=6.6905+1.5995x	0.9916	0.0924	0.0728～0.1056	
茎长	光照	y=6.1807+1.0444x	0.9985	0.0721	0.0555～0.0988	1.29
	非光照	y=5.8787+0.8499x	0.9935	0.0925	0.0671～0.1273	
鲜重	光照	y=6.2182+1.4051x	0.9876	0.1358	0.1119～0.1648	1.25
	非光照	y=5.9792+1.2718x	0.9833	0.1698	0.1361～0.2119	

7. 活性馏分 10 对稗草生长抑制活性

馏分 10 对稗草的生长抑制活性测定结果见表 4-7。结果表明，在 0.5mg/mL 的浓度条件下，光照组对稗草根长、茎长和鲜重的抑制率分别为 94.92%、82.06% 和 75.67%；非光照组对稗草根长、茎长和鲜重的抑制率分别为 87.57%、75.64% 和 71.30%，光照组根长和茎长抑制率高于非光照组的，且差异显著。在低浓度 0.03125mg/mL 下，光照组对根长、茎长和鲜重的抑制率也分别达到了 32.77%、37.21%和 27.11%，非光照组的也分别达到了 21.35%、34.48%、14.57%。

毒力测定结果见表 4-8。结果表明光照条件下，馏分 10 对稗草根长、茎长和鲜重抑制作用的 IC_{50} 值分别为 0.0538mg/mL、0.0549mg/mL 和 0.0809mg/mL。非光照条件下对根长、茎长和鲜重抑制作用的 IC_{50} 值分别为 0.0669mg/mL、0.0784mg/mL 和 0.1330mg/mL。根长、茎长和鲜重的光活化比分别为 1.24、1.43 和 1.64，与馏分 6 均表现一定的光活化活性。测定结果中的回归方程的相关系数均为 0.98 以上。

表 4-7 馏分 10 对稗草生长抑制活性的测定结果

浓度/(mg/mL)	光照条件	根长/cm	根长抑制率/%	茎长/cm	茎长抑制率/%	鲜重/g	鲜重抑制率/%
0.5	光照组	0.18±0.02i	94.92	1.08±0.08k	82.06	0.0228±0.003i	75.67
	非光照组	0.46±0.03h	87.57	1.42±0.12j	75.64	0.0264±0.0022i	71.30
0.25	光照组	0.48±0.04h	86.44	1.78±0.06i	70.43	0.0348±0.0023h	62.86
	非光照组	0.79±0.04g	78.65	2.18±0.17h	62.61	0.0397±0.0016g	56.85
0.125	光照组	1.38±0.06f	61.02	2.38±0.03g	60.47	0.0412±0.0032gf	56.03
	非光照组	1.30±0.09f	64.86	2.68±0.09f	54.03	0.0454±0.0005f	50.65
0.0625	光照组	1.98±0.06e	44.07	3.15±0.17e	47.67	0.0506±0.0010e	45.99
	非光照组	2.05±0.09e	44.59	3.46±0.10d	40.65	0.0621±0.0036d	32.5
0.03125	光照组	2.38±0.02d	32.77	3.78±0.06c	37.21	0.0683±0.0011c	27.11
	非光照组	2.91±0.01c	21.35	3.82±0.12c	34.48	0.0786±0.0021b	14.57
CK	光照组	3.54±0.05a		6.02±0.13a		0.0937±0.0050a	
	非光照组	3.7±0.07a		5.83±0.09a		0.092±0.0047a	

注：1.表内数据为 3 次重复平均值 $\bar{X}\pm SE$，同列数据后标有相同字母者表示在 5%水平差异不显著（DMRT 法）。

2.以上各处理的溶剂为 1%DMF 水溶液；CK：等量不加萃取物的 1%DMF 水溶液。

表 4-8 馏分 10 对稗草的毒力

测试项目	光照	回归方程	相关系数	IC_{50}/(mg/mL)	IC_{50} 95%置信限/(mg/mL)	光活化比
根长	光照	y=7.2833+1.7990x	0.9859	0.0538	0.0444～0.0652	1.24
	非光照	y=6.8831+1.6032x	0.9923	0.0669	0.0554～0.0808	
茎长	光照	y=6.2912+1.0242x	0.9982	0.0549	0.0404～0.0744	1.43
	非光照	y=6.0087+0.9124x	0.9927	0.0784	0.0584～0.1053	
鲜重	光照	y=6.1026+1.0095x	0.9845	0.0809	0.0619～0.1055	1.64
	非光照	y=6.1312+1.2827x	0.9805	0.1330	0.1056～0.1631	

8. 馏分 6 薄层层析物对稗草的生物活性

对馏分 6 进行薄层层析，结果见表 4-9。薄层层析结果共得 5 个组分，在 0.25mg/mL 的处理浓度下，组分 B_3 的活性较好，光照条件下，对稗草根长、茎长和鲜重的抑制率分别为 97.92%、79.62%和 74.23%，非光照条件下的分别为 87.21%、73.53%和 69.53%，表现出很好的光活化活性。馏分 B_2 的活性次之，光照和非光照条件下对稗草根长的抑制率分别为88.54%和85.39%，光活化效果不显著。

9. 馏分10薄层层析物对稗草生物活性

对馏分10进行薄层层析结果见表4-10。薄层层析结果共得4个组分，在0.25mg/mL的处理浓度下，组分C_2的活性较好，光照条件下，对稗草根长、茎长和鲜重的抑制率分别为97.26%、84.57%和80.96%，非光照条件下的分别为93.75%、79.10%和67.91%，表现出很好的光活化活性。其他各馏分对稗草的活性不是很明显，C_1在光照条件下对稗草的根长抑制率仅为56.16%。

表4-9　馏分6薄层层析物对稗草生长抑制活性的测定结果

馏分	光照条件	根长/cm	根长抑制率/%	茎长/cm	茎长抑制率/%	鲜重/g	鲜重抑制率/%
B_5	光照	0.91±0.01b	5.21	6.05±0.11a	53.11	0.1506±0.0050a	1.76
	非光照	1.01±0.08a	7.76	2.715±0.04e	−6.05	0.1415±0.0010b	8.65
B_4	光照	0.64±0.02c	33.33	3.95±0.17c	31.78	0.133±0.0007c	13.24
	非光照	0.47±0.03d	57.08	2.86±0.01e	49.87	0.1231±0.0005d	20.53
B_3	光照	0.02±0.01h	97.92	1.18±0.17h	79.62	0.0395±0.0023h	74.23
	非光照	0.14±0.02g	87.21	1.51±0.06g	73.53	0.0472±0.0016g	69.53
B_2	光照	0.11±0.04g	88.54	2.25±0.11f	61.14	0.0645±0.0002f	57.93
	非光照	0.16±0.05g	85.39	2.15±0.17f	62.31	0.0652±0.0022f	57.91
B_1	光照	0.28±0.02f	70.83	3.85±0.08c	33.51	0.1125±0.0017e	26.61
	非光照	0.38±0.05e	65.30	3.27±0.29d	42.68	0.1227±0.0067d	20.79
CK	光照	0.96±0.05b		5.79±0.04b		0.1533±0.0031a	
	非光照	1.095±0.02a		5.705±0.02b		0.1549±0.0005a	

注：1.各处理浓度为0.25mg/mL。

2.表内数据为3次重复平均值$\bar{X}$±SE，同列数据后标有相同字母者表示在5%水平差异不显著（DMRT法）。

3.以上各处理的溶剂为1%DMF水溶液；CK：等量不加萃取物的1%DMF水溶液。

表4-10　馏分10薄层层析物对稗草生长抑制活性的测定结果

馏分	光照条件	根长/cm	根长抑制率/%	茎长/cm	茎长抑制率/%	鲜重/g	鲜重抑制率/%
C_4	光照	0.98±0.19a	10.50	4.68±0.02c	17.97	0.1215±0.0021cd	21.56
	非光照	0.99±0.14a	−3.13	5.28±0.03b	8.81	0.1306±0.0021b	14.81
C_3	光照	0.57±0.06b	47.95	2.66±0.01e	53.37	0.1131±0.0006e	26.99
	非光照	0.64±0.06b	33.33	3.75±0.07d	35.23	0.1233±0.0053cd	19.57
C_2	光照	0.03±0.01c	97.26	0.88±0.02g	84.57	0.0295±0.0009h	80.96
	非光照	0.06±0.02c	93.75	1.21±0.12g	79.10	0.0492±0.0018g	67.91
C_1	光照	0.48±0.06b	56.16	3.68±0.10d	35.50	0.1247±0.0032c	19.50
	非光照	0.48±0.09b	50.00	3.65±0.05d	36.96	0.1185±0.0048d	22.70

续表

馏分	光照条件	根长/cm	根长抑制率/%	茎长/cm	茎长抑制率/%	鲜重/g	鲜重抑制率/%
CK	光照	1.095±0.01a		5.71±0.09a		0.1549±0.0031a	
	非光照	0.96±0.09a		5.79±0.04a		0.1533±0.0053a	

注：1.各处理浓度为0.25mg/mL。

2.表内数据为3次重复平均值 $\bar{X}\pm SE$，同列数据后标有相同字母者表示在5%水平差异不显著（DMRT法）。

3.以上各处理的溶剂为1%DMF水溶液；CK为等量不加萃取物的1%DMF水溶液。

10. 活性化合物黄皮内酯Ⅱ对稗草生长抑制活性

将馏分 B_3 进一步进行薄层层析，刮板，用丙酮溶解并抽滤，放置待溶剂挥发完全析出结晶，晶体为白色针状结晶，将核磁共振氢谱和碳谱数据与文献[1]报道的数据进行比较，鉴定该化合物为anisolactone（黄皮内酯Ⅰ）[2]。

将馏分 C_2 进一步进行薄层层析，刮板，用丙酮溶解并抽滤，放置待溶剂完全挥发析出结晶，晶体为白色针状结晶，将核磁共振氢谱和碳谱特征与参考文献[1]报道的数据进行比较，鉴定该化合物为2′,3′-epoxyanisolactone（黄皮内酯Ⅱ）[2]。

分别设80μg/mL、40μg/mL、20μg/mL、10μg/mL和5μg/mL 5个浓度梯度，测定2′,3′-epoxyanisolactone的活性，测定结果如表4-11。结果表明，在80μg/mL时，光照组的根长、茎长和鲜重抑制率分别为95.28%、84.32%、89.75%。非光照组的根长、茎长和鲜重抑制率分别为96.00%、84.71%、89.85%，光照组和非光照

表4-11 化合物2′,3′-epoxyanisolactone对稗草的生长抑制活性测定结果

浓度/(μg/mL)	光照条件	根长/cm	根长抑制率/%	茎长/cm	茎长抑制率/%	鲜重/g	鲜重抑制率/%
80	光照	0.12±0.02f	95.28	0.66±0.01a	84.32	0.0226±0.0007a	89.75
	非光照	0.10±0.01f	96.00	0.63±0.02a	84.71	0.0224±0.0005a	89.85
40	光照	0.31±0.01e	87.80	1.82±0.02b	56.77	0.0642±0.0003b	70.87
	非光照	0.32±0.02e	87.20	1.80±0.01c	56.31	0.0623±0.0010b	71.76
20	光照	0.66±0.02d	74.02	2.24±0.01d	46.79	0.1011±0.0002c	54.13
	非光照	0.67±0.01d	73.20	2.26±0.02e	45.15	0.1102±0.0001c	50.05
10	光照	1.22±0.02c	51.97	3.02±0.01f	28.27	0.1421±0.0003d	35.53
	非光照	1.21±0.02c	51.60	2.98±0.02f	27.67	0.1423±0.0001d	35.49
5	光照	1.62±0.01b	36.22	3.22±0.02g	23.52	0.1864±0.0057e	15.43
	非光照	1.64±0.01b	34.40	3.24±0.01g	21.36	0.1842±0.0002e	16.50
CK	光照	2.54±0.02a		4.21±0.03h		0.2204±0.0001f	
	非光照	2.50±0.02a		4.12±0.03h		0.2206±0.0001f	

注：表内数据为3次重复平均值 $\bar{X}\pm SE$，同列数据后标有相同字母者表示在5%水平差异不显著（DMRT法）。

组之间没有差异，表明化合物 2′,3′-epoxyanisolactone 在试验的测定条件下对稗草有很好的抑制活性，但光活化活性不明显。

毒力测定结果见表 4-12。结果表明光照条件下，化合物 2′,3′-epoxyanisolactone 对稗草根长、茎长和鲜重抑制作用的 IC_{50} 值分别为 8.52μg/mL、21.36μg/mL 和 17.49μg/mL。非光照条件下对根长、茎长和鲜重抑制作用的 IC_{50} 值分别为 8.92μg/mL、22.17μg/mL 和 17.59μg/mL。根长、茎长和鲜重的光活化比分别为 1.05、1.04 和 1.00，进一步证明化合物 2′,3′-epoxyanisolactone 在试验中对稗草有很好的抑制活性，但没有光活化活性。测定结果中的回归方程的相关系数均为 0.99 以上。

表 4-12　化合物 2′,3′-epoxyanisolactone 的毒力

测试项目	光照条件	回归方程	相关系数	IC_{50}/（μg/mL）	IC_{50} 置信限/（μg/mL）	光活化比
根长	光照	y=3.4033+1.7158x	0.9987	8.52	6.77～10.74	1.05
	非光照	y=3.2948+1.7939x	0.9987	8.92	7.18～11.08	
茎长	光照	y=3.1428+1.3969x	0.9959	21.36	17.59～25.93	1.04
	非光照	y=3.0385+1.4575x	0.9992	22.17	18.38～26.74	
鲜重	光照	y=2.7327+1.8243x	0.9965	17.49	14.97～20.43	1.00
	非光照	y=2.7489+1.8076x	0.9955	17.59	15.04～20.57	

11. 黄皮甲醇提取物对盆栽稗草药效

盆栽试验结果表明，处理 8d 后，在所处理的浓度梯度和对照组下，由高到低稗草植株由原来的 48 株、47 株、50 株、50 株分别减少到 14 株、23 株、32 株、49 株，经邓肯氏复极差分析，处理后稗草各浓度间的稗草株数均与对照差异显著。3 个处理浓度的株减退率，由高到低分别为 70.83%、51.06%和 36.00%，3 个处理浓度的株防效由高到低分别为 70.24%、50.07%和 34.69%；处理 16d 后，各浓度对稗草的株防效与 8d 的效果相当，各浓度对稗草的防效由高到低分别为 71.81%、58.30%和 62.78%，这表明当幼苗出芽并生长一段时间后，忍受外界压迫的能力提高。由此可见，用黄皮的甲醇提取物对稗草进行喷雾处理，在 8d 内能较好地抑制稗草，在 16d 后，也可保持一定的防治效果（表 4-13）。

表 4-13　黄皮甲醇提取物对稗草的盆栽试验结果

浓度/(mg/mL)	施药前稗草株数	施药时长（8d）			施药时长（16d）		
		施药后稗草株数	减退率/%	防效/%	施药后稗草株数	减退率/%	防效/%
20	48±0.58a	14±1.35d	70.83	70.24	13±1.24c	72.92	71.81
10	47±0.58a	23±5.47c	51.06	50.07	19±2.32b	59.57	58.30
5	50±0a	32±1.35b	36.00	34.69	18±3.98b	64.00	62.78
CK	50±0a	49±0.80a	2.00		49±1.22a	2.00	

注：1. 表内数据为 3 次重复平均值 $\bar{X}$±SE，同列数据后标有相同字母者表示在 5%水平差异不显著（DMRT 法）。

2. 以上各处理的溶剂为水溶液。

二、黄皮甲醇提取物对其他杂草的活性

1. 黄皮种子甲醇提取物对受体植物种子萌发的影响

黄皮种子甲醇提取物对植物种子萌发有显著的抑制作用，且抑制率与浓度呈正相关。在10mg/mL浓度下，提取物对稗草、无芒雀麦、水稻、马齿苋、三叶鬼针草、白菜的种子萌发抑制率分别为30.25%、42.38%、38.16%、4.17%、22.46%、20.15%，且单子叶植物种子比双子叶植物更为敏感。不同浓度处理种子发芽抑制率见图4-1。

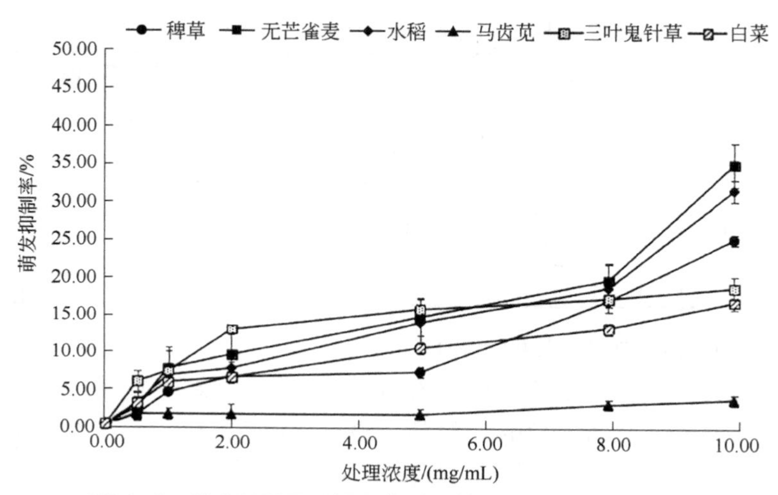

图4-1 黄皮种子甲醇提取物对受体植物种子萌发的影响

2. 黄皮种子甲醇提取物对受体植物根长、茎长的生长抑制作用

黄皮种子甲醇提取物对受体植物根长和茎长有显著抑制作用，在浓度为10mg/mL时，提取物对稗草、无芒雀麦、水稻、马齿苋、三叶鬼针草、白菜的根长抑制率分别为96.49%、98.46%、92.62%、93.13%、97.32%、94.09%。对稗草、无芒雀麦、水稻、马齿苋、三叶鬼针草、白菜的茎长抑制率分别为22.92%、30.81%、43.73%、72.11%、72.86%、63.24%。

3. 不同萃取相对马齿苋生长的影响

黄皮种子甲醇提取物在不同溶剂中萃取，获得乙酸乙酯、石油醚、氯仿、正丁醇和水的萃取物，分别测定对马齿苋（*Portulaca oleracea*）生长的影响。结果（图4-2）表明，在4mg/mL浓度下，乙酸乙酯相对马齿苋的根长、茎长、鲜重及干重的抑制率分别为98.60%、80.65%、70.69%和59.25%；石油醚相对马齿苋的根长、茎长、鲜重及干重的抑制率分别为93.36%、68.12%、49.92%和13.25%；氯仿相对马齿苋的根长、茎长、鲜重及干重的抑制率分别为65.18%、41.12%、

16.26%和–6.24%；正丁醇相对马齿苋的根长、茎长、鲜重及干重的抑制率分别为69.49%、17.44%、21.49%和–1.40%；水相对马齿苋的根长、茎长、鲜重及干重的抑制率分别为55.90%、–8.28%、–1.36%和–0.31%；其中乙酸乙酯相对马齿苋的抑制作用效果最好，石油醚相次之；水相对马齿苋的茎长、鲜重及干重均有一定的促进作用。因此选择石油醚相作为进一步的分离相。

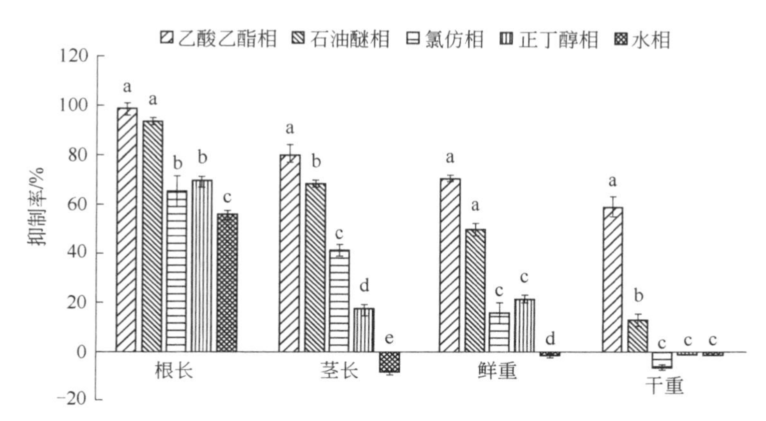

图 4–2　不同萃取相对马齿苋生长的影响（处理浓度均为 4mg/mL）

4. 层析分离馏分对受体植物生长的影响

石油醚萃取物经按不同比例的石油醚：乙酸乙酯洗脱剂，对石油醚相进行分离。经梯度洗脱，获得 11 个馏分，分别为 A_1～A_{11}。各馏分在 0.3mg/mL 浓度下，测定对马齿苋的生长抑制活性。结果表明，馏分 A_8 和 A_{11} 对马齿苋的生长表现出了一定促进作用；其他馏分对马齿苋的生长均表现出了一定的抑制作用，其中馏分 A_3、A_4 对马齿苋生长抑制作用显著，馏分 A_3 对马齿苋根长、茎长、鲜重和干重的抑制率分别为 99.79%、89.32%、88.96%、80.69%。馏分 A_4 对马齿苋根长、茎长、鲜重和干重的抑制率分别为 78.32%、59.67%、65.36%、54.32%。因此，以 A_3、A_4 作为进一步分离的馏分。

5. 馏分 A_3、A_4 的分离与活性

（1）馏分 A_3 的分离与活性测定

利用硅胶薄板层析对馏分 A_3 进行点样分析可知其最佳洗脱溶剂为石油醚：乙酸乙酯=35：1、32：3、28：7、25：10、20：15、15：20、12：23、7：28、3：30。经 200～300 目硅胶层析柱洗脱，碘缸和紫外显色，合并相近馏分，得 7 个馏分，分别为 B_1～B_7。测定各馏分在 0.3mg/mL 浓度下对敏感植物马齿苋的生长抑制作用。

馏分 B_1～B_7 对马齿苋表现出了不同的化感作用，其中馏分 B_2 对马齿苋的生长表现出极显著的抑制作用。在试验浓度下，马齿苋的幼芽均枯死。其他馏分对

马齿苋的生长也存在一定的抑制作用，但作用效果没有馏分 B_2 效果显著。

（2）馏分 A_4 的分离与活性测定

利用硅胶薄板层析对馏分 A_4 进行点样分析可知其最佳洗脱溶剂为石油醚：乙酸乙酯=30：1、28：2、25：5、23：7、20：10、15：15。经 200～300 目硅胶层析柱洗脱，碘缸和紫外显色，合并相近馏分，得 5 个馏分，分别为 C_1～C_5。测定各馏分在 0.3mg/mL 浓度下，对敏感植物马齿苋的生长抑制作用。

结果表明，馏分 C_1～C_5 对马齿苋表现出了不同的生长抑制作用，其中馏分 C_4 对马齿苋的生长表现出显著的抑制作用。

6. 活性成分肉豆蔻醚的生物活性

馏分 B_2 纯化后得化合物，经结构鉴定基本数据与文献[3]报道的肉豆蔻醚一致，确定为肉豆蔻醚[4]。测定肉豆蔻醚对 4 种植物的毒力，处理浓度为 0.01mg/mL、0.02mg/mL、0.05mg/mL、0.1mg/mL、0.2mg/mL。毒力测定结果见表 4-14。

表 4-14　化合物肉豆蔻醚对受体植物的毒力

测定项目		回归方程	相关系数(r)	IC_{50}/(mg/mL)	IC_{50} 95%置信限/(mg/mL)
无芒雀麦	根长	y=0.950x+5.649	0.976	0.207	0.081～0.532
	茎长	y=1.931x+6.747	0.967	0.125	0.083～0.187
	鲜重	y=1.406x+6.377	0.996	0.105	0.066～0.166
	干重	y=1.410x+6.378	0.986	0.104	0.067～0.167
水稻	根长	y=1.185x+6.238	0.996	0.090	0.055～0.147
	茎长	y=1.217x+5.906	0.962	0.180	0.088～0.369
	鲜重	y=1.114x+6.056	0.998	0.113	0.063～0.202
	干重	y=1.414x+6.121	0.989	0.161	0.088～0.293
马齿苋	根长	y=1.993x+8.284	0.986	0.022	0.016～0.033
	茎长	y=2.109x+8.358	0.982	0.026	0.019～0.035
	鲜重	y=2.068x+7.687	0.981	0.050	0.039～0.065
	干重	y=2.838x+8.407	0.992	0.063	0.051～0.078
三叶鬼针草	根长	y=1.606x+7.237	0.992	0.040	0.029～0.056
	茎长	y=1.375x+7.150	0.983	0.027	0.018～0.042
	鲜重	y=1.971x+7.340	0.984	0.061	0.046～0.080
	干重	y=2.565x+8.246	0.968	0.054	0.044～0.067

由表 4-14 可知，肉豆蔻醚对 4 种受体植物的生长均产生抑制作用。其中对马齿苋和三叶鬼针草毒力最强，对两种田间杂草的根长、茎长和鲜重抑制中浓度在 0.022～0.061mg/mL 之间。单、双子叶植物对肉豆蔻醚敏感性也存在差异，在受试植物内双子叶植物比单子叶植物更敏感。

第三节　黄皮活性成分对杂草的生理生化代谢的影响

一、黄皮内酯Ⅰ对稗草生理生化的影响

1. 黄皮内酯Ⅰ对稗草植株中氨基酸含量的影响

植物根系吸收、同化的氮素主要以氨基酸和酰胺的形式进行运输，测定氨基酸总量是研究植物根系生长和整个生长发育的一个重要指标。本试验采用小杯法测定黄皮内酯Ⅰ在 0.5mg/mL、0.25mg/mL、0.125mg/mL、0.0625mg/mL、0.03125mg/mL 的浓度梯度下对稗草的生物活性。试验结果表明，馏分 6 对稗草植株中的氨基酸含量有一定的影响，在处理的浓度梯度下，样品含氮量分别为 1.3976mg/g、1.2972mg/g、1.2466mg/g、1.1187mg/g、0.9638mg/g，比对照 0.8717mg/g 均有所增加，且各处理与对照差异性显著（表 4-15）。

表 4-15　黄皮内酯Ⅰ对稗草氨基酸含量的影响结果

浓度/(mg/mL)	样品含氮量/(mg/g)	含氮比	浓度/(mg/mL)	样品含氮量/(mg/g)	含氮比
0.5	1.3976±0.04a	1.6	0.0625	1.1187±0.54c	1.28
0.25	1.2972±0.34b	1.48	0.03125	0.9638±0.02d	1.1
0.125	1.2466±0.11b	1.43	CK	0.8717±0.01e	1.0

注：表内数据为 3 次重复平均值 $\bar{X}\pm SE$，同列数据后标有相同字母者表示在 5%水平差异不显著（DMRT 法）。

2. 黄皮内酯Ⅰ对稗草植株中蛋白含量的影响

分别设定 0.5mg/mL、0.25mg/mL、0.125mg/mL、0.0625mg/mL、0.03125mg/mL 5 个浓度，处理后 10d 收集不同处理的稗草植株用于测定。结果表明，处理后 10d，各处理稗草的蛋白含量与对照相比都有所下降，在 0.5mg/mL、0.25mg/mL、0.125mg/mL、0.0625mg/mL、0.03125mg/mL 的处理浓度下，蛋白含量比对照分别降低 75.91%、66.43%、62.43%、58.57%和 58.03%。且各处理蛋白含量均与对照差异显著。这表明黄皮内酯Ⅰ对稗草植株内蛋白含量有一定的影响，进一步影响到稗草的生长（表 4-16）。

3. 黄皮内酯Ⅰ对稗草植株中丙二醛含量的影响

分别配制黄皮内酯Ⅰ浓度为 0.5mg/mL、0.25mg/mL、0.125mg/mL、0.0625mg/mL、0.03125mg/mL 的溶液，采用小杯法处理稗草。10d 后收集不同处理的稗草植株用于测定体内丙二醛的含量。测定结果表明，10d 后，处理各浓度

的丙二醛含量均较对照有所提高，在 0.5mg/mL、0.25mg/mL、0.125mg/mL、0.0625mg/mL、0.03125mg/mL 的处理浓度下，丙二醛的含量分别为 0.27μmol/g、0.18μmol/g、0.13μmol/g、0.12μmol/g、0.08μmol/g，除 0.03125mg/mL 外，各浓度均与对照差异显著。与对照相比，各浓度丙二醛含量分别比对照升高 246.40%、132.81%、66.57%、51.08%、7.74%。这表明黄皮内酯Ⅰ对稗草丙二醛含量有很大的影响，推测黄皮内酯Ⅰ对稗草植株生长的抑制作用与过氧化损伤有关，也可能是它的作用机理之一。测定结果见表 4-17。

表 4-16　黄皮内酯Ⅰ对稗草蛋白含量的影响

处理浓度/（mg/mL）	蛋白含量/（mg/g）	降低的百分含量/%
0.5	16.17±0.01e	75.91
0.25	22.53±0.02d	66.43
0.125	25.21±0.04c	62.43
0.0625	27.81±0.01b	58.57
0.03125	28.17±0.02b	58.03
CK	67.11±0.02a	

注：表内数据为 3 次重复平均值 $\bar{X}$±SE，同列数据后标有相同字母者表示在 5%水平差异不显著（DMRT 法）。

表 4-17　黄皮内酯Ⅰ对稗草丙二醛含量的影响结果

浓度/(mg/mL)	MDA 的浓度/(μmol/L)	MDA 的含量/(μmol/g)	升高的百分含量值/%
0.5	20.16	0.27±0.009a	246.40
0.25	13.54	0.18±0.0118b	132.81
0.125	9.69	0.13±0.0055c	66.57
0.0625	8.79	0.12±0.0058c	51.08
0.03125	6.27	0.08±0.0044d	7.74
CK	5.82	0.08±0.0013d	

注：表内数据为 3 次重复平均值 $\bar{X}$±SE，同列数据后标有相同字母者表示在 5%水平差异不显著（DMRT 法）。

4. 黄皮内酯Ⅰ对稗草植株中超氧化物歧化酶活性的影响

分别设定 0.5mg/mL、0.25mg/mL、0.125mg/mL、0.0625mg/mL 和 0.03125mg/mL 5 个处理浓度。采用小杯法处理稗草，放于 25℃的恒温培养箱中进行培养，处理 10d 后，将处理稗草的茎叶和根剪下，收集，用于测定其各种酶的活性。处理稗草中的超氧化物歧化酶的活性测定结果见表 4-18。结果表明，活性馏分 6 对稗草的超氧化物歧化酶的活性有促进作用。在 0.5mg/mL 的处理浓度下，稗草的超氧化物歧化酶的活性为 1.39U/g，比对照的酶活性增长了 61.63%，其他处理浓度也分别对稗草的超氧化物歧化酶有一定的促进作用。各处理的酶活性均与对照的差异显著。

5. 黄皮内酯Ⅰ对稗草植株中过氧化物酶活性的影响

测定处理稗草中的过氧化物酶的活性，活性结果见表4-19。结果表明，黄皮内酯Ⅰ对稗草的过氧化物酶有诱导活化作用。各浓度均对稗草的过氧化物酶的活性有促进作用，且随着浓度的增高，酶活力升高。在0.5mg/mL时，过氧化物酶的活性为7.25ΔOD_{470nm}/(g·min)，比对照的活性增长140.86%，其他处理浓度分别增长138.21%、120.60%、113.62%和71.10%。各处理间均与对照差异显著。

表4-18 黄皮内酯Ⅰ对稗草的超氧化物歧化酶活性的影响

浓度/(mg/mL)	酶活性(FW)/(U/g)	酶活性增长率/%
0.5	1.39±0.06c	61.63
0.25	1.34±0.08c	55.81
0.125	1.19±0.07bc	38.37
0.0625	1.17±0.04bc	36.04
0.03125	0.98±0.04ab	13.95
CK	0.86±0.07a	

注：表内数据为3次重复平均值 $\bar{X}$±SE，同列数据后标有相同字母者表示在5%水平差异不显著（DMRT法）。

表4-19 黄皮内酯Ⅰ对稗草的过氧化物酶活性的影响

浓度/（mg/mL）	酶活力（FW）/[ΔOD_{470nm}/（g·min）]	活性增长率/%
0.5	7.25±0.00a	140.86
0.25	7.17±0.01a	138.21
0.125	6.64±0.01bc	120.60
0.0625	6.43±0.00ab	113.62
0.03125	5.15±0.07b	71.10
CK	3.01±0.10c	

注：表内数据为3次重复平均值 $\bar{X}$±SE，同列数据后标有相同字母者表示在5%水平差异不显著（DMRT法）。

二、肉豆蔻醚对受体植物生理生化的影响

1. 肉豆蔻醚对受体植物可溶性蛋白含量的影响

可溶性蛋白是植物体内一种重要的含氮化合物，具有调节细胞渗透势、保护细胞结构稳定的功能，植物会调整体内蛋白质含量以适应外界环境变化。当受到外源化合物胁迫时，植物体内的水解作用增强，可溶性蛋白含量也会被水解成氨基酸，导致蛋白质含量降低。

从图4-3可知，经化合物肉豆蔻醚处理后，受体植物的蛋白含量均下降，蛋白含量减少量与浓度剂量呈正相关。在0.2mg/mL浓度处理下，无芒雀麦、水稻、

马齿苋、三叶鬼针草中蛋白含量的降低率分别为 72.6%、29.5%、100%、100%。除 0.01mg/mL 浓度处理组中，无芒雀麦与三叶鬼针草中蛋白含量降低率无显著差异外，在其他处理组中，双子叶植物中蛋白含量降低率与单子叶植物中蛋白含量降低率均存在显著差异。结果表明，化合物肉豆蔻醚对双子叶植物蛋白含量的影响大于单子叶植物。

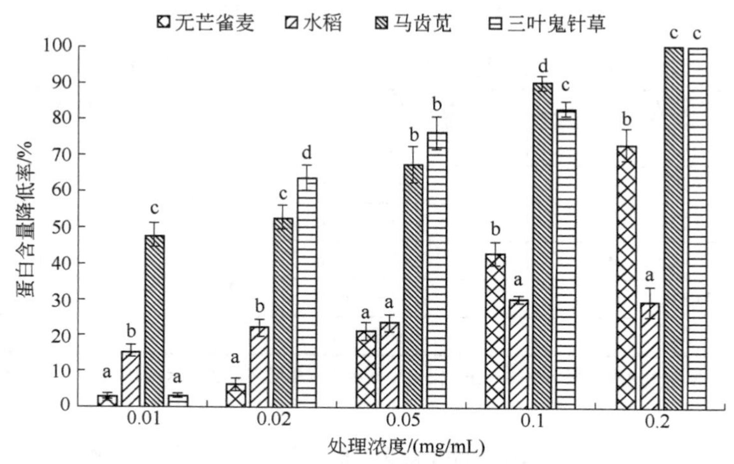

图 4-3　不同浓度肉豆蔻醚对受体植物蛋白含量的影响

2. 肉豆蔻醚对受体植物中叶绿素含量的影响

从图 4-4 可知，在化合物肉豆蔻醚的处理下，受体植物的叶绿素含量均降低。在 0.01～0.2mg/mL 浓度范围内，无芒雀麦中的叶绿素含量降低率分别为 12.78%、36.80%、58.56%、80.72%、86.30%；水稻中叶绿素含量降低率分别为 7.79%、6.41%、

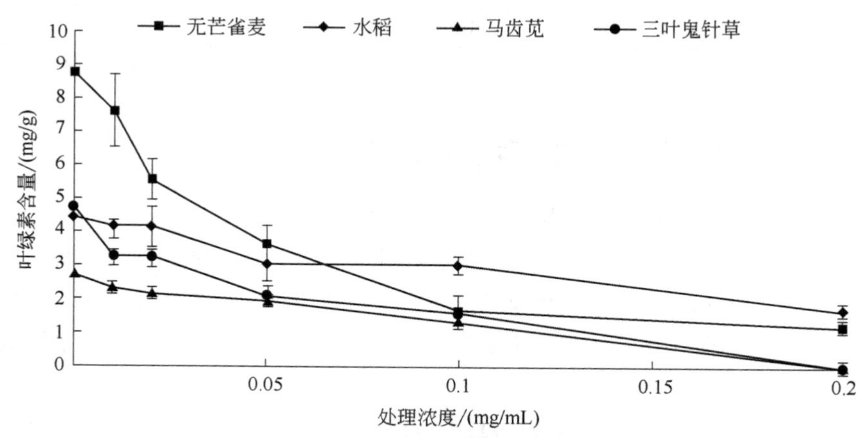

图 4-4　化合物肉豆蔻醚对受体植物中叶绿素含量的影响

31.64%、31.51%、62.93%；马齿苋中叶绿素含量降低率分别为15.17%、20.09%、27.90%、51.42%、100%；三叶鬼针草中叶绿素含量降低率分别为30.98%、31.93%、55.46%、72.69%、100%。

光合作用为植物的生长提供了能量来源，而叶绿素是光合作用中的重要物质，当叶绿素的含量降低时，则植物的光合作用受到影响，从而导致植物的生长受阻。肉豆蔻醚降低了受体植物的叶绿素含量，导致受体植物的光合作用受到影响。

3. 肉豆蔻醚对受体植物根系活力的影响

植物的根系对物质的储存、水分和无机盐的吸收及氨基酸与激素的合成具有重要意义。因此，根系活力是植物生长的一项重要指标。植物在有外来化合物胁迫作用下，会产生一定的变化。当植物根系活力降低时，则表明化合物对受体植物产生了生长抑制作用，对植物的根系造成了损伤，影响植物的生长和发育。

测定植物根系活力常用TTC（氯化三苯基四氮唑）法。原理是，TTC是标准的氧化还原色素，它广泛用于生物酶试验的氢受体。植物根系中的脱氢酶会将TTC还原，生成TTF（三苯甲），TTF含量可通过分光光度法进行测定。脱氢酶活性可作为根系活力的指标，TTC还原生成的TTF（三苯甲）的量可作为根系活力的指标。

从图4-5可知，在低浓度处理下，受体双子叶和单子叶植物的根系活力均呈现一定的上升趋势，但高峰值出现在不同的浓度，这可能与植物本身对药剂的敏感程度不同有关；在低浓度处理下，受体根系活力出现升高的现象，可能是由于产生了其他物质，减轻了化感外来物质对自身产生的生长抑制效应带来的伤害。当处理浓度大于0.02mg/mL时，受体植物的根系活力均降低，这可能由于外来物质的浓度过高，对植物的根系造成了不可修复的损伤，致使根系活力下降。

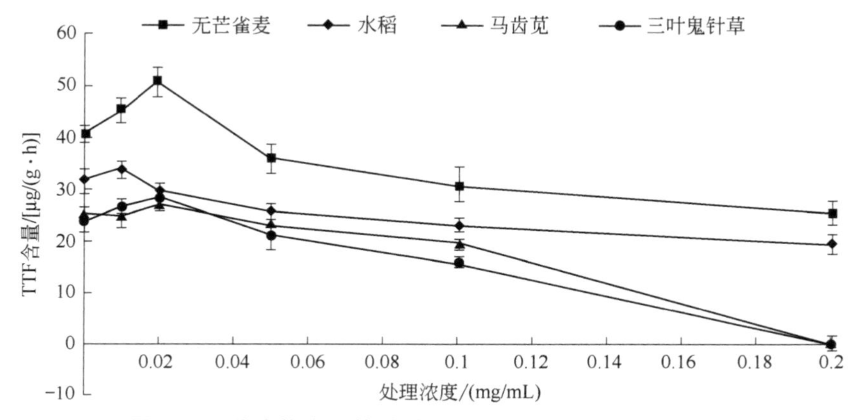

图4-5 化合物肉豆蔻醚对受体植物中TTF含量的影响

4. 肉豆蔻醚对受体植物中防御性酶 SOD、POD、CAT 活性的影响

（1）对受体植物超氧化物歧化酶（SOD）活性的影响

从图 4-6 可知，在肉豆蔻醚的作用下，受体植物中 SOD 活性均受到影响。在 0.01～0.02mg/mL 处理浓度时，无芒雀麦中 SOD 活性显著增加，分别增加了 27.83%、7.87%；处理浓度大于 0.02mg/mL 时，其活性下降，分别下降了 1.29%、16.77%、19.35%。在 0.01～0.05mg/mL 处理浓度时，水稻中 SOD 活性呈现出了显著性增加，分别增加了 42.24%、35.23%、9.12%；处理浓度大于 0.05mg/mL 时，其活性下降，分别下降了 15.67%、33.11%。

在 0.01～0.20mg/mL 处理浓度范围内，马齿苋中 SOD 活性显著降低，降低率分别为 45.11%、43.04%、59.68%、78.25%、100%。在 0.01～0.02mg/mL 处理浓度时，三叶鬼针草中 SOD 活性呈现出了一定增加，增加率分别为 4.19%、0.50%；处理浓度大于 0.02mg/mL 时，其活性下降，降低率分别为 33.18%、62.74%、100%。

由此可知，单子叶植物可以提高防御性酶 SOD 的应激反应，以减弱低浓度肉豆蔻醚带来的伤害；当浓度已超出了植物本身抵抗外界不良环境的承受范围时则导致 SOD 活性降低。双子叶植物应激反应均表现为 SOD 活性降低，只有三叶鬼针草在低浓度处理下 SOD 活性出现小幅增加，但差异不显著。双子叶植物和单子叶植物中 SOD 活性出现这种不同表现可能是由植物本身对药剂的敏感程度不同导致的。

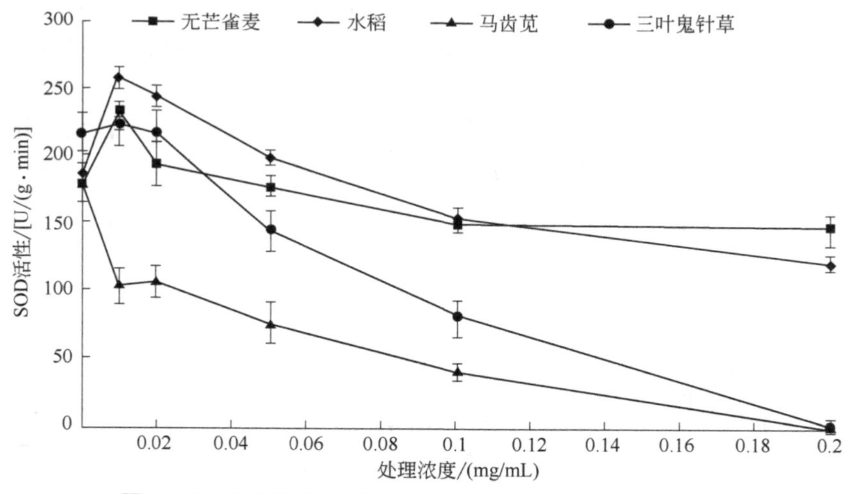

图 4-6 化合物肉豆蔻醚对受体植物中 SOD 活性的影响

（2）对受体植物过氧化氢酶（CAT）活性的影响

从图 4-7 可知，在低浓度肉豆蔻醚水平处理下，无芒雀麦和水稻中 CAT 活性均出现先上升后下降的趋势，但 CAT 活性的峰值浓度有所差异。在 0.01mg/mL 浓

度下，无芒雀麦中CAT活性提高了0.74%；当处理浓度大于0.01mg/mL时，无芒雀麦CAT活性降低，分别降低了15.91%、19.46%、27.65%、51.27%。在处理浓度为0.01～0.02mg/mL时，水稻中CAT活性均有所提高，分别提高了6.98%、8.04%。当处理浓度大于0.02mg/mL时，其CAT活性降低，降低率分别为10.84%、25.27%、34.21%。

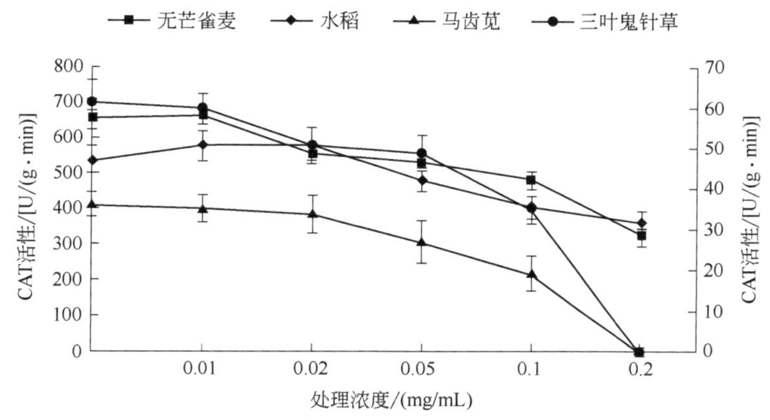

图4-7　化合物肉豆蔻醚对受体植物中CAT活性的影响

在化合物肉豆蔻醚的作用下，马齿苋和三叶鬼针草中CAT活性均呈现降低趋势。在0.01～0.2mg/mL处理浓度范围内，马齿苋中CAT活性分别降低了2.65%、6.21%、25.48%、46.79%、100%。三叶鬼针草中CAT活性分别降低了1.69%、16.85%、20.37%、43.08%、100%。

CAT作为植物体内的一种保护性酶，当受到化感物质的影响时，植物体内的CAT活性增加，以抵御肉豆蔻醚对植物带来的损伤，当浓度高于植物本身的防御能力时，CAT活性会受到抑制。试验中单子叶植物中CAT活性出现“低促高抑”可能就是这种原因导致的，而双子叶植物中的CAT活性呈现下降趋势，可能是双子叶植物对肉豆蔻醚敏感，缺少相应防御能力。

（3）对受体植物中过氧化物酶（POD）活性的影响

从图4-8可知，受体植物在化合物肉豆蔻醚的作用下，其POD活性均呈降低趋势。在处理浓度范围内，无芒雀麦中POD活性分别降低了4.80%、16.68%、22.84%、31.32%、39.93%。水稻中POD活性分别降低了8.88%、9.65%、12.60%、26.28%、34.47%。马齿苋中POD活性分别降低了16.67%、33.33%、66.67%、79.26%、100%。三叶鬼针草中POD活性分别降低了13.19%、14.93%、26.78%、42.01%、100%。

由此可知，在处理浓度范围内，化合物肉豆蔻醚对受体植物中POD活性均有抑制作用。但化合物肉豆蔻醚对双子叶植物中POD活性的影响明显高于单子叶植物。因此，化合物肉豆蔻醚对双子叶植物的生长抑制作用大于单子叶植物。

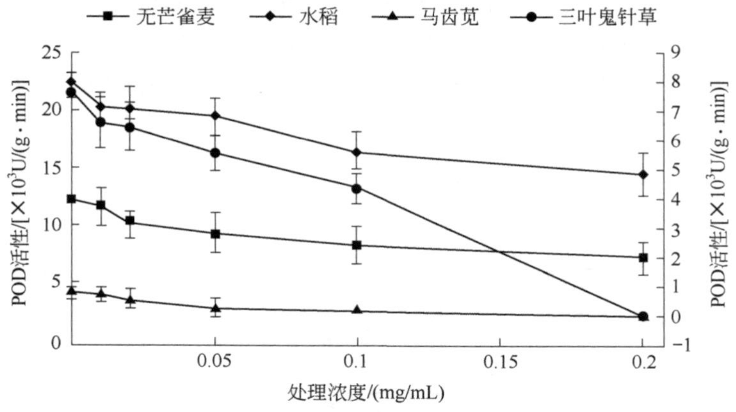

图 4-8　化合物肉豆蔻醚对受体植物中 POD 活性的影响

5. 肉豆蔻醚对受体植物中丙二醛含量的影响

植物器官在逆境条件下，会出现细胞膜脂质过氧化现象，丙二醛则是其产物之一。通常将其用来反映膜脂质过氧化的程度和其对逆境条件反应的强弱。当丙二醛含量升高时，则说明受体植物的细胞膜受到破坏。

从表 4-20、表 4-21 可以看出，随处理化合物肉豆蔻醚的浓度增大受体植物无芒雀麦、水稻、马齿苋和三叶鬼针草植株中丙二醛含量均呈现上升趋势。在浓度为 0.2mg/mL 时，三叶鬼针草和马齿苋均未长出，而单子叶植物无芒雀麦和水稻虽长出，但长势不好，叶片出现轻微枯黄现象。表明化合物肉豆蔻醚能引起受体植物脂质过氧化反应，造成细胞膜损伤，导致生长受抑制，甚至死亡。

表 4-20　化合物肉豆蔻醚对单子叶植物中丙二醛含量的影响

植物	处理浓度/(mg/mL)	丙二醛含量/(mmol/g)	增长率/%	植物	处理浓度/(mg/mL)	丙二醛含量/(mmol/g)	增长率/%
无芒雀麦	0.01	3.96±0.36ab	13.48	水稻	0.01	3.86±0.11a	6.99
	0.02	4.93±0.39bc	30.03		0.02	4.45±0.17a	19.33
	0.05	5.17±0.18c	33.66		0.05	5.74±0.22b	37.45
	0.1	5.95±0.21c	42.35		0.1	6.96±0.23c	49.71
	0.2	7.15±0.23d	52.03		0.2	7.40±0.28c	51.48
	CK	3.43±0.59a	—		CK	3.59±0.56a	—

注：表内数据为 3 次平均值 $\bar{X}$±SE，同列数据后标有相同字母者表示在 5%水平差异不显著（Duncan 氏法）。

表 4-21　化合物肉豆蔻醚对双子叶植物中丙二醛含量的影响

植物	处理浓度/(mg/mL)	丙二醛含量/(mmol/g)	增长率/%	植物	处理浓度/(mg/mL)	丙二醛含量/(mmol/g)	增长率/%
马齿苋	0.01	3.09±0.40b	30.42	三叶鬼针草	0.01	9.04±0.27b	36.62
	0.02	3.55±0.39bc	39.44		0.02	10.36±0.22bc	44.69
	0.05	3.86±0.50c	44.31		0.05	12.35±0.29c	53.60
	0.1	5.85±0.37d	63.24		0.1	13.68±0.34d	58.11
	CK	2.15±0.79a	—		CK	5.73±0.35a	—

注：表内数据为 3 次平均值 $\bar{X}\pm SE$，同列数据后标有相同字母者表示在 5%水平差异不显著（Duncan 氏法）。

第四节　结论

一、黄皮提取物中分离出对受试植物具有生长抑制活性的化合物

经活性追踪，从黄皮提取物中分离出 3 个活性化合物，经核磁共振氢谱和碳谱分析结构鉴定分别是黄皮内酯Ⅰ（anisolactone）、黄皮内酯Ⅱ（2′,3′-epoxyanisolactone）和肉豆蔻醚。

1. 黄皮内酯Ⅰ

在 0.25mg/mL 浓度下，光照条件下，黄皮内酯Ⅰ对稗草根长、茎长和鲜重抑制率分别为 97.92%、79.62%和 74.23%。

2. 黄皮内酯Ⅱ

在 0.25mg/mL 浓度下，光照条件下，黄皮内酯Ⅱ对稗草根长、茎长和鲜重抑制率分别为 97.26%、84.57%和 80.96%；对稗草根长、茎长和鲜重的抑制中浓度（IC_{50}）分别为 8.52μg/mL、21.36μg/mL 和 17.49μg/mL。

3. 肉豆蔻醚

肉豆蔻醚对受试的 4 种植物（2 种单子植物和 2 种双子叶植物）的毒力测定表明其具有一定抑制植物生长的活性，其中双子叶植物比单子植物敏感。对无芒雀麦根长、茎长和鲜重抑制中浓度（IC_{50}）：207μg/mL、125μg/mL、105μg/mL；对水稻根长、茎长和鲜重抑制中浓度（IC_{50}）：90μg/mL、180μg/mL、113μg/mL；对马齿苋根长、茎长和鲜重抑制中浓度（IC_{50}）：22μg/mL、26μg/mL、50μg/mL；对三叶鬼针草根长、茎长和鲜重抑制中浓度（IC_{50}）：40μg/mL、27μg/mL、61μg/mL。

二、活性化合物对受试植物的生理生化代谢的影响

1. 黄皮内酯Ⅰ

黄皮内酯Ⅰ处理稗草植株内蛋白质含量降低，氨基酸含量升高；对处理稗草

植株内过氧化物酶、超氧化物歧化酶和丙二醛的活性等均有一定程度的促进作用。

2. 肉豆蔻醚

经肉豆蔻醚处理后，受体植物的蛋白含量均下降，蛋白含量减少量与浓度剂量呈正相关；受体植物的叶绿素含量均降低，抑制叶绿素的合成；受体植物中防御性 SOD、CAT 和 POD 活性均受到影响，基本趋势是低浓度激活，高浓度抑制，而且处理后丙二醛含量明显提高。

参考文献

[1] Lakshmi V, Prakash D, Raj K, et al. Monoterpenoid furnocoumarin lactones from *Clausena anisata*[J]. Phytochemistry, 1984, 23(11): 2629-2631.

[2] 卢海博. 黄皮提取物对稗草抑制的活性及有效成分研究[D]. 广州: 华南农业大学, 2007.

[3] Chen C Y, Wang H M, Chung S H, et al. Chemical constituents from the roots of *Cinnamomum subavenium*[J]. Chemistry of Natural Compounds, 2010, 46(3): 474-477.

[4] 董丽红. 黄皮种子提取物化感活性及作用机理研究[D]. 广州: 华南农业大学, 2017.

第五章 黄皮提取物及活性成分杀菌活性研究

本章主要介绍黄皮提取物及活性成分对农作物几种病原真菌及水果贮藏保鲜的病原物的抑菌活性，根据跟踪生测发现(*E*)-*N*-2-苯乙基肉桂酰胺化合物是对病原真菌具抑制作用的活性化合物，*N*-甲基-桂皮酰胺为水果保鲜抑菌活性化合物。采用双层平板稀释法，测定黄皮新肉桂酰胺B对烟草青枯菌的最低抑制浓度（MIC）和盆栽法测定黄皮新肉桂酰胺B对烟草青枯病的防治效果，发现黄皮新肉桂酰胺B对青枯菌具有显著的抑制活性和防治效果，除了它能直接对病原菌具抑制活性外，还能诱导植物产生抗病性，提高作物免疫能力，具有开发出新型杀菌剂的潜力。

第一节 黄皮提取物及活性成分对植物病原真菌抑菌作用

比较了芸香科7种植物，即黄皮（*Clausena lansium*）、九里香（*Murraya exotica*）、蜜橘（*Citrus reticulata*）、柚（*Citrus maxima*）、脐橙（*Citrus sinensis*）、三叉苦（*Melicope pteleifolia*）、花椒（*Zanthoxylum bungeanum*）的甲醇提取物对12种病原真菌的抑菌作用，发现其中具有较好抑菌活性的为黄皮甲醇提取物[1]，并以香蕉炭疽病菌为敏感菌进行活性筛选。根据黄皮不同部位提取物对香蕉炭疽病菌的毒力，确定供试部位的提取物，利用硅胶柱层析分离，得到活性成分，即(*E*)-*N*-2-苯乙基肉桂酰胺。对活性成分进行了杀真菌活性的研究。

一、黄皮甲醇提取物对病原真菌的抑菌活性

1. 黄皮甲醇提取物对12种病原真菌的抑菌活性

选取农作物（水稻、小麦、玉米和棉花）、蔬菜（白菜、辣椒和葱）和水果（香

蕉和西瓜）上危害比较严重的 12 种病原真菌作为供试病菌。采用菌丝生长速率法，测定黄皮甲醇提取物对 12 种病原真菌的抑菌活性。从表 5-1 可以看出，黄皮（枝叶）甲醇粗提物对 12 种病原真菌都有一定的抑制作用，其中对 8 种病原真菌菌丝生长的抑制率达到了 50%以上。黄皮（枝叶）甲醇提取物对香蕉炭疽病菌和辣椒炭疽病菌的菌丝生长的抑制率为 85.53%和 81.32%，显著高于对其他病菌的抑制率，因此香蕉炭疽病菌和辣椒炭疽病菌为黄皮提取物的敏感菌[2]。

表 5-1　黄皮（枝叶）甲醇粗提物对 12 种病原真菌菌丝生长的抑制效果①

供试菌	处理菌落平均直径/cm（n=3）	对照菌落平均直径/cm（n=3）	平均抑制率 $\bar{X}$±SE/%
香蕉炭疽病菌（*Colletotrichum musae*）	1.18±0.11	5.22±0.02	85.53±2.41a②
辣椒炭疽病菌（*Colletotrichum capsici*）	1.29±0.10	4.71±0.04	81.32±2.38a
白菜黑斑病菌（*Alternaria brassicae*）	1.88±0.07	5.05±0.04	69.76±1.51b
玉米茎基腐病菌（*Fusarium roseum* f.sp. *cerealis*）	2.11±0.17	5.08±0.07	64.8±3.76bc
水稻纹枯病菌（*Rhizoctonia solani*）	1.17±0.03	2.32±0.03	63.30±1.59bc
小麦根腐病菌（*Bipolaris sorokiniana*）	1.26±0.05	2.33±0.02	58.47±2.51cd
葱紫斑病菌（*Alternaria porii*）	2.66±0.09	5.42±0.03	55.96±1.92cd
稻瘟病菌（*Pyricularia grisea*）	2.76±0.10	5.24±0.06	52.32±2.14de
棉花枯萎病菌（*Verticillium dahliae*）	3.44±0.18	5.94±0.03	45.99±3.25ef
西瓜枯萎病菌（*Fusarium oxysporum* f. sp. *niveum*）	2.38±0.21	3.60±0.04	39.53±6.81f
玉米大斑病菌（*Exserohilum turcicum*）	1.45±0.13	1.79±0.03	26.10±10.12g
棉花黄萎病菌（*Fusarium oxysporum*）	3.01±0.19	3.31±0.31	10.57±6.60h

① 供试植物粗提物为甲醇索氏提取法提取，带毒培养基浓度为 10mg/mL。
② 同列数据具有相同字母者，表示在 0.05 水平差异不显著（反正弦平方根转换 DMRT 法）。

2. 黄皮不同部位甲醇提取物的提取率及生物活性

对黄皮的果核、花、枝叶和树皮进行索氏提取，并分别测定了各部位甲醇提取物对香蕉炭疽病菌菌丝生长的影响。

表 5-2　黄皮不同植物部位的索氏提取率及对香蕉炭疽病菌菌丝生长的影响①

植物部位	索氏提取率	菌落平均直径/cm （n=3）	平均抑制率 $\bar{X}$±SE / %
果核	24.54	1.02±0.06	88.83±1.29a②
树皮	21.23	1.22±0.04	84.61±0.89b
枝叶	28.78	1.79±0.07	72.23±1.43c
花	14.70	2.82±0.09	50.11±1.95d
CK（1%丙酮）	—	5.16±0.06	—

① 供试植物粗提物为甲醇索氏提取法提取，带毒培养基浓度为 10mg/mL。

② 同列数据具有相同字母者，表示在 0.05 水平差异不显著（反正弦平方根转换 DMRT 法）。

结果表明枝叶的提取率最高，为 28.78%，花的提取率最低，为 14.70%（表 5-2）。进一步采用菌丝生长速率法对其甲醇提取物进行生物活性测定，结果表明，在 10mg/mL 的处理浓度下，黄皮果核的甲醇提取物对香蕉炭疽病菌菌丝生长的抑制效果最好，抑制率为 88.83%，枝叶的次之，花索的活性相对较差，为 50.11%。因此选取黄皮果核进行活性成分的大量分离。

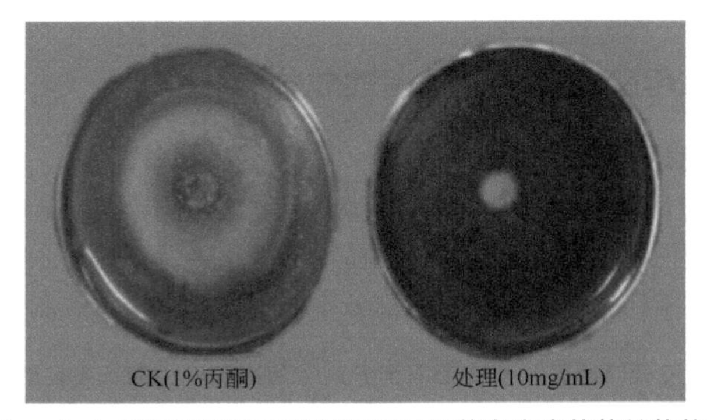

图 5-1　10mg/mL 的黄皮果核甲醇提取物对香蕉炭疽病菌菌丝菌落的抑制效果

由图 5-1 中菌丝生长性状可以看出，在 10mg/mL 处理浓度下，黄皮果核甲醇提取物能够显著抑制香蕉炭疽病菌菌丝的扩展。对照处理中菌丝沿着培养基平面平伏生长，而处理过的带毒培养基中的香蕉炭疽病菌的菌丝生长比较浓密，且主要向空中扩展。

3. 黄皮果核甲醇粗提物对香蕉炭疽病菌的毒力

将黄皮果核甲醇粗提物用 10%丙酮溶解，再与 PDA 培养基以 1∶9（V∶V）的比例混合均匀，配制成 20mg/mL、10mg/mL、5mg/mL、2.5mg/mL 和 1.25mg/mL 系列浓度的带毒培养基，以香蕉炭疽病菌为供试病菌，以菌丝生长速率法测定黄皮果核甲醇粗提物对香蕉炭疽病菌的毒力，测定结果如表 5-3。

表 5-3　黄皮果核甲醇粗提物对香蕉炭疽病菌菌丝生长的抑制作用[①]

处理浓度/(mg/mL)	菌落平均直径/cm（n=3）	平均抑制率 $\bar{X}$ ± SE / %
20	0.82±0.03	93.57±0.64a[②]
10	1.53±0.12	79.46±2.29b
5	2.74±0.10	55.40±1.99c
2.5	3.35±0.09	43.27±1.71d
1.25	3.91±0.06	32.21±1.11e
CK（1%丙酮）	5.53±0.14	—

① 供试植物粗提物为甲醇浸提法提取。
② 同列数据具有相同字母者，表示在 0.05 水平差异不显著（反正弦平方根转换 DMRT 法）。

由表 5-3 可以看出，不同浓度黄皮甲醇粗提物对香蕉炭疽病菌菌丝的生长均有一定的抑制作用，1.25mg/mL 的浓度下抑制率为 32.21%，而 20mg/mL 的浓度下抑制率为 93.57%，可以看出不同浓度的甲醇粗提物的抑制率之间差异显著。

黄皮果核甲醇粗提物对香蕉炭疽病菌的毒力回归方程为 y=0.0317x+0.3624，相关系数 r 为 0.9512，EC_{50} 值为 4.34mg/mL。

二、黄皮果核甲醇粗提物抑菌活性成分的分离

1. 黄皮果核甲醇提取物分离

采用液-液分配萃取法，用石油醚、氯仿、乙酸乙酯、正丁醇和水依次萃取黄皮果核甲醇粗提物，将黄皮果核甲醇粗提物初步分离为五部分，以香蕉炭疽病菌为供试病菌，以菌丝生长速率法对各部分萃取物进行生物活性测定（见表 5-4）。

表 5-4　黄皮果核甲醇粗提物萃取组分对香蕉炭疽病菌菌丝生长的抑制作用[①]

萃取物	菌落平均直径/cm（n=3）	平均抑制率 $\bar{X}$ ± SE / %
氯仿相	1.15±0.15	86.12±3.22a[②]
正丁醇相	1.38±0.07	81.34±1.39b
石油醚相	2.11±0.07	65.69±1.45c
乙酸乙酯相	4.69±0.04	10.53±0.93d
水相	5.76±0.08	–12.64[③]±1.62e
CK（1%丙酮）	5.18±0.07	—

① 供试浓度为 5mg/mL。
② 同列数据具有相同字母者，表示在 0.05 水平差异不显著（反正弦平方根转换 DMRT 法）。
③ 负号表示粗提物对处理病菌的菌丝生长出现促进作用。

生物活性测定结果表明，在 5mg/mL 的浓度下，氯仿相、正丁醇相、石油醚

相和乙酸乙酯相均对香蕉炭疽病菌菌丝生长有一定的抑制作用，抑制率分别为86.12%、81.34%、65.69%和10.53%，各相抑制率之间的差异显著，水相却存在促进生长作用，水相的抑制率为–12.64%。

2. 黄皮果核甲醇粗提物氯仿相对香蕉炭疽病菌菌丝的活性

将黄皮果核甲醇粗提物的氯仿相用10%丙酮溶解，再与PDA培养基以1∶9（V∶V）的比例混合均匀，配制成5mg/mL、2.5mg/mL、1.25mg/mL、0.625mg/mL和0.3125mg/mL系列浓度的带毒培养基，以香蕉炭疽病菌为供试病菌，以菌丝生长速率法测定对香蕉炭疽病菌的毒力（见表5-5）。

表5-5　黄皮果核甲醇粗提物的氯仿相对香蕉炭疽病菌的抑制作用①

处理浓度/（mg/mL）	菌落平均直径/cm（n=3）	平均抑制率 $\bar{X}\pm SE$ /%
5	1.22±0.07	85.08±1.36a②
2.5	2.30±0.07	62.64±1.38b
1.25	3.44±0.06	39.09±1.15c
0.625	4.32±0.07	20.86±1.36d
0.3125	4.90±0.05	10.20±1.18e
CK（1%丙酮）	5.33±0.04	—

① 黄皮果核甲醇粗提物的氯仿相为液-液分配萃取法提取。

② 同列数据具有相同字母者，表示在0.05水平差异不显著（反正弦平方根转换DMRT法）。

黄皮果核甲醇粗提物的氯仿相能够较好地抑制菌丝的扩展，由表5-5可以看出，不同浓度的黄皮果核甲醇粗提物的氯仿相均对香蕉炭疽病菌菌丝生长有一定的抑制作用，0.3125mg/mL的浓度下的抑制率为10.20%，而5mg/mL的浓度下抑制率为85.08%，抑制率与黄皮果核甲醇粗提物氯仿相浓度呈正相关，各个浓度的抑制率之间有显著的差异。

黄皮果核甲醇粗提物的氯仿层对香蕉炭疽病菌的毒力回归方程为 $y=0.155x+0.135$，相关系数 r 为0.9652，EC_{50} 值为2.56mg/mL，比同浓度的黄皮果核甲醇粗提物活性提高了1.70倍。

3. 黄皮果核甲醇提取物氯仿相硅胶柱层析分离及活性

将500g硅胶（200～300目）用适量石油醚拌匀，加入层析柱中，称取10g黄皮果核甲醇粗提物的氯仿相，用适量丙酮溶解，加入15g硅胶拌匀，待丙酮完全挥发以后，加入到层析柱中。根据薄层层析所得结果，确定石油醚∶丙酮为1∶1时分离的效果最好，点数最多，且 R_f 值大多落在0.6以内。采用梯度洗脱的方法，以不同比例的石油醚和丙酮（100∶0～0∶100）作为洗脱液开始冲柱，逐渐加大乙酸乙酯的比例而加大洗脱剂的极性。收集层析液，每瓶200mL，浓缩，共收集83瓶。根据薄层层析结果合并，得12个馏分，各馏分的生物活性测定结果见表5-6。

从表 5-6 可以看出，在 2mg/mL 浓度下，馏分 A18-29 对香蕉炭疽病菌菌丝生长的抑制活性显著高于其他馏分，抑菌率高达 78.10%；馏分 A43-51、馏分 A52-57 和馏分 A13-17 也存在一定的活性，抑菌率分别为 69.85%、47.05%和 59.67%，选馏分 A18-29 进一步分离。

表 5-6 氯仿相硅胶柱层析各个馏分对香蕉炭疽病菌菌丝生长的抑制作用①

馏分	菌落平均直径/cm（n=3）	平均抑制率 $\bar{X}$ ±SE / %
A1-2	5.17±0.06	2.77±1.18i
A3-7	4.39±0.09	19.20±1.89g
A8-12	3.80±0.09	31.46±1.79f
A13-17	2.44±0.08	59.67±1.57c
A18-29	1.55±0.02	78.10±0.43a②
A30-37	3.26±0.09	42.69±1.77e
A38-42	4.86±0.05	9.36±0.95h
A43-51	1.95±0.11	69.85±2.19b
A52-57	2.73±0.06	47.05±0.66d
A58-66	5.17±0.08	2.98±1.56i
A67-75	5.49±0.04	–3.81③±0.73j
A76-83	5.52±0.06	–4.44±1.15j
CK（1%丙酮）	5.17±0.06	—

① 供试浓度为 2mg/mL。

② 同列数据具有相同字母者，表示在 0.05 水平差异不显著（反正弦平方根转换 DMRT 法）。

③ 负号表示粗提物对处理病菌的菌丝生长出现促进作用。

4. 馏分 A18-29 硅胶柱层析分离及活性

将 100g 硅胶（100～200 目）用适量石油醚拌匀，加入层析柱中，将馏分 A18-29 用适量丙酮溶解，加入 1g 硅胶拌匀，待丙酮完全挥发后加入到层析柱中，以不同比例的石油醚和丙酮（10：1～0：100）作为洗脱液，收集层析液，每瓶 50mL，浓缩，共收集 55 瓶。根据薄层层析结果合并得 9 个馏分，各馏分的生物活性测定结果见表 5-7。

从表 5-7 可以看出，馏分 B22-28 的活性显著高于其他馏分，抑菌率高达 73.32%，因此，将 B22-28 进一步分离；馏分 B12-16 的活性仅次于馏分 B22-28，抑菌率也超过 50%。

5. 馏分 B22-28 硅胶柱层析分离及活性

将 10g 硅胶（100～200 目）用适量石油醚拌匀，加入层析柱中，将馏分 B22-28 用适量丙酮溶解，加入 0.3g 硅胶拌匀，待丙酮完全挥发后加入到层析柱中，以不同比例的石油醚和丙酮（10∶1～0∶100）作为洗脱液，收集层析液，每瓶 10mL，浓缩，共收集 19 瓶。根据薄层层析结果合并得 6 个馏分，各馏分的生物活性结果见表 5-8。

表 5-7　馏分 A18-29 硅胶柱层析各个馏分对香蕉炭疽病菌菌丝生长的抑制作用①

馏分	菌落平均直径/cm（n=3）	平均抑制率 $\bar{X}$±SE/%
B1-6	4.60±0.08	21.31±1.45e
B7-11	3.48±0.07	42.74±1.36c
B12-16	2.52±0.07	61.23±1.26b
B17-21	3.68±0.06	38.90±1.06d
B22-28	1.89±0.04	73.32±0.77a②
B29-32	4.49±0.06	23.42±1.20e
B33-37	5.30±0.07	7.93±1.36f
B38-49	5.78±0.07	–1.41③±1.35g
B50-55	5.93±0.05	–4.29±0.97h
CK（1%丙酮）	5.72±0.08	—

① 供试浓度为 1mg/mL。
② 同列数据具有相同字母者，表示在 0.05 水平差异不显著（反正弦平方根转换 DMRT 法）。
③ 负号表示粗提物对处理病菌的菌丝生长出现促进作用。

表 5-8　馏分 B22-28 硅胶柱层析各个馏分对香蕉炭疽病菌菌丝生长的抑制作用①

馏分	菌落平均直径/cm（n=3）	平均抑制率 $\bar{X}$±SE/%
C1-2	4.30±0.07	25.76±1.38d
C3-5	3.48±0.07	41.77±1.38c
C6-8	1.98±0.07	71.18±1.44a②
C9-12	2.92±0.03	52.83±0.63b
C13-17	4.60±0.08	19.97±1.60e
C18-19	5.53±0.07	1.89±1.27f
CK（1%丙酮）	5.62±0.09	—

① 供试浓度为 0.5mg/mL。
② 同列数据具有相同字母者，表示在 0.05 水平差异不显著（反正弦平方根转换 DMRT 法）。

从表 5-8 可以看出，各个馏分的活性差异较显著，馏分 C6-8 的活性最高，为 71.18%，从硅胶板薄层层析结果和外观性状上看，馏分 C6-8 比较纯净，故选择将馏分 C6-8 进一步用丙酮凝胶柱层析分离。

从图 5-2 中可以看出馏分 C6-8 在供试浓度为 0.5mg/mL 下能够较好地抑制香蕉炭疽病菌菌丝的扩展。在对照菌落菌丝已经生长较长时间的情况下，处理菌落菌丝的生长仍收缩在一定区域，且菌丝生长很浓密，向着空中扩展。

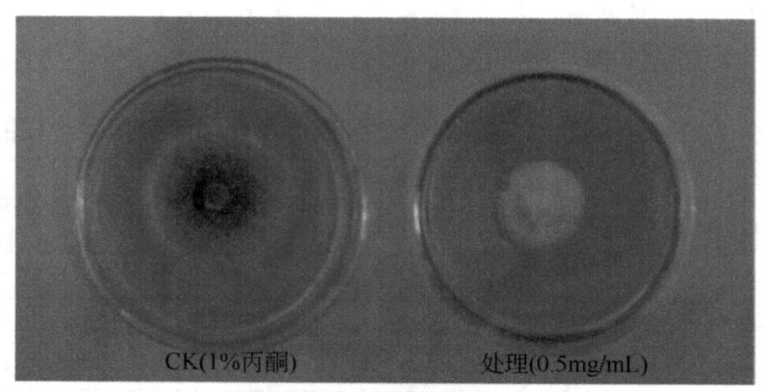

图 5-2　馏分 C6-8 在供试浓度为 0.5mg/mL 下对香蕉炭疽病菌菌丝的影响

6. 馏分 C6-8 凝胶柱层析分离及活性成分

将 C6-8 用适量丙酮溶解，凝胶柱过滤，以丙酮作为洗脱液，收集层析液，浓缩，根据薄层层析和外观性状刮板合并分离，用丙酮溶解并抽滤，放置至溶剂挥发完全，析出得到白色针状结晶，经核磁共振波谱分析，活性化合物为(*E*)-*N*-2-苯乙基肉桂酰胺［(*E*)-*N*-2-phenylethylcinnamamide］。

三、小结

① 综合分析芸香科植物的抑菌效果，可以得出本科植物对植物病菌都有一定的抑制效果，而在 7 种植物对敏感菌的活性筛选中，以黄皮甲醇提取物对香蕉炭疽病菌的抑制效果最好，达到了 85.53%。

② 不同浓度黄皮甲醇粗提物对香蕉炭疽病菌菌丝的生长均有一定的抑制作用，EC_{50} 值为 4.34mg/mL。

③ 采用液-液分配萃取法对黄皮甲醇提取物进行初步分离，生物测定结果表明，黄皮果核抑菌活性成分主要存在于氯仿相，EC_{50} 值为 2.56mg/mL，正丁醇相、石油醚相和乙酸乙酯相对香蕉炭疽病菌菌丝生长也有一定的抑制活性。

④ 通过硅胶柱层析与凝胶柱层析，由黄皮果核甲醇粗提物的氯仿相分离得到(*E*)-*N*-2-苯乙基肉桂酰胺。

第二节　黄皮活性成分 *N*-甲基-桂皮酰胺对水果保鲜作用

进行了化合物 *N*-甲基-桂皮酰胺对 7 种水果病原真菌的离体生物测定，结果显示出其对芒果炭疽病原真菌具有显著的抑菌活性。众所周知，芒果炭疽病是芒果最严重的病害之一，在国内外芒果产区普遍发生。目前，芒果炭疽病的防治，主要采用多菌灵等苯并咪唑类内吸性杀菌剂，但是长期大量使用相同作用位点的苯并咪唑类杀菌剂，使得不少果园产生了抗性菌株，而且化学杀菌剂还会引起一系列的农药残留等环境问题。本节主要探讨从黄皮果核中所分离出的化合物*N*-甲基-桂皮酰胺，经测定明确该化合物抑菌保鲜效果，并对其抑菌机理进行研究[3]，为开发出高效的植物源水果保鲜剂提供理论依据。

一、黄皮甲醇提取物对水果上病原菌抑菌活性

供试病原真菌选择 8 种易感病原菌作为测定材料（见表 5-9）。抑菌活性筛选采用菌丝生长速率法，测定了黄皮甲醇提取物的抑菌活性。

表 5-9　供试病原真菌

编号	中文名	拉丁文学名
1	芒果炭疽病菌	*Colletotrichum gloeosporioides* Penz
2	芒果蒂腐病菌	*Diplodina* sp.
3	西瓜枯萎病菌	*Fusarium oxysporum* f.sp.*niveum*
4	香蕉枯萎病菌	*Fusarium oxysporum* f.sp.*cubense*
5	荔枝炭疽病菌	*Colletotrichum gloeosporioides* Penz
6	荔枝霜疫霉菌病菌	*Peronophythora litchi* Chen
7	香蕉冠腐病菌	*Fusarium* sp.
8	柑橘青霉病菌	*Penicillium italicum* Wehmer

1. 黄皮甲醇提取物对 8 种水果病原菌抑菌效果

以菌丝生长速率法测定了黄皮甲醇提取物的抑菌活性，结果见表 5-10。生测结果表明，在浓度为 10mg/mL 时，黄皮甲醇提取物对芒果炭疽病菌（*Colletotrichum gloeosporioides* Penz）、荔枝炭疽病菌（*Colletotrichum gloeosporioides* Penz）、西瓜枯萎病菌（*Fusarium oxysporum* f.sp.*niveum*）、香蕉枯萎病菌（*Fusarium oxysporum* f.sp.*cubense*）菌丝生长的抑制率较好，分别达到 91.42%、78.66%、74.16%和 82.93%[4]。

尤其是对芒果炭疽病菌的抑制作用明显高于对其他病菌的抑制作用。生测结果显示，黄皮果核甲醇提取物对荔枝霜疫霉病菌（*Peronophythora litchi* Chen）、芒果蒂腐病菌（*Diplodina* sp.）、香蕉冠腐病菌（*Fusarium* sp.）、柑橘青霉病菌（*Penicillium italicum* Wehmer）也有一定的抑制作用，抑制率分别为 45.24%、56.80%、55.29%和 25.34%（表 5-10）。同时，毒力测定结果显示，黄皮果核甲醇提取物对芒果炭疽病菌和香蕉枯萎病菌的 EC_{50} 值分别为 1.24mg/mL 和 1.71mg/mL。

表 5-10　黄皮果核甲醇粗提物对病原真菌的生长抑制作用[①]

供试病原菌	处理菌落平均直径（$\bar{X}$±SE）/cm	对照菌落平均直径（$\bar{X}$±SE）/cm	平均抑菌率（$\bar{X}$±SE）/%
芒果炭疽病菌	1.00±0.03	6.33±0.05	91.42±0.03a[②]
荔枝炭疽病菌	1.67±0.05	6.18±0.20	78.66±0.02c
荔枝霜疫霉病菌	5.10±0.10	8.90±0.10	45.24±0.12g
西瓜枯萎病菌	2.05±0.07	6.50±0.16	74.16±0.08d
香蕉冠腐病菌	4.30±0.02	8.95±0.12	55.29±0.13f
芒果蒂腐病菌	4.15±0.12	8.90±0.10	56.80±0.15e
香蕉枯萎病菌	1.90±0.03	8.70±0.05	82.93±0.01b
柑橘青霉病菌	5.93±0.12	7.8±0.12	25.34±0.02h

① 供试植物粗提物浓度为 10 mg/mL。

② 表中数据为三次重复的平均值，同列数据后标有相同字母者表示在 5%水平上差异不显著（DMRT 法）。

生物测定结果显示了黄皮果核甲醇提取物具有广泛的抑菌活性，对试验中水果病原真菌菌丝生长都有一定的抑制作用（见图 5-3），特别是对芒果炭疽病菌抑

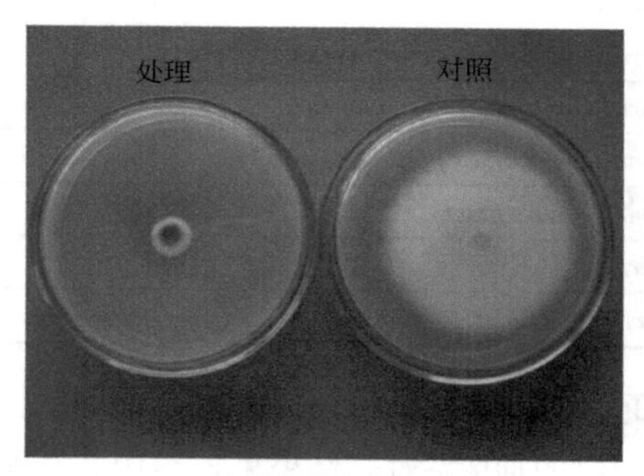

(a) 芒果炭疽病菌

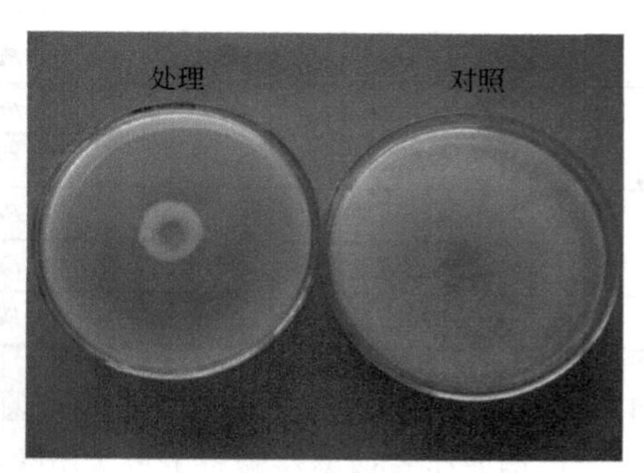

(b) 香蕉枯萎病菌

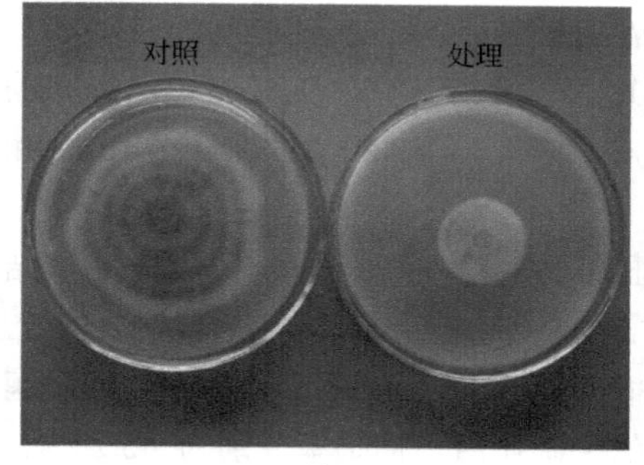

(c) 西瓜枯萎病菌

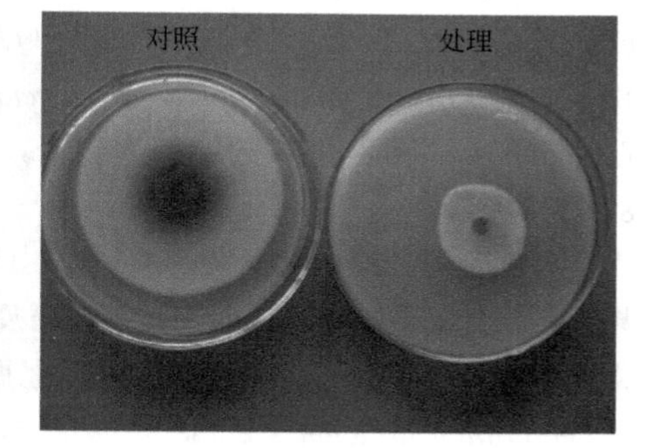

(d) 荔枝炭疽病菌

图 5-3　黄皮果核甲醇提取物 10mg/mL 下对 4 种病原真菌生长的抑制效果

制效果最好，抑制率达到了 91.42%，EC_{50} 值为 1.24mg/mL。由此可见，用黄皮果核甲醇提取物来抑制芒果炭疽病菌，进而开发植物源水果保鲜剂具有可行性，因此选择芒果炭疽病菌做进一步的研究。

2. 黄皮果核甲醇提取物对芒果炭疽病菌和香蕉枯萎病菌的毒力

将提取物用少量甲醇溶解，再与 PDA 培养基混合均匀（甲醇终浓度＜1%），配制成 10mg/mL、8mg/mL、5mg/mL、2.5mg/mL、1.25mg/mL 系列浓度的带毒培养基，以芒果炭疽病菌和香蕉枯萎病菌为供试病菌，采用菌丝生长速率法测定了黄皮果核甲醇提取物对这两种水果病原真菌生长抑制作用，测定结果见图 5-4、表 5-11。由表 5-11 可以看出，不同浓度黄皮果核甲醇提取物对这两种菌菌丝生长均有抑制作用，浓度为 10mg/mL 时，黄皮果核甲醇提取物对芒果炭疽病菌和香蕉枯萎病菌的抑制率分别为 91.42%和 82.93%，而在 1.25mg/mL 时，抑制率亦达到 52.76%和 47.56%。不同浓度的甲醇提取物对菌的抑制率之间差异显著。在室内采用菌丝生长速率法测定了黄皮果核甲醇提取物对芒果炭疽病菌和香蕉枯萎病菌的毒力，测定结果见表 5-12。结果表明，培养 5d 后，黄皮果核甲醇提取物对这两种菌的 EC_{50} 值分别为 1.24mg/mL、1.71mg/mL。

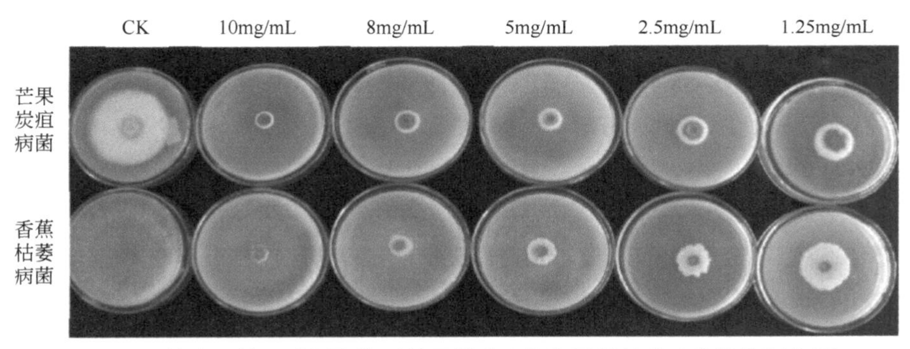

图 5-4　黄皮果核甲醇提取物对芒果炭疽病菌和香蕉枯萎病菌的抑制作用

表 5-11　黄皮果核甲醇提取物对芒果炭疽病菌和香蕉枯萎病菌的生物活性

病原菌	提取物浓度/（mg/mL）	菌落直径（$\bar{X}\pm SE$）/cm	抑菌率（$\bar{X}\pm SE$）/%
芒果炭疽病菌	CK	6.33±0.05	—
	1.25	3.26±0.09	52.76±1.45
	2.5	2.23±0.1	70.39±1.56
	5	1.57±0.06	80.60±0.90
	8	1.46±0.13	83.53±1.90
	10	1.00±0.03	91.42±0.03
香蕉枯萎病菌	CK	8.70±0.20	—
	1.25	4.80±0.09	47.56±1.42

续表

病原菌	提取物浓度/（mg/mL）	菌落直径（$\bar{X}$±SE）/cm	抑菌率（$\bar{X}$±SE）/%
香蕉枯萎病菌	2.5	3.91±0.04	58.41±0.65
	5	3.20±0.07	53.35±1.04
	8	2.56±0.03	74.87±0.48
	10	1.90±0.05	82.93±0.01

注：表中数据为三次重复的平均值，同列数据后标有相同字母者表示在 5%水平上差异不显著（DMRT法）。

表 5-12 黄皮果核甲醇提取物对 2 种植物病原菌的毒力

处理菌种	毒力回归方程	相关系数（r）	EC_{50}/(mg/mL)	95%置信限/(mg/mL)
芒果炭疽病菌	y=1.75916+1.0477x	r=0.9821	1.24	0.22～6.87
香蕉枯萎病菌	y=2.3420+0.82224x	r=0.9809	1.71	0.26～10.98

3. 黄皮果核甲醇提取物对芒果炭疽病菌孢子萌发的抑制作用

采用载玻片法测定了黄皮果核甲醇提取物在 2.0mg/mL、1.0mg/mL、0.5mg/mL、0.25mg/mL、0.125mg/mL 浓度下对芒果炭疽病菌孢子萌发的抑制活性。试验结果表明：处理 24h 后，显微镜下观察，随着处理浓度的降低，孢子萌发率相应升高，校正抑制率依次为 85.37%、70.67%、59.15%、44.37%和 31.67%（见表 5-13）。毒力测定结果得到毒力回归方程 y=2.0022+1.2046x，相关系数 r= 0.9954，EC_{50} 值为 0.308mg/mL。

表 5-13 黄皮果核甲醇提取物对芒果炭疽病菌孢子萌发抑制活性①

处理浓度/（mg/mL）	镜检孢子数	萌发孢子数	萌发率/%	抑制萌发率（$\bar{X}$±SE）/%
2.0	100	14.63	14.63	85.37±1.02a②
1.0	100	29.33	29.33	70.67±1.35b
0.5	100	40.85	40.85	59.15±2.55c
0.25	100	52.67	52.67	44.37±1.60d
0.125	100	68.33	68.33	31.67±1.12e
CK	100	97.53	97.53	2.47±1.05f

① 表中数据为三次重复的平均值。
② 同列数据后标有相同字母者表示在 5%水平上差异不显著（DMRT 法）。

4. 黄皮果核甲醇提取物的初步分离及活性跟踪

（1）黄皮果核甲醇提取物的萃取及活性跟踪

以蒸馏水溶解黄皮甲醇提取物，经液-液分配萃取法萃取，得石油醚相、乙酸乙酯相、正丁醇相萃取物及水相提取物。采用菌丝生长速率法测定上述几种萃取物对芒果炭疽病菌和香蕉枯萎病菌的生物活性，处理浓度分别为 0.125mg/L、0.25mg/L、0.5mg/L、0.8mg/L、1mg/L。对芒果炭疽病菌抑制活性的试验结果见表 5-14，结果显示，乙酸乙酯相萃取物对芒果炭疽病菌有比较强的抑制活性，在处理浓度为 1mg/L 处理 5d 时，抑菌率达到 79.13%，在 0.125mg/L 时，抑菌率亦达到 40.93%，其余相提取物的抑菌活性相对较差。乙酸乙酯相萃取物对香蕉枯萎病菌的抑制作用也比其他萃取物强，在 1mg/L 浓度下，抑制率可达到 68.90%（表 5-15）。

表 5-14　黄皮果核粗提物各萃取部分对芒果炭疽病菌的抑菌活性

萃取物	浓度/（mg/mL）	菌落直径（$\bar{X}$ ± SE）/ cm	抑菌率（$\bar{X}$ ± SE）/ %
石油醚相	1	2.75±0.04n	63.88±0.65
	0.8	3.14±0.02m	57.62±0.32
	0.5	3.76±0.07l	47.67±1.04
	0.25	4.52±0.03h	35.47±0.48
	0.125	5.13±0.04fg	25.68±0.65
乙酸乙酯相	1	1.80±0.09m	79.13±1.42
	0.8	2.25±0.02k	71.91±0.32
	0.5	2.96±0.08i	60.51±1.30
	0.25	3.31±0.09e	54.89±1.45
	0.125	4.18±0.08b	40.93±1.19
正丁醇相	1	5.10±0.02h	26.16±0.32
	0.8	5.25±0.03g	23.75±0.48
	0.5	5.50±0.03fg	19.74±0.48
	0.25	5.78±0.03f	15.24±0.48
	0.125	6.14±0.03e	9.47±0.48
水相	1	4.98±0.06fg	28.09±0.90
	0.8	5.36±0.10f	21.99±1.52
	0.5	5.89±0.04d	13.50±0.65
	0.25	6.10±0.03cd	10.11±0.48
	0.125	6.23±0.02c	8.03±0.32
CK		6.73±0.14a	—

表 5-15　黄皮果核粗提物各萃取部分对香蕉枯萎病菌的抑菌活性

萃取物	浓度/（mg/mL）	菌落直径（$\bar{X}$ ± SE）/ cm	抑菌率（$\bar{X}$ ± SE）/ %
石油醚相	1	3.30±0.04n	65.85±0.65
	0.8	4.45±0.02m	51.83±0.32
	0.5	5.12±0.07l	43.66±1.04
	0.25	6.50±0.03h	26.83±0.48
	0.125	7.10±0.04fg	19.51±0.65

续表

萃取物	浓度/（mg/mL）	菌落直径（$\bar{X}$±SE）/cm	抑菌率（$\bar{X}$±SE）/%
乙酸乙酯相	1	3.05±0.09m	68.90±0.32
	0.8	3.60±0.02k	62.19±0.32
	0.5	4.14±0.08i	55.61±1.30
	0.25	5.08±0.09e	44.15±1.45
	0.125	5.76±0.08b	35.85±1.19
正丁醇相	1	8.20±0.02h	6.97±0.32
	0.8	8.35±0.03g	4.27±0.48
	0.5	8.50±0.03fg	2.44±0.48
	0.25	8.55±0.03f	1.83±0.48
	0.125	8.67±0.03e	0.37±0.48
水相	1	6.98±0.06fg	20.97±0.90
	0.8	7.56±0.10f	13.90±1.52
	0.5	8.15±0.04d	6.71±0.65
	0.25	8.47±0.03cd	2.80±0.48
	0.125	8.65±0.02c	0.61±0.32
CK		8.70±0.14a	—

（2）各萃取物对芒果炭疽病菌、香蕉枯萎病菌的毒力

由石油醚相、乙酸乙酯相、正丁醇相和水相对芒果炭疽病菌菌丝生长的抑制活性结果可以看出乙酸乙酯相的活性最好。乙酸乙酯相、石油醚相对芒果炭疽病菌的毒力测定结果见表 5-16。结果显示，乙酸乙酯相、石油醚相对芒果炭疽病菌的 EC_{50} 值依次为 0.26mg/mL 和 0.65mg/mL，乙酸乙酯萃取物的抑菌活性较好，因此选择乙酸乙酯萃取物继续研究。

表 5-16　各萃取物对芒果炭疽病原真菌的毒力

处理	毒力回归方程	相关系数(r)	EC_{50}/(mg/mL)	95%置信限/（mg/mL）
石油醚萃取物	y=2.0901+1.035x	0.9972	0.65	0.12～3.48
乙酸乙酯萃取物	y=2.7079+0.9440x	0.9804	0.26	0.04～1.69

由石油醚相、乙酸乙酯相、正丁醇相和水相对香蕉枯萎病菌菌丝生长的抑制活性结果可以看出正丁醇相和水相的抑制活性较差。石油醚相、乙酸乙酯相对香蕉枯萎病菌的毒力测定结果见表 5-17。结果显示，石油醚相和乙酸乙酯相对香蕉枯萎病菌的 EC_{50} 值依次为 0.72mg/mL 和 0.39mg/mL，其中以乙酸乙酯萃取物的抑菌活性较好。

表 5-17　各萃取物对香蕉枯萎病原真菌的毒力

处理	毒力回归方程	相关系数（r）	EC_{50}/（mg/mL）	95%置信限/（mg/mL）
石油醚萃取物	y=1.3094+1.2926x	0.9885	0.72	0.22～2.34
乙酸乙酯萃取物	y=2.5989+0.9258x	0.9882	0.39	0.075～2.05

5. 黄皮果核活性成分的分离纯化及活性跟踪

（1）乙酸乙酯相柱层析各馏分对芒果炭疽病菌生长抑制活性

将乙酸乙酯萃取物上硅胶层析柱进行层析分离。根据 TCL 层析所得结果，确定氯仿：甲醇为 15：2 时分离的效果最好，展开点数最多，且 R_f 值大多落在 0.6 内。采用梯度洗脱的方法，用氯仿装柱，以氯仿：甲醇为 69：1 时开始冲柱，逐渐加大甲醇的比例而加大洗脱剂的极性，最后用甲醇冲柱。每次接 500mL，共收集 159 瓶样，经 TCL 点板分析，放置在紫外灯下检测，并结合显色检测，做好标记，合并显色结果一致的馏分，共得到 10 个馏分，用于生物活性的测定。

采用菌丝生长速率法测定黄皮乙酸乙酯相萃取物柱层析后 10 个馏分对芒果炭疽病菌的生长抑制作用，结果见表 5-18。试验结果表明，在 0.5mg/mL 浓度下，培养 5d 后，馏分 2、3 对芒果炭疽病菌菌丝抑制效果较好，抑制率分别为 93.29% 和 89.51%，对馏分 2、3 继续分离。

表 5-18　乙酸乙酯相柱层析各馏分对芒果炭疽病菌生长抑制作用①

合并馏分编号	菌落直径（$\bar{X}$±SE）/cm	抑菌率（$\bar{X}$±SE）/%	合并馏分编号	菌落直径（$\bar{X}$±SE）/cm	抑菌率（$\bar{X}$±SE）/%
1	5.86±0.03	34.63±0.56n②	7	6.35±0.03	28.65±0.48d
2	1.05±0.10	93.29±1.52l	8	4.93±0.03	45.97±0.48f
3	1.36±0.15	89.51±2.27i	9	7.05±0.08	20.12±1.30c
4	3.94±0.06	58.05±0.90k	10	6.93±0.06	21.58±0.90m
5	4.47±0.02	51.59±0.32a	CK	8.70±0.05	—
6	5.82±0.04	35.12±0.65b			

① 供试提取物浓度为 0.5mg/mL，表中数据为三次重复的平均值。

② 同列数据后标有相同字母者表示在 5%水平上差异不显著（DMRT 法）。

（2）馏分 2、3 对芒果炭疽病菌生长抑制活性

将馏分 2、3 分别上硅胶柱进行柱层析分离，正己烷：丙酮系列浓度梯度洗脱，经 TCL 点板分析，放置在紫外灯下检测，合并显色结果一致的馏分，经菌丝生长速率法测定对芒果炭疽病菌生长抑制活性，测定结果如表 5-19 所示，得活性最佳馏分 2-2、2-4 和 3-13。

表 5-19　馏分 2、3 柱层析物对芒果炭疽病菌生长抑制作用①

合并馏分编号	菌落直径（$\bar{X}$±SE）/cm	抑菌率（$\bar{X}$±SE）/%	合并馏分编号	菌落直径（$\bar{X}$±SE）/cm	抑菌率（$\bar{X}$±SE）/%
2-1	4.35±0.09	51.87±1.37h②	2-10	7.03±0.02	18.37±0.32a
2-2	2.73±0.15	72.12±2.27j	3-11	5.25±0.05	40.62±0.78i
2-3	3.97±0.07	56.62±1.04gh	3-12	3.68±0.08	60.25±1.30d
2-4	1.71±0.12	84.87±1.84f	3-13	2.05±0.10	80.62±1.52ab
2-5	3.24±0.09	65.75±1.42d	3-14	2.79±0.06	71.37±0.90ab
2-6	5.08±0.17	42.75±2.60e	3-15	4.08±0.09	55.25±1.45ef
2-7	5.90±0.08	32.90±1.28b	3-16	5.50±0.08	37.50±1.19fg
2-8	6.38±0.24	26.50±5.36h	CK	8.50±0.06	—
2-9	6.75±0.10	21.87±1.56c			

① 供试提取物浓度为 0.3mg/mL，表中数据为三次重复的平均值。
② 同列数据后标有相同字母者表示在 5%水平上差异不显著（DMRT 法）。

将馏分 2-4 和 3-13 分别进行多次硅胶柱层析和丙酮凝胶柱分离，点板合并，最终从中分离得到无色透明片状结晶。活性化合物核磁共振分析，鉴定该化合物为 *N*-甲基-桂皮酰胺。

二、*N*-甲基-桂皮酰胺的抑菌活性

1. 对芒果炭疽病菌菌丝生长的抑制作用

采用菌丝生长速率法对芒果炭疽病菌进行了抑菌活性研究，结果（见表 5-20）表明，不同浓度的化合物对芒果炭疽病菌的菌丝生长都有抑制作用，在供试浓度为 200μg/mL，处理 5d 后，抑菌率为 94.82%，在 100μg/mL 时，抑菌率亦达到 69.72%。

表 5-20　*N*-甲基-桂皮酰胺对芒果炭疽病菌抑制作用①

浓度/(μg/mL)	菌落直径（$\bar{X}$±SE）/cm	抑菌率（$\bar{X}$±SE）/%	浓度/(μg/mL)	菌落直径（$\bar{X}$±SE）/cm	抑菌率（$\bar{X}$±SE）/%
200	0.90±0.05	94.82±0.78a②	50	5.12±0.03	40.23±0.43d
150	1.40±0.02	88.36±0.32b	25	5.79±0.08	31.56±1.30e
100	2.84±0.03	69.72±0.38c	CK	8.23±0.02	—

① 表中数据为三次重复的平均值。
② 同列数据后标有相同字母者表示在 5%水平上差异不显著（DMRT 法）。

2. 对照药剂多菌灵对芒果炭疽病菌菌丝生长的抑制作用

采用菌丝生长速率法对芒果炭疽病菌进行了抑菌活性研究，结果（见表 5-21）表明，不同浓度的多菌灵对芒果炭疽病原菌的菌丝生长都有抑制作用，在供试浓度为 50μg/mL，处理 5d 后，抑菌率为 94.77%，在 6.125μg/mL 时，抑菌率亦达到 53.39%。

表 5-21　多菌灵对芒果炭疽病菌菌丝生长的抑制作用[①]

浓度/(μg/mL)	菌落直径($\bar{X}$±SE)/cm	抑菌率($\bar{X}$±SE)/%	浓度/(μg/mL)	菌落直径($\bar{X}$±SE)/cm	抑菌率($\bar{X}$±SE)/%
100	0.60±0.05	98.69±0.28a[②]	12.5	2.98±0.03	67.58±0.48d
50	0.91±0.02	94.77±0.32b	6.125	4.05±0.08	53.39±1.30e
25	1.72±0.04	84.05±0.48c	CK	8.15±0.02	—

① 表中数据为三次重复的平均值。

② 同列数据后标有相同字母者表示在 5%水平上差异不显著（DMRT 法）。

3. *N*-甲基-桂皮酰胺与多菌灵对芒果炭疽病菌的毒力

比较了 *N*-甲基-桂皮酰胺与多菌灵对芒果炭疽病菌的毒力，*N*-甲基-桂皮酰胺与多菌灵对芒果炭疽病菌的 EC_{50} 分别为 56.29μg/mL 和 6.13μg/mL（表 5-22）。

表 5-22　*N*-甲基-桂皮酰胺与多菌灵对芒果炭疽病菌的毒力

处理	毒力回归方程	相关系数	EC_{50}/(μg/mL)	95%置信限/(μg/mL)
N-甲基-桂皮酰胺	y=1.48514+2.00796x	0.9775	56.29	25.716～123.229
多菌灵	y=4.0094+1.2576x	0.9955	6.13	1.7448～21.558

三、活性成分抑菌作用机理的初步研究

1. 活性成分对炭疽病菌菌丝体形态的影响

经 *N*-甲基-桂皮酰胺 80μg/mL 浓度处理 5d 后，在显微镜下可观察到柑橘炭疽病菌和芒果炭疽病菌菌丝体异常，不规则膨大，菌丝顶端分枝增加，而未经 *N*-甲基-桂皮酰胺处理的空白对照的菌丝形态正常增加（见图 5-5）。

2. *N*-甲基-桂皮酰胺对芒果炭疽病菌可溶性蛋白含量的影响

通过紫外可见分光光度计测得蛋白标样的 OD 值见表 5-23，根据所测得的 OD 值制得的标准曲线见图 5-6，根据标准曲线求得的各样品的蛋白质含量见表 5-24，结果显示，各处理浓度下菌丝体内的可溶性蛋白含量较对照明显下降，并且随着

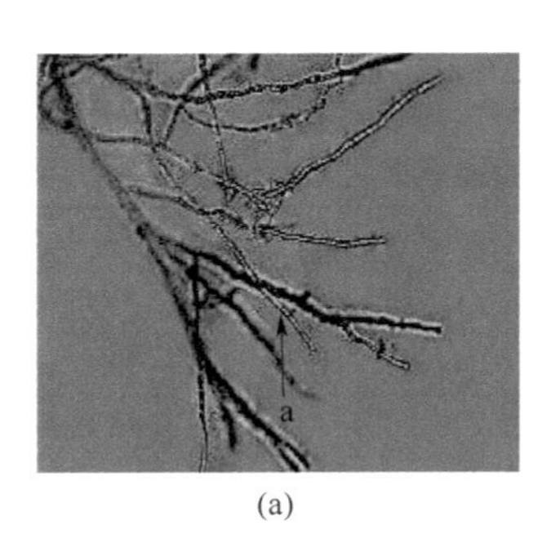

(a)

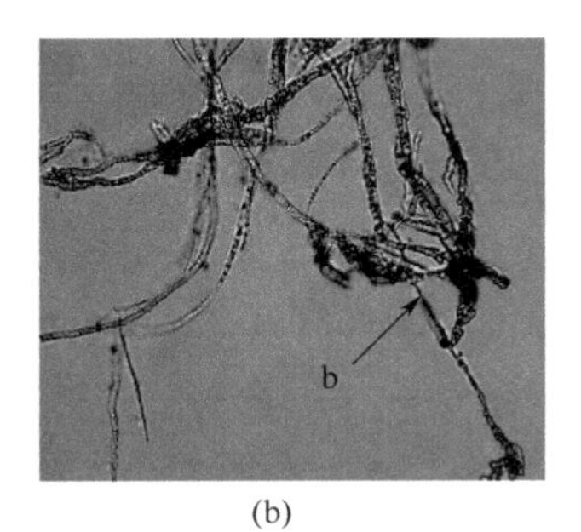

(b)

图 5-5

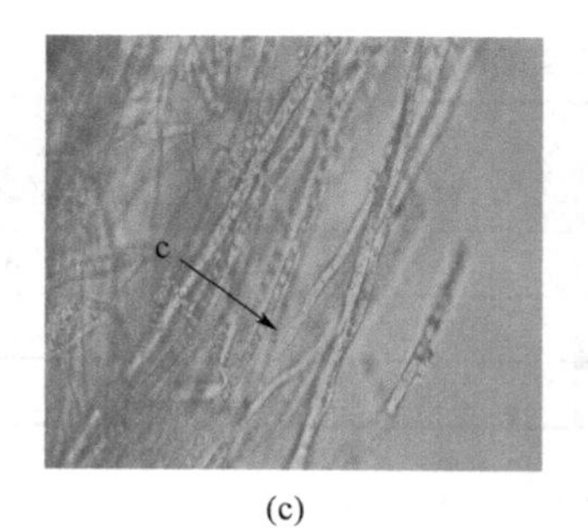

(c)

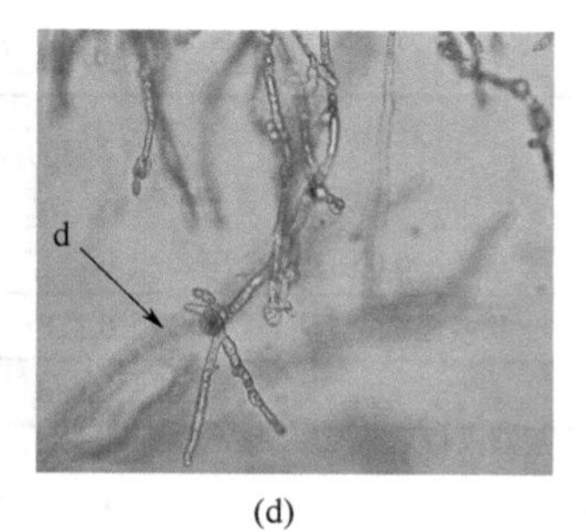

(d)

图 5-5　*N*-甲基-桂皮酰胺（80μg/mL）处理对柑橘和芒果炭疽病菌菌丝体形态的影响（×400）

a，c：对照组正常生长的菌丝；b，d：处理组异常生长的菌丝

表 5-23　可溶性蛋白标准曲线制作

管号	1	2	3	4	5	6
蛋白质含量/μg	0	20	40	60	80	100
OD 值	0	0.1378	0.2732	0.3970	0.5026	0.6486

处理浓度的升高，可溶性蛋白含量越低，可以推测出干扰蛋白质的合成可能是活性成分发挥抑菌作用的途径之一。

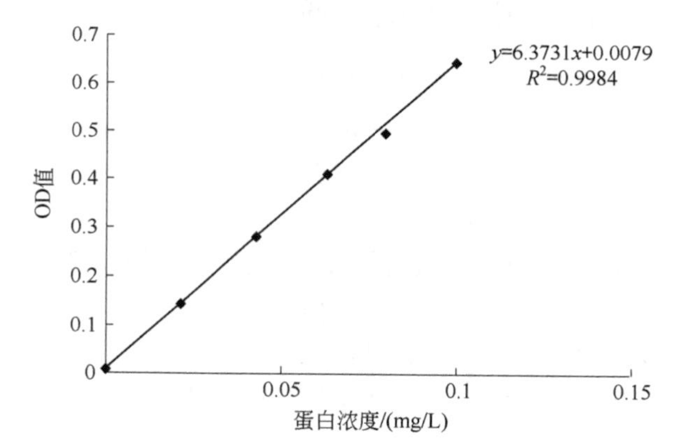

图 5-6　可溶性蛋白标准曲线图

表 5-24　*N*-甲基-桂皮酰胺对芒果炭疽病菌可溶性蛋白含量的影响

处理浓度/(g/L)	OD 值	样品总蛋白质含量/μg	蛋白抑制率/%
CK	0.1073	311.94±1.58	—
50	0.0875	249.80±2.41	19.92±0.15a
100	0.0611	166.96±0.78	46.48±0.31b
150	0.0362	88.82±1.89	71.53±0.06c

注：表中数据为三次重复的平均值。

3. *N*-甲基-桂皮酰胺和多菌灵对芒果炭疽病菌总糖含量影响

采用蒽铜-浓硫酸法测定多菌灵和 *N*-甲基-桂皮酰胺不同浓度处理后芒果炭疽病菌菌丝的含糖量，结果如图 5-7 所示，多菌灵对芒果炭疽病菌总糖含量的影响要高于 *N*-甲基-桂皮酰胺，但随着浓度的加大，差距减小。各处理浓度下菌丝体内的总糖含量均低于对照，处理浓度越高，总糖含量越低，这表明 *N*-甲基-桂皮酰胺和多菌灵抑制了芒果炭疽病菌菌丝体内的总糖合成。可以推测出活性化合物处理后，菌丝体总糖含量降低，病原真菌赖以生存的能量供应不足，从而影响菌丝体的生长、分生孢子的形成。

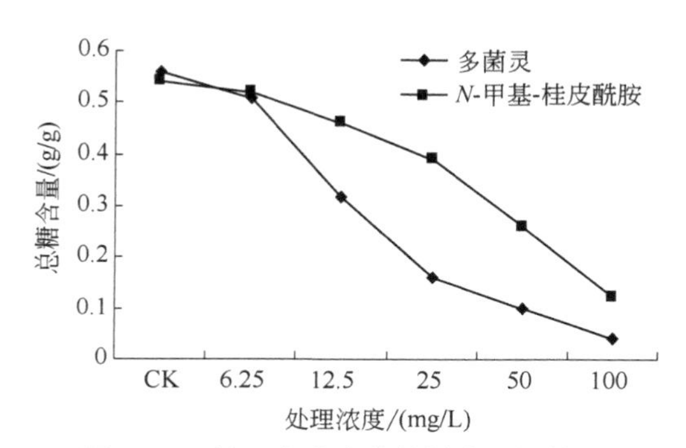

图 5-7　芒果炭疽病菌总糖含量折线图

4. *N*-甲基-桂皮酰胺和多菌灵对芒果的活体保鲜效果

（1）*N*-甲基-桂皮酰胺和多菌灵对芒果保鲜效果的比较

从表 5-25 和图 5-8 可以看出 *N*-甲基-桂皮酰胺和多菌灵对芒果贮藏保鲜具有明显的效果，当贮藏 5 天时，对照感病率达 28.57%，而 *N*-甲基-桂皮酰胺处理的芒果病率为 6.67%，多菌灵处理未感病。10 天对照感病率达 54.60%，*N*-甲基-桂皮酰胺和多菌灵处理感病率分别 20.52%和 10.43%。随着时间的延长，*N*-甲基-桂皮酰胺和多菌灵基本失去保鲜的价值。

表 5-25　*N*-甲基-桂皮酰胺和多菌灵处理组芒果发病率

处理天数/d	对照发病率/%	*N*-甲基-桂皮酰胺处理发病率/%	多菌灵处理发病率/%
0	0	0	0
5	28.57±1.41	6.67±1.45	0
10	54.60±0.23	20.52±0.78	10.43±1.59
15	88.89±1.02	45.41±0.26	25.32±2.63
20	100±0.00	76.34±2.43	55.56±1.49

注：1. 表中数据为三次重复的平均值。

2. 化合物 *N*-甲基-桂皮酰胺和多菌灵浓度都为 0.1mg/mL。

(a) (b)

(c) (d)

图 5-8　*N*-甲基-桂皮酰胺和多菌灵处理 20 天后保鲜效果图

（a）为清水对照；（b）为 *N*-甲基-桂皮酰胺处理；（c）为多菌灵处理；（d）为处理前芒果
N-甲基-桂皮酰胺处理浓度为 0.1mg/mL；多菌灵处理浓度为 0.1mg/mL

（2）*N*-甲基-桂皮酰胺和多菌灵对芒果 POD 酶活力的影响

POD 酶是植物活性氧代谢中活性氧清除系统的一种重要酶类，其可使植物细胞免遭膜脂过氧化作用引起的伤害。同时 POD 酶也是木质素生物合成中最后一步的关键酶，木质素的积累及酚类物质和植保素的合成增强果实的抗病机制，减少果实的褐变。POD 活性相对升高，在一定程度上可以延缓果实的衰老，避免过成熟化。由折线图可以看出，对照和处理组的芒果 POD 酶活性在前 6 天处于下降趋势，此后迅速上升，至第 9 天达到峰值，而对照芒果的 POD 酶活性一直处于较低的水平。6 天后随着病斑的扩展，对照的 POD 酶活性也有所上升，但活性显著低于多菌灵处理组和 *N*-甲基-桂皮酰胺处理组（图 5-9）。这有可能说明经过多菌灵处理或者 *N*-甲基-桂皮酰胺处理诱导 POD 酶活性上升，多菌灵的诱导作用要强

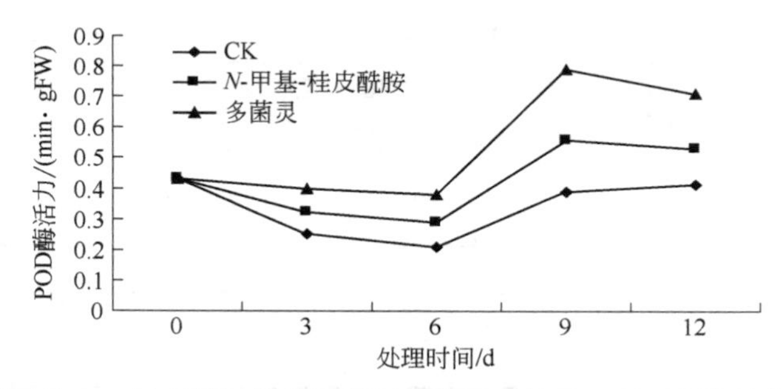

图 5-9　*N*-甲基-桂皮酰胺和多菌灵对芒果 POD 酶的影响

POD 酶活力在 OD_{470} 条件下测得

于*N*-甲基-桂皮酰胺，因而其有较好的抑菌保鲜效果。

结论如下：

① 黄皮的甲醇提取物对芒果炭疽病菌等 8 种水果病原真菌的菌丝生长具有抑制作用。测定结果表明，黄皮果核甲醇提取物在 10mg/mL 浓度时，对芒果炭疽病菌（*Colletotrichum gloeosporioides* Penz）、荔枝炭疽病菌（*Colletotrichum gloeosporioides* Penz）、西瓜枯萎病菌（*Fusarium oxysporum* f.sp.*niveum*）、香蕉枯萎病菌（*Fusarium oxysporum* f.sp.*cubense*）菌丝生长的抑制率较好，分别达到 91.42%、78.66%、74.16%和 82.93%。尤其是对芒果炭疽病菌生长的抑制作用明显高于对其他病菌的抑制作用。生测结果显示，黄皮果核甲醇提取物对荔枝霜疫霉病菌（*Peronophythora litchi* Chen）、芒果蒂腐病菌（*Diplodina* sp.）、香蕉冠腐病菌（*Fusarium* sp.）、柑橘青霉病菌（*Penicillium italicum* Wehmer）也有一定的抑制作用。

② 黄皮果核甲醇提取物对芒果炭疽病菌菌丝体生长有很强的抑制作用，培养 5d 后，黄皮果核甲醇提取物对这种菌的 EC_{50} 值为 1.24mg/mL。同时，黄皮果核甲醇提取物对芒果炭疽病菌分生孢子萌发也显示了较好的抑制活性，2mg/mL 的浓度下对孢子的萌发抑制率达到了 85.37%，EC_{50} 值为 0.308mg/mL。

③ *N*-甲基-桂皮酰胺对芒果炭疽病菌的菌丝体生长有较强的抑制作用，EC_{50} 值为 56.29μg/mL。

④ 机理研究表明，经活性成分 80μg/mL 浓度处理 5d 后，芒果炭疽病菌分生孢子的数量较对照明显减少，经*N*-甲基-桂皮酰胺处理的菌丝体异常，出现肿胀现象。各处理浓度下菌丝体内的可溶性蛋白含量、总糖含量较对照明显下降，并且随着处理浓度的升高，可溶性蛋白、总糖含量越低，可以推测出*N*-甲基-桂皮酰胺处理后，抑制蛋白质的合成或使蛋白质变性，蛋白质含量降低；总糖含量的降低，使得病原真菌赖以生存的能量供应不足，从而影响菌丝的生长、分生孢子的形成。

⑤ *N*-甲基-桂皮酰胺对芒果具有良好的保鲜效果，0.1mg/mL 浓度处理，10 天后生测结果：清水对照组的发病率为 54.60%，*N*-甲基-桂皮酰胺组为 20.52%，多菌灵组为 10.43%。通过对芒果 POD 酶活性测定发现，*N*-甲基-桂皮酰胺和多菌灵组的 POD 酶活性明显高于清水对照组，原因可能是药剂处理诱导 POD 酶活性升高。

第三节　黄皮新肉桂酰胺 B 对烟草青枯菌的抑制作用

烟草青枯病是烟草病害中最为严重的一种土传性细菌病害之一，主要由青枯雷尔氏菌(*Ralstonia solanacearum* E.F Smith)引起[5]。烟草青枯菌主要从植株根部侵入，并分泌果胶酶和胞外多糖，主要危害烟草茎和叶。烟草植株被青枯菌侵染后外观上表现最为明显的症状是萎蔫和黄化，其内部常见症状是维管束变色，使木质部腐烂变褐，阻止水分的运输。由于对木质部和周围组织的破坏和降解最终导致烟株枯萎死亡。本节主要介绍黄皮新肉桂酰胺 B 对烟草青枯菌的室内活性，并运用盆栽试验验证黄皮新肉桂酰胺 B 对烟草青枯病的防治效果，以期为开发有效防治烟草青枯病的新药提供一定的理论基础和科学依据。

供试的烟草品种为 K326，烟草青枯菌由广东省农业科学研究院植物保护研究所的何自福研究员提供。

采用双层平板稀释法测定黄皮新肉桂酰胺 B 对烟草青枯菌的最低抑制浓度（MIC），采用盆栽试验测试黄皮新肉桂酰胺 B 对烟草青枯病的防治效果。烟草青枯病分级参考 YC/T 39—1996《烟草病害分级及调查方法》。

一、黄皮新肉桂酰胺 B 对烟草青枯菌的活性

1. 黄皮新肉桂酰胺 B 对烟草青枯菌的毒力

黄皮新肉桂酰胺 B 对烟草青枯菌的抑制活性试验发现黄皮新肉桂酰胺 B 对烟草青枯菌具有良好的抑制活性，毒力测定结果见表 5-26 和图 5-10。

表 5-26　黄皮新肉桂酰胺 B 对烟草青枯菌的 EC_{50} 和 EC_{90}

回归方程	EC_{50}/（mg/L）	95%置信区间/（mg/L）	EC_{90}/（mg/L）	95%置信区间/（mg/L）	相关系数
y=5.1842x−3.7540	48.82	42.87～55.59	86.26	77.58～95.59	0.9956

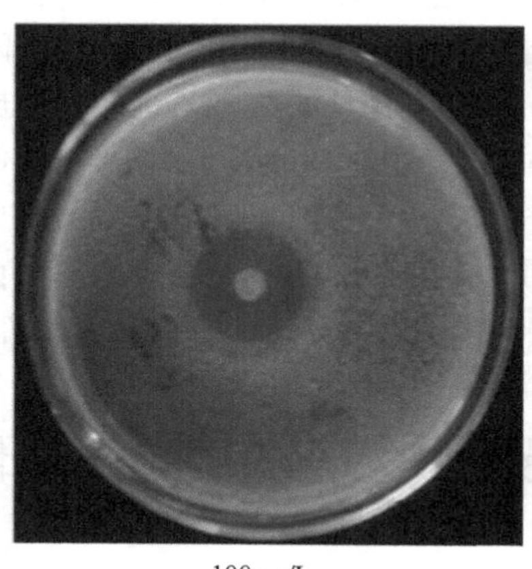

100mg/L

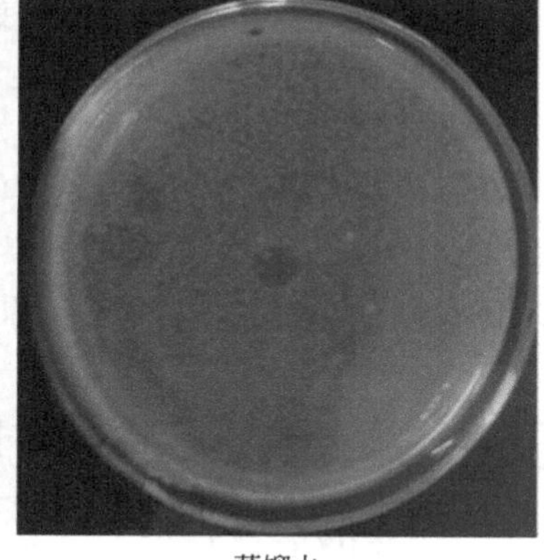

蒸馏水

图 5-10　100mg/L 黄皮新肉桂酰胺 B 对烟草青枯菌生长的抑制情况

从表 5-26 和图 5-10 可以明显看出黄皮新肉桂酰胺 B 在 100 mg/L 的浓度下对

烟草青枯菌的抑制作用十分明显，抑菌圈远大于蒸馏水对照。黄皮新肉桂酰胺 B 对烟草青枯菌具有较好抑制作用，且其抑制活性随浓度的增加而增加，呈显著的线性相关，其相关系数为 0.9956。从表 5-26 中可知黄皮新肉桂酰胺 B 抑制烟草青枯菌的 EC_{50} 和 EC_{90} 分别为 48.82mg/L 和 86.26mg/L，且 95%置信区间分别为 42.87～55.59mg/L、77.58～95.59mg/L，表明黄皮新肉桂酰胺 B 对烟草青枯菌具有较高的抑制活性。

2. 黄皮新肉桂酰胺 B 对烟草青枯菌的最低抑制浓度

采用双层平板稀释法测定了黄皮新肉桂酰胺 B 对烟草青枯菌的最低抑制浓度，在 25～200mg/L 的浓度范围内的抑制情况见图 5-11 和表 5-27。

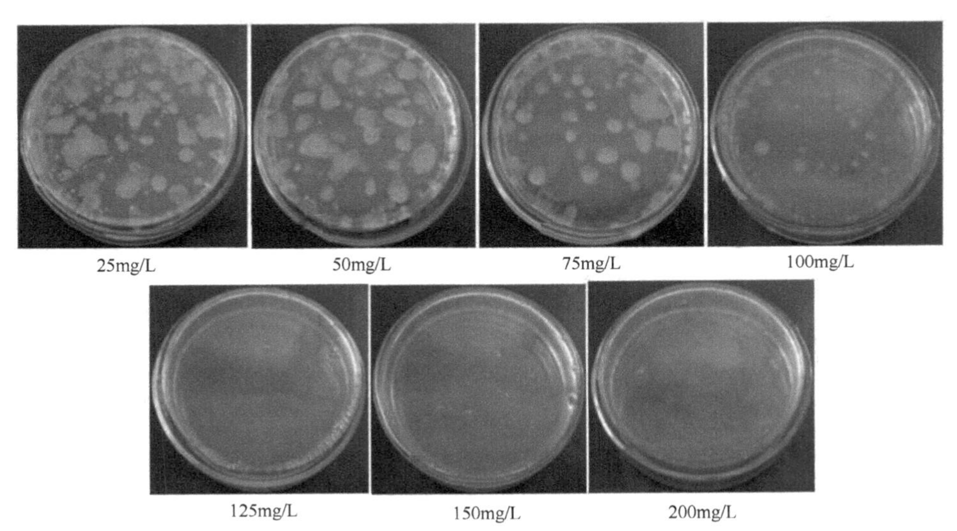

图 5-11　25～200mg/L 的黄皮新肉桂酰胺 B 处理后的烟草青枯菌菌落生长情况

表 5-27　黄皮新肉桂酰胺 B 处理后的烟草青枯菌菌落生长情况

浓度/（mg/L）	菌落生长情况	浓度/（mg/L）	菌落生长情况
25	++	125	—
50	++	150	—
75	+	200	—
100	+		

“—”表示没有菌落生长；“+”表示有菌落生长，“++”表示菌落生长较多。

从图 5-11 和表 5-27 中可以明显看出随着黄皮新肉桂酰胺 B 浓度的增加平板中菌落数逐渐减少，当浓度达到 125 mg/L 时已经完全没有菌落可见。测试结果显示黄皮新肉桂酰胺 B 浓度为 125mg/L 时可以完全抑制烟草青枯菌的生长，即黄皮新肉桂酰胺 B 对烟草青枯菌的最低抑制浓度为 125mg/L[6]。

二、黄皮新肉桂酰胺 B 对烟草青枯病的防治效果

以人工室内培养的烟苗为研究对象，用伤根接种法使长势一致的烟苗感染青枯病，然后在接种烟草青枯菌后的第 3 天开始用 100mg/L 的黄皮新肉桂酰胺 B 和农用链霉素进行灌根处理，根据病情指数测试黄皮新肉桂酰胺 B 对烟草青枯菌的防治效果，分别调查了处理后 7d、14d 和 21d 的防治效果，其防治效果见表 5-28。

表 5-28　黄皮新肉桂酰胺 B 对烟草青枯病的防治效果

处理	浓度/（mg/L）	灌根处理后 7d		灌根处理后 14d		灌根处理后 21d	
		病情指数	防治效果/%	病情指数	防治效果/%	病情指数	防治效果/%
黄皮新肉桂酰胺 B	100	2.08	95.84	4.17	91.67	6.81	86.38
农用链霉素	100	48.57	2.86	70.13	14.29	97.76	2.24
对照	—	50	—	81.82	—	100	—

经过对用 100mg/L 的黄皮新肉桂酰胺 B 和农用链霉素处理后 7d、14d 和 21d 的烟草发病情况进行调查，从表 5-28 中可以看出，100mg/L 的黄皮新肉桂酰胺 B 和农用链霉素对烟草青枯病的防治效果差异较为明显。用 100mg/L 的黄皮新肉桂酰胺 B 在接种烟草青枯菌 3d 后灌根处理，在 7d、14d 和 21d 的防治效果分别为 95.84%、91.67%和 86.38%，而用 100mg/L 的农用链霉素灌根处理后，在 7d、14d 和 21d 的防治效果分别为 2.86%、14.29%和 2.24%。显然黄皮新肉桂酰胺 B 对烟草青枯病的防治更为有效，且在灌根处理 21d 后防治效果是农用链霉素的近 40 倍，说明黄皮新肉桂酰胺 B 对烟草青枯病具有较好防效，且持效期相对较长，是一种有效防治烟草青枯病的新型植物源药剂，具有较好的开发潜力[7]。

结论如下：

本研究发现黄皮新肉桂酰胺 B 是防治烟草青枯病的一种效果较好的化合物。黄皮新肉桂酰胺 B 能在 125mg/L 的浓度下完全抑制烟草青枯菌在平板培养基中的生长，它具有开发成为一种植物性杀菌剂的巨大潜在价值，可作为一种先导化合物进行防治烟草青枯病药剂的开发研究。

烟草被青枯菌侵染以后，在其维管束变黑之前使用黄皮新肉桂酰胺 B 可以有效控制其病情发展。在室内研究中发现，在室内接种青枯菌 3d 后使用 100mg/L 的黄皮新肉桂酰胺 B 灌根处理烟株，在 7d、14d 和 21d 防治效果分别为 95.84%、91.67%和 86.38%。与现在烟叶生产中用于防治烟草青枯病的常用药剂农用链霉素相比，黄皮新肉桂酰胺 B 具有更好的防治效果。在同样的实验条件下，使用农用链霉素处理烟株后 7d、14d 和 21d 的防治效果分别为 2.86%、14.29%和 2.24%。在处理 21d 后黄皮新肉桂酰胺 B 的防治效果是农用链霉素的近 40 倍，黄皮新肉

桂酰胺 B 药效更为持久，在烟草青枯病防治中优势较为明显。

总体而言，黄皮新肉桂酰胺 B 在防治烟草青枯病方面具有较好的效果，是一种具有较大应用前景的植物源抗菌剂。然而所有这些结果仅仅是在室内完成的，在田间防治效果和各烟区的防治效果并未做具体药效试验；在不同的烟草品种、不同的烟草种植区及不同的气候条件下的防治效果研究还有待进一步完善。此外在类似黄皮新肉桂酰胺 B 的化合物的化学合成方面和定量结构活性关系等方面需要深入研究，还应对其抑制烟草青枯菌的作用机理方面进行更深入的研究。

第四节　黄皮新肉桂酰胺 B 及诱导剂诱导烟草抗青枯病活性生理生化研究

对两种不同抗青枯病水平的烟草品种（如抗性品种粤烟 97 和敏感品种长脖黄），进行接青枯菌、BTH 和黄皮新肉桂酰胺 B 三种处理，研究和分析不同抗性水平烟草品种的生理生化指标变化以及代谢组分差异，旨在探讨黄皮新肉桂酰胺 B 对烟草诱导抗青枯病的机理，以期获得与抗病相关的代谢物质。

一、不同诱抗处理对不同抗性水平烟草光合作用指标的影响

1. 不同诱抗处理对烟草净光合速率的影响

植物通过光合作用把无机物转化成有机物，并把光能转化成化学能储存于有机物中。光合速率越强，说明植株利用 CO_2 的能力越强，形成的物质越多，其生长速率就越快。

粤烟 97 品种经过不同处理后，烟草净光合速率（Pn）间存在差异（图 5-12）。接青枯菌处理后，抑制烟草进行光合作用；烟叶喷施 BTH 和黄皮新肉桂酰胺 B（LB）后，并未提高粤烟 97 的光合速率，相应地低于对照组的净光合速率。长脖

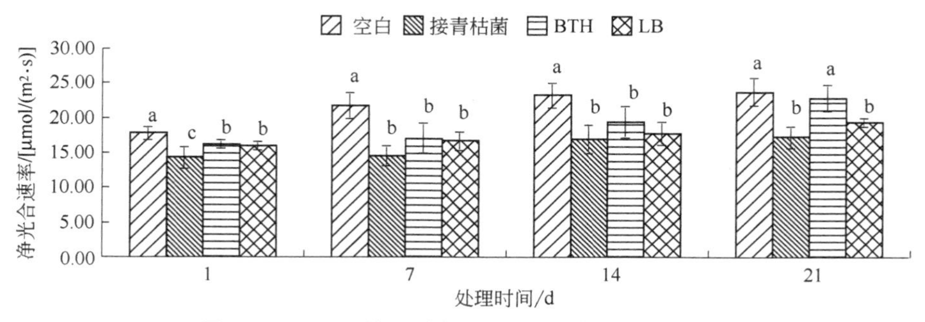

图 5-12　不同处理对粤烟 97 净光合速率的影响

黄品种经过不同处理后，烟草净光合速率间存在差异（图 5-13）。其中处理后第 7d，接青枯菌组、BTH 处理组、黄皮新肉桂酰胺 B 处理组的净光合速率显著高于对照组，随着时间延长各处理组间净光合速率差异不显著。

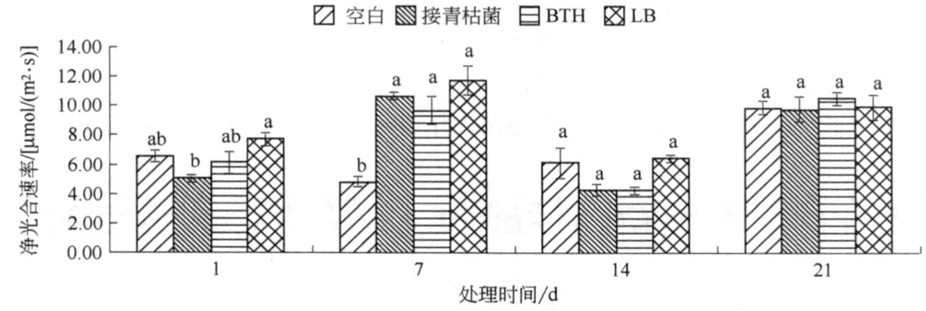

图 5-13　不同处理对长脖黄净光合速率的影响

对比图 5-12 和图 5-13，得知粤烟 97 品种净光合速率在整体上均要高于长脖黄品种，而粤烟 97 品种抗青枯病能力强于长脖黄。因此，烟草品种净光合速率越强，其抗青枯病的能力也越强。

2. 不同诱抗处理对烟草胞间 CO_2 浓度的影响

CO_2 是植物进行光合作用制造有机物质的原料，大气中 CO_2 的含量对叶片光合作用有直接影响，叶片的胞间 CO_2 浓度（Ci）越高，气孔内外 CO_2 浓度差越小，气孔能吸收的 CO_2 越少，光合速率越低。但也有相关研究表明，净光合速率与胞间 CO_2 浓度呈正相关或者不相关。

粤烟 97 品种经不同处理后的胞间 CO_2 浓度变化见图 5-14。其中接青枯菌处理后，胞间 CO_2 浓度最大，变化规律与净光合速率呈负相关；各处理组间胞间 CO_2 浓度随着时间延长呈降低趋势。长脖黄品种经过不同处理后的胞间 CO_2 浓度变化见图 5-15，其变化规律与净光合速率呈明显的负相关，在测定的第 7d、21d，各处理组的胞间 CO_2 浓度均低于第 1d、14d 的胞间 CO_2 浓度。

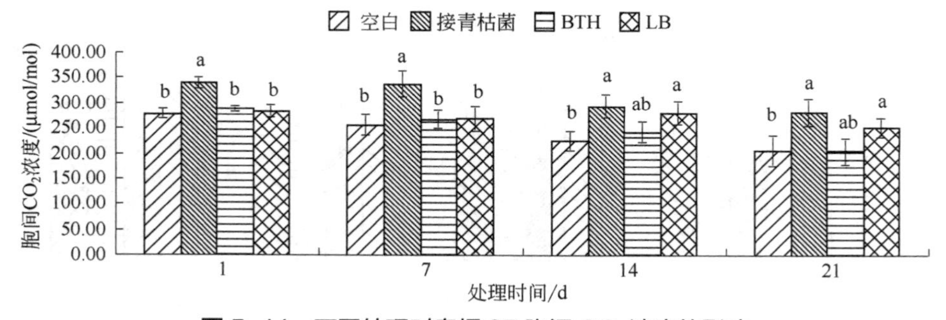

图 5-14　不同处理对粤烟 97 胞间 CO_2 浓度的影响

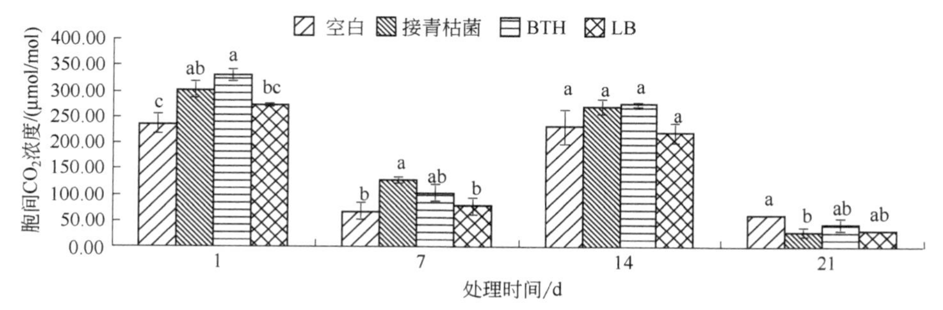

图 5-15　不同处理对长脖黄胞间 CO_2 浓度的影响

对比图 5-14 和图 5-15，粤烟 97 品种的胞间 CO_2 浓度总体要高于长脖黄品种，并且长脖黄品种的胞间 CO_2 浓度变化随净光合速率的变化更明显。尽管粤烟 97 品种的净光合速率高于长脖黄品种，但其胞间 CO_2 浓度并未低于长脖黄品种的胞间 CO_2 浓度，与前文所提叶片胞间 CO_2 浓度越高，光合速率越低不符。说明不同抗病性烟草品种，光合作用不仅与胞间 CO_2 浓度有关，可能还与气孔导度、蒸腾速率、叶肉细胞的光合活性等因素有关。

3. 不同诱抗处理对烟草气孔导度的影响

气孔是植物体内外气体交换的重要门户，植物通过调节气孔孔径的大小控制植物光合作用中 CO_2 吸收和蒸腾过程中水分的散失，气孔导度（Gs）的大小与光合及蒸腾速率紧密相关。因此，气孔作为连接生态系统碳循环的结合点，其大小直接反映植物生理活性的强弱。

粤烟 97 品种经过不同处理后的气孔导度变化见图 5-16。不同处理后均使气孔导度低于对照组，其变化规律与净光合速率变化一致。长脖黄品种接青枯菌组、BTH 处理组、黄皮新肉桂酰胺 B 处理组在第 1d、7d 时，气孔导度高于对照组，随测定时间延长而逐渐降低，其变化规律并未与净光合速率变化一致（图 5-17）。

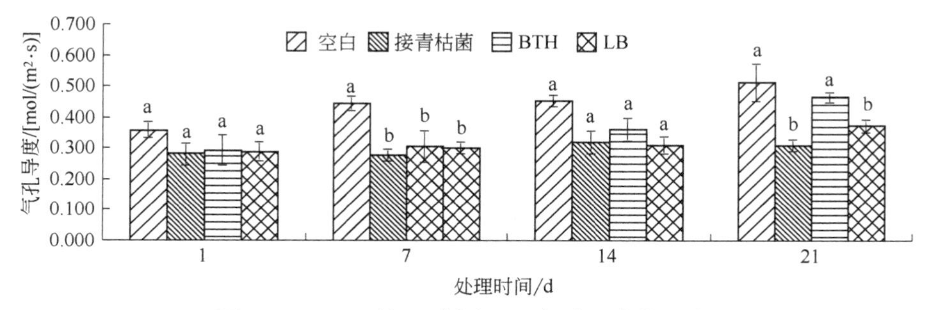

图 5-16　不同处理对粤烟 97 气孔导度的影响

对比图 5-16 和图 5-17，粤烟 97 品种的气孔导度总体要高于长脖黄品种，因此，可以说明粤烟 97 品种的净光合速率、胞间 CO_2 浓度高于长脖黄，可能与其气孔导度有关。

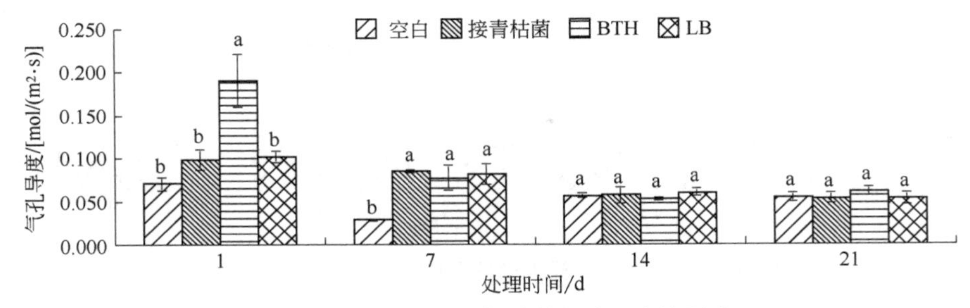

图 5-17 不同处理对长脖黄气孔导度的影响

4. 不同诱抗处理对烟草蒸腾速率的影响

植物通过蒸腾作用促进体内水分及无机盐的运输，促进根部对矿质离子的吸收，降低植物叶片表面的温度，为大气提供大量的水蒸气，使当地的空气保持湿润，使气温降低，让当地的雨水充沛，形成良性循环。

粤烟 97 品种经过不同处理后的蒸腾速率（Tr）变化见图 5-18。不同处理组的蒸腾速率随着时间延长而增大，不同处理后均使气孔导度低于对照组，其变化规律与净光合速率变化一致。长脖黄品种经过不同处理后的蒸腾速率变化见图 5-19，不同处理组的蒸腾速率变化规律与其气孔导度变化规律一致。

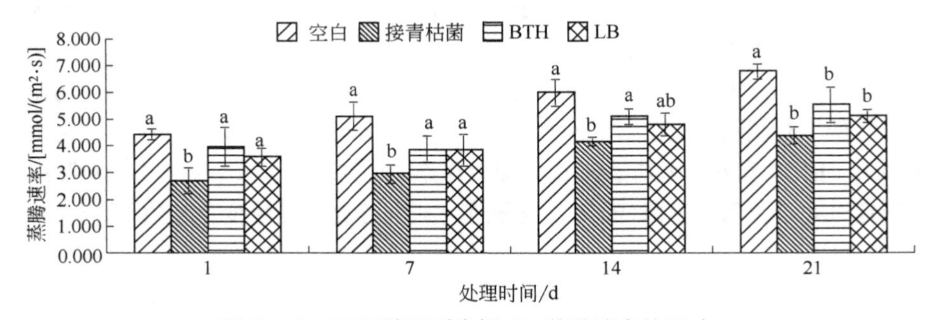

图 5-18 不同处理对粤烟 97 蒸腾速率的影响

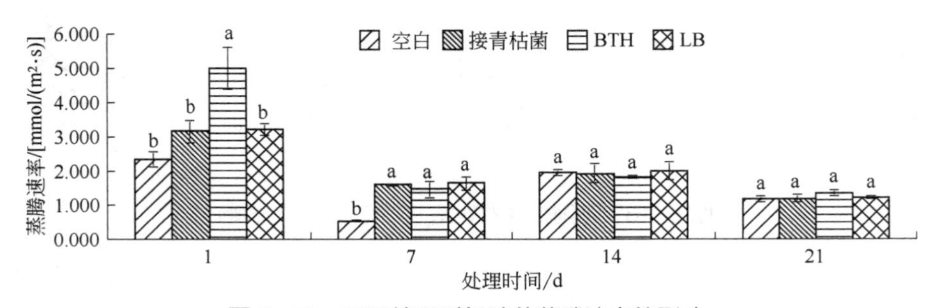

图 5-19 不同处理对长脖黄蒸腾速率的影响

对比图 5-18 和图 5-19，粤烟 97 品种的蒸腾速率总体要大于长脖黄品种，且在第 1d、7d 时，接青枯菌处理、BTH 诱导、黄皮新肉桂酰胺 B 诱导均会提高长脖黄品种的蒸腾速率，而在粤烟 97 中并未出现相同现象。

二、不同诱抗处理对不同抗性水平烟草防御性酶活性的影响

1. 不同诱抗处理对烟草 PAL 活性的影响

苯丙氨酸解氨酶（phenylalanine ammonialyase，PAL）在植物体内是苯丙烷类代谢途径的关键酶和限速酶，催化 L-苯丙氨酸脱氨生成反式肉桂酸（合成各种酚类及木质素的前体物质），因而调控与植物抗病有关的酚类物质和木质素在植物体中的合成和积累。已有研究表明，PAL 活性与植物抗病性呈正相关。

不同处理对粤烟 97 PAL 酶活性变化如图 5-20。三个处理组的 PAL 活性均在第 5d 时酶活性达到最大。第 5d 时黄皮新肉桂酰胺 B（LB）处理组酶活性为 9.00(U·g)/min，空白对照组酶活性为 5.88(U·g)/min，黄皮新肉桂酰胺 B 处理组酶活是对照组酶活性的 1.53 倍。然后随着时间延长，酶活性逐渐降低，但酶活性均高于空白对照组。处理后第 1d、3d，各处理组间酶活性差异不显著；处理后第 5d，BTH、黄皮新肉桂酰胺 B 处理组和接青枯菌处理组的酶活性均显著高于对照组；处理后第 7d、9d，黄皮新肉桂酰胺 B 处理组与其余处理组差异显著；处理后第 11d，接青枯菌组的酶活性显著低于其余处理组。结果表明，黄皮新肉桂酰胺 B、BTH 以及接青枯菌处理均能在前期显著提高粤烟 97 烟叶的 PAL 的活性，增强植物抗病物质的形成，随着时间延长接青枯菌处理组酶活性低于对照组，使植株感病而逐渐死亡。

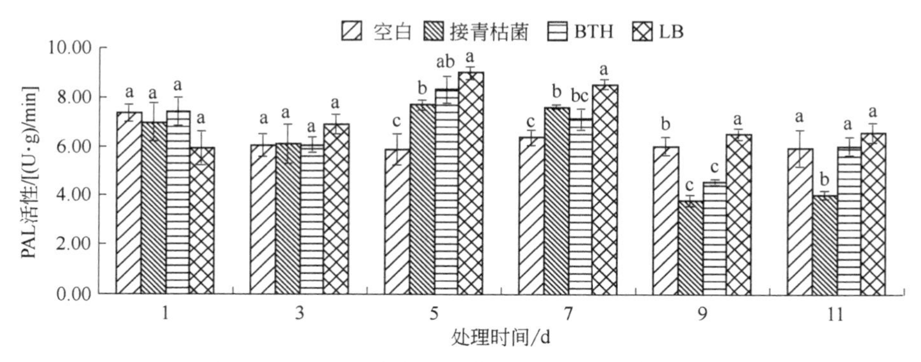

图 5-20 不同处理对粤烟 97 PAL 活性的影响

不同处理对长脖黄 PAL 酶活性变化如图 5-21。各处理组的 PAL 活性变化动态并未出现与粤烟 97 品种相同的规律，可能与其品种本身抗青枯病能力较弱有

关。其中 BTH 处理组的 PAL 活性在第 1d、7d 和 11d 时，显著高于其余处理组的 PAL 活性；黄皮新肉桂酰胺 B 处理组的 PAL 活性在第 9d 和 11d 时，显著高于对照组；接青枯菌处理组的 PAL 活性在第 3d 和 11d 时，显著高于对照组的酶活性，其余时间酶活性低于对照组。结果表明，诱导剂处理后，在前期对长脖黄的 PAL 活性影响不大，在后期时有相应的刺激作用，其中以 BTH 效果最佳；接青枯菌处理在前期能显著提高长脖黄的 PAL 活性，随着时间延长抑制其酶活性。

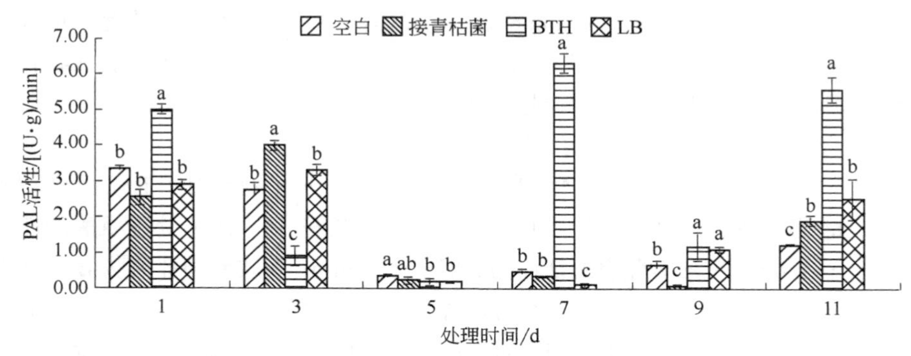

图 5-21　不同处理对长脖黄 PAL 活性的影响

2. 不同诱抗处理对烟草 SOD 活性的影响

超氧化物歧化酶（superoxide dismutase，SOD）作为植物体内活性氧清除系统重要保护酶之一，能清除超氧化物阴离子自由基，提高植物抗逆性。

从图 5-22 可知，三个处理组对粤烟 97 的 SOD 活性均在第 5d 时达到最大，接青枯菌组、BTH 与黄皮新肉桂酰胺 B 处理组的酶活性均显著高于对照组酶活。随着时间延长，接青枯菌组的酶活性逐渐低于其余处理组。由此得知，粤烟 97 在受到青枯菌侵害后或诱导剂诱导后均能使 SOD 酶活性迅速被激活，从而达到提高植物抗性或阻止病原菌造成伤害的目的。

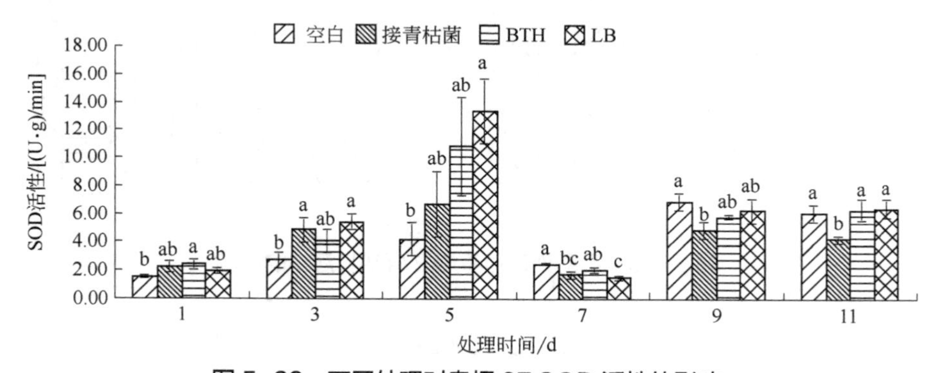

图 5-22　不同处理对粤烟 97 SOD 活性的影响

从图 5-23 可知，各处理组对长脖黄的 SOD 活性影响并不明显，接青枯菌组在第 5d，其酶活性显著高于对照组，其余时间各处理组与对照组间酶活性差异不显著。结果表明，长脖黄在使用诱导剂诱导后并未使 SOD 酶活性迅速被激活，从而使其抵抗青枯病侵染的能力较弱。

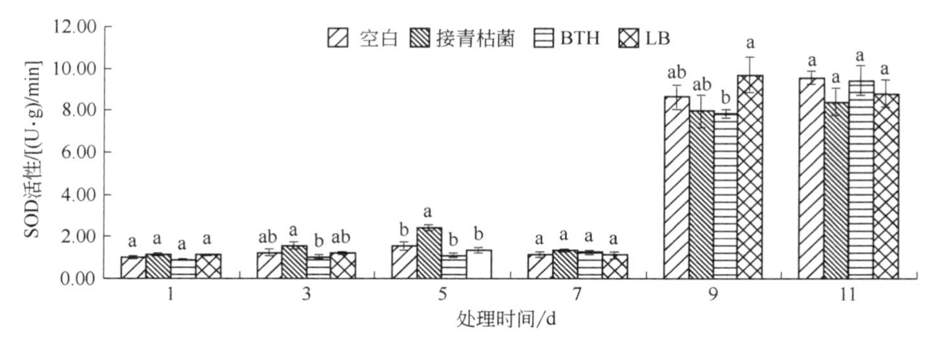

图 5-23　不同处理对长脖黄 SOD 活性的影响

3. 不同诱抗处理对烟草 POD 活性的影响

过氧化物酶（peroxidase，POD）是一种应激酶，其活性与植物抗病性有着密切的关系，在活性氧的清除和维持植物体内活性氧的正常水平中起作用；POD 还能催化木质素合成，木质化的细胞壁机械性能加强，不透水气，阻止营养物质、水分、色素等的扩散，使病原菌无法获得营养而死。已有研究表明，POD 活性与植物的抗病性具有正相关性。

从图 5-24 可知，各处理组对粤烟 97 的 POD 活性均在第 3d 时达到最大，接青枯菌组、BTH 与黄皮新肉桂酰胺 B 处理组的酶活性均显著高于对照组。随着时间延长，接青枯菌组的酶活性逐渐低于对照组，而 BTH 和黄皮新肉桂酰胺 B 处理组的酶活性大体上均高于对照组。由此得知，粤烟 97 在受到青枯菌侵害后或诱导剂诱导后可提高 POD 酶活性，从而加速形成与抗病有关的物质。

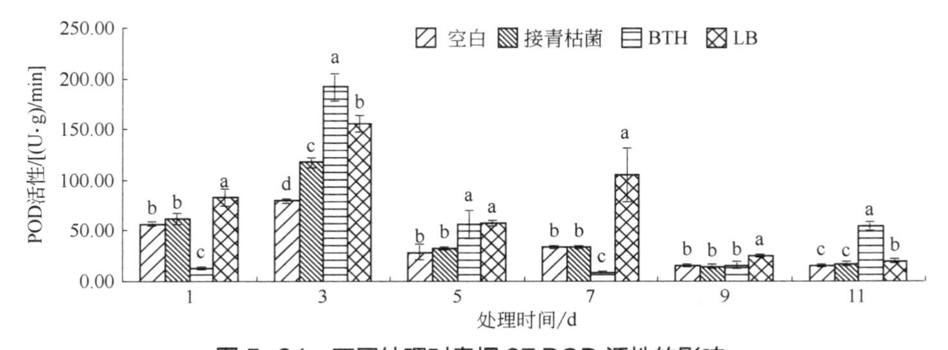

图 5-24　不同处理对粤烟 97 POD 活性的影响

从图 5-25 可知，接青枯菌组的 POD 活性在第 3d 略高于对照组，其余时间均低于对照组；BTH 处理组在第 3d、7d 和 9d，其酶活性显著高于对照组；黄皮新肉桂酰胺 B 处理组在第 3d、5d、7d 和 9d 时，其酶活性显著高于对照组酶。由此得知，长脖黄受到诱导剂诱导后可提高 POD 酶活性，从而加速形成与抗病有关的物质，但接青枯菌处理并未使其出现相应的防御措施。

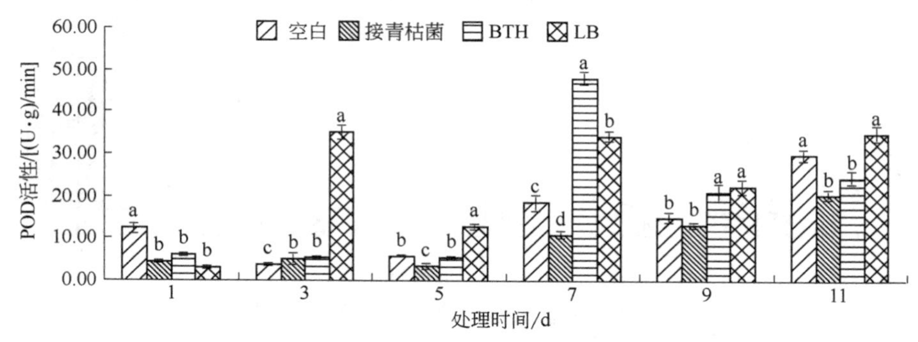

图 5-25　不同处理对长脖黄 POD 活性的影响

4. 不同诱抗处理对烟草 PPO 活性的影响

多酚氧化酶（polyphenoloxidase，PPO）是一类广泛分布于植物体内的质体金属酶，能直接以 O_2 为氧化底物将酚氧化成醌，从而抑制病虫害的侵袭。PPO 不仅参与酚类物质的氧化，同时也参与木质素的形成。

从图 5-26 可知，各处理组对粤烟 97 的 PPO 活性均在前期表现不明显，接青枯菌处理并未在前期相应地提高酶活，其酶活性一直低于对照组；在处理第 9d、11d 时，BTH 与黄皮新肉桂酰胺 B 处理组的酶活性均显著高于对照组酶活，由此得知，粤烟 97 在诱导剂诱导后并未迅速提高 PPO 酶活性，可能与粤烟 97 品种抗青枯病的能力较强有关。

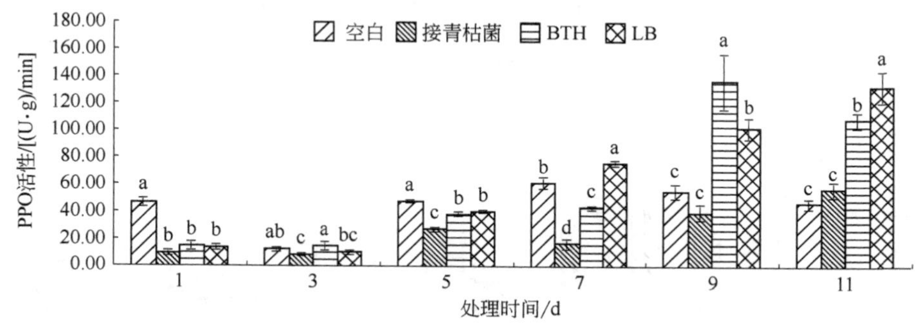

图 5-26　不同处理对粤烟 97 PPO 活性的影响

从图 5-27 可知，各处理组对长脖黄的 PPO 活性在前期有一定促进作用，其中接青枯菌组的PPO活性在第3d和5d时，显著高于对照组酶活性，其余时间段均低于对照组酶活性；BTH处理组的PPO活性在第5d时，显著高于对照组酶活性，第7d和11d时，显著低于对照组酶活性；黄皮新肉桂酰胺B处理组的PPO活性在第3d和5d时，显著高于对照组酶活性。由此得知，长脖黄受青枯菌侵染或诱导剂诱导后，在前期能提高PPO酶活性，但并未持续较长时间，随着时间延长其酶活性在某些测定阶段低于对照组酶活性。

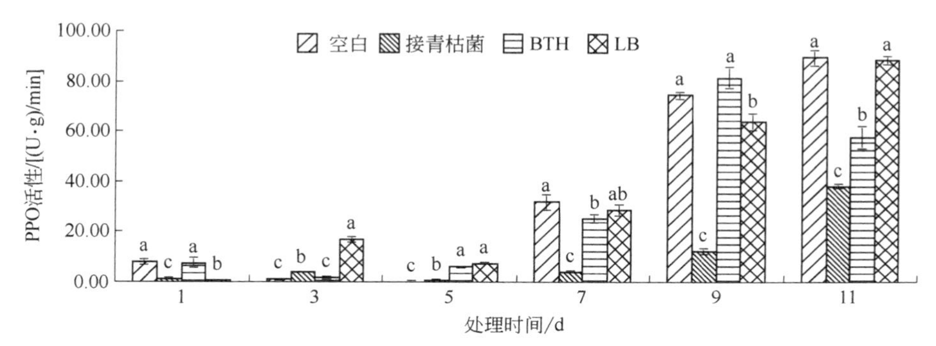

图5-27 不同处理对长脖黄PPO活性的影响

5. 不同诱抗处理对同工酶的影响

（1）对烟草POD同工酶的影响

从图5-28中可看出，处理1d后，各处理组间有4条谱带，且接青枯菌组与BTH处理组部分谱带的宽度、色度均高于对照组；处理3d后，各处理组间无明显差异；处理5d后，对照组与接青枯菌组出现3条谱带，BTH处理组与黄皮新肉桂酰胺B处理组维持在4条谱带，且谱带宽度、色度均高于其余处理组；处理第7天，对照与BTH的带型基本一致呈四条，而接青枯菌处理组仅一条带，黄皮新肉桂酰胺B处理的则为色深的二条带；处理9d、11d后，BTH处理组与黄皮新肉桂酰胺B处理组的POD同工酶谱带数基本维持在5条。表明接青枯菌处理以及黄皮新肉桂酰胺B处理烟草叶片后，不仅能影响POD活性，还能诱导基因表达产生新的POD同工酶，从而增强POD活性。随着时间延长，接菌组的同工酶条带数目逐渐减少，且条带宽度及色度也逐渐减弱。

从5-29中可看出，对长脖黄品种，接青枯菌组在处理后的1d、3d、5d，POD同工酶谱带色度均要低于对照组，在处理后7d、9d、11d，其色度与对照组基本无差异；BTH处理组与黄皮新肉桂酰胺B处理组在处理后的1d、5d、7d，POD同工酶色度均要高于对照组，且在第7d，BTH处理组与黄皮新肉桂酰胺B处理组的谱带条数均多于对照组；在处理后9d、11d，各处理组间同工酶条带数与色度均未出现明显差异。

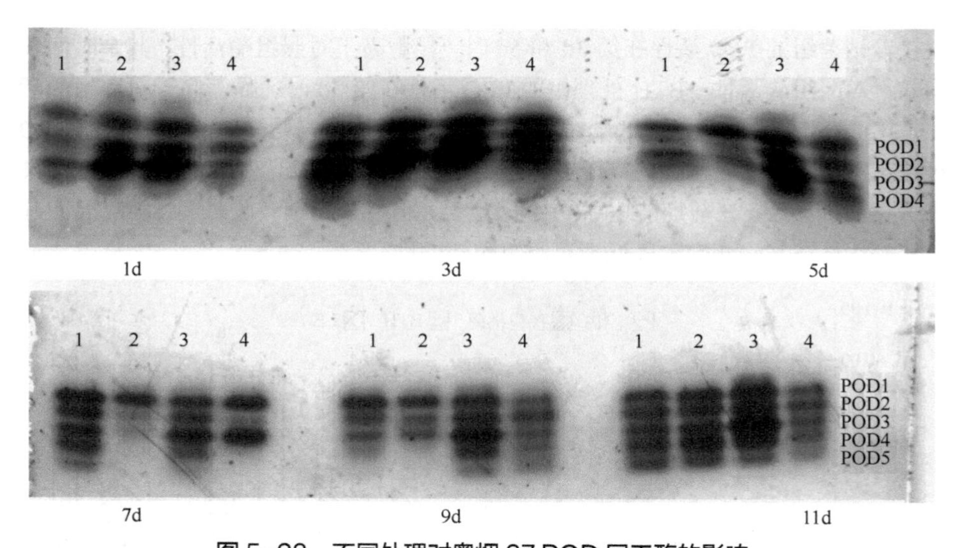

图 5-28　不同处理对粤烟 97 POD 同工酶的影响

1—空白对照组；2—接青枯菌处理组；3—BTH 处理组；4—黄皮新肉桂酰胺 B 处理组

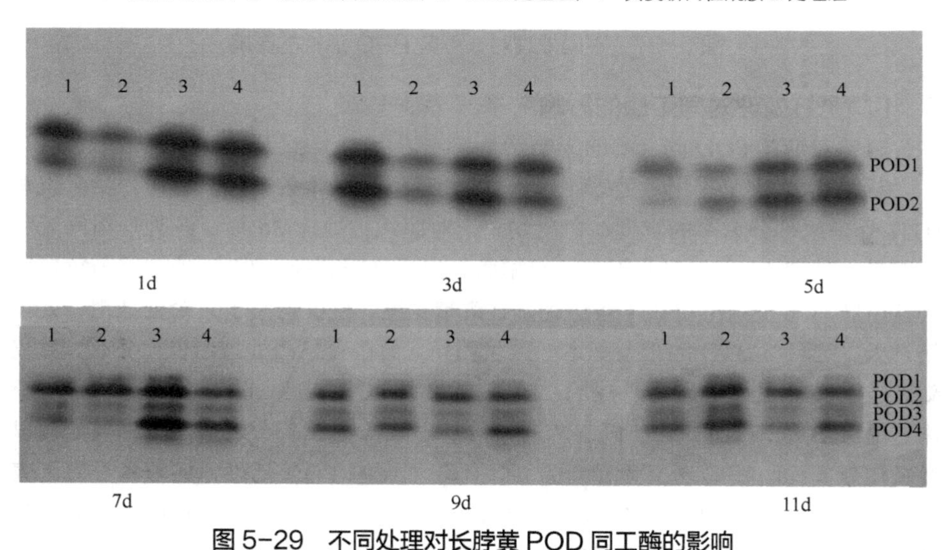

图 5-29　不同处理对长脖黄 POD 同工酶的影响

1—空白对照组；2—接青枯菌处理组；3—BTH 处理组；4—黄皮新肉桂酰胺 B 处理组

对比粤烟 97 和长脖黄品种间的 POD 同工酶图谱，抗性品种粤烟 97 同工酶类型要多于感病品种长脖黄，说明烟草品种抗青枯病能力的强弱与其品种 POD 同工酶类型多少有关，其抗病性越强，POD 同工酶类型越多。

（2）对烟草 PPO 同工酶的影响

从 5-30 中可看出，不同处理后，同工酶的谱带变化并未出现一定规律，处理后 1d，接青枯菌组与 BTH 处理组的 PPO 谱带条数均多于其余处理组；处理 5d

后，BTH 处理组与黄皮新肉桂酰胺 B 处理组 PPO 谱带数目有 5 条，对照组与接青枯菌组只有 1～2 条，且黄皮新肉桂酰胺 B 处理组各条谱带色度均高于对照组与接青枯菌组；处理 11d 后，BTH 处理组与接青枯菌组均有 7 条谱带，而对照组只有 6 条谱带，且 BTH 处理组酶谱带均高于接青枯菌组、对照组。说明诱导剂处理烟草后不仅增强既有 PPO 活性，还能诱导烟草产生新的 PPO 同工酶，此结果进一步验证了 BTH 与黄皮新肉桂酰胺 B 处理可提高烟草叶片中的 PPO 酶活。

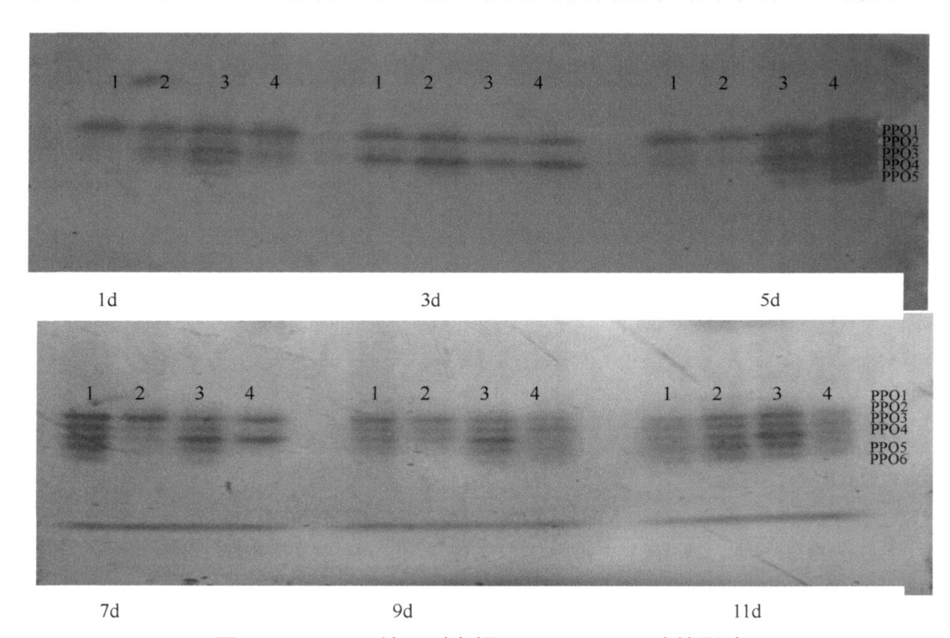

图 5-30　不同处理对粤烟 97 PPO 同工酶的影响

1—空白对照组；2—接青枯菌处理组；3—BTH 处理组；4—黄皮新肉桂酰胺 B 处理组

从图 5-31 中可看出，不同处理后，同工酶的谱带变化并不明显，处理后 1d，各处理组间 PPO 谱带条数均维持在 2 条，且黄皮新肉桂酰胺 B 处理组的谱带色度低于其余处理组；处理后 3d，接青枯菌组同工酶的色度高于对照组，其余处理组间差异不明显；处理后 5d，各处理组间谱带色度差异不明显；处理后 7d，BTH 处理组与黄皮新肉桂酰胺 B 处理组的谱带色度均要高于对照组与接青枯菌组，且接青枯菌组谱带色度低于对照组；处理后 9d，各处理组的 PPO 同工酶谱带无明显差异，谱带条数均维持在 3 条；处理后 11d，接青枯菌组与对照组间谱带色度无明显差异，BTH 处理组与黄皮新肉桂酰胺 B 处理组的谱带色度均要高于对照组与接青枯菌组。说明诱导剂处理长脖黄后仅增强既有 PPO 活性，但未能诱导烟草产生新的 PPO 同工酶。

对比粤烟 97 和长脖黄品种间的 PPO 同工酶图谱，抗性品种粤烟 97 同工酶类型要多于感病品种长脖黄，说明烟草品种抗青枯病能力的强弱与其品种 PPO 同工酶类型多少有关，其抗病性越强，PPO 同工酶类型越多。

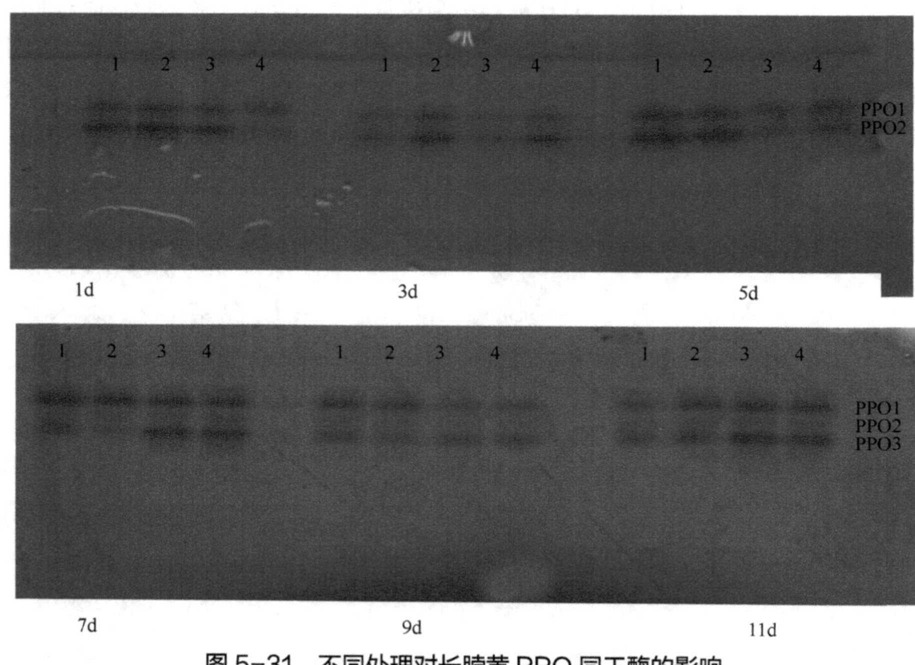

图 5-31　不同处理对长脖黄 PPO 同工酶的影响

1—空白对照组；2—接青枯菌处理组；3—BTH 处理组；4—黄皮新肉桂酰胺 B 处理组

三、黄皮新肉桂酰胺 B 对不同抗性水平烟草代谢物的分析

1. 接青枯菌、诱抗物和黄皮新肉桂酰胺 B 处理对两种不同抗病品种烟草代谢物分析

对粤烟 97 品种和长脖黄品种不同处理后叶片提取物进行 GC-MS 测定，得到总离子流图（图 5-32 和图 5-33）。从总离子流叠加图可以直观地看出同一品种不同处理间存在明显差异，不同品种间，峰的数量和强度也都存在差异。各处理组的代谢物谱峰对应的具体代谢物质，经过 AMDIS 去卷积分后，在 NIST 2011 谱库进行鉴定检索鉴定，不同样本的代谢物差异见表 5-29 和表 5-30。

从表 5-29 中可知粤烟 97 品种总共检测到代谢物 54 种，其中接青枯菌处理组、BTH 处理组以及黄皮新肉桂酰胺 B 处理组中相对百分含量高于对照组或新检测到代谢物的分别为乳酸、烟碱、丙二酸、苹果酸、L-苏糖酸、D-来苏糖、核糖醇、十四烷醇、L-阿拉伯糖、核糖酸、莽草酸、酒石酸、柠檬酸、阿拉伯糖醇、棕榈酸、D-半乳糖、五羟基己醛、肌肉肌醇、硬脂酸；低于对照的分别为 L-酪氨酸、D-果糖、D-赤藓糖、戊酸、L-谷氨酸、L-天冬酰胺等。接青枯菌组中代谢物种类和相对含量与对照比，存在一定差异，BTH 处理组和黄皮新肉桂酰胺 B 处理组的代谢种类少于对照组，未检测到的代谢物分别为磷酸、L-天冬氨酸、L-谷氨酸；接青枯菌组中特有代谢物分别为 L-缬氨酸、L-异亮氨酸、丁二酸、壬酸、L-2-哌啶羧酸、赤藓糖醇、L-苯丙氨酸、D-甘露糖、顺式-9-十六碳烯酸、D-甘露糖酸；BTH 处理组未检测到特有代谢物；黄皮新肉桂酰胺 B 处理组特有代谢物为 D-纤维二糖。

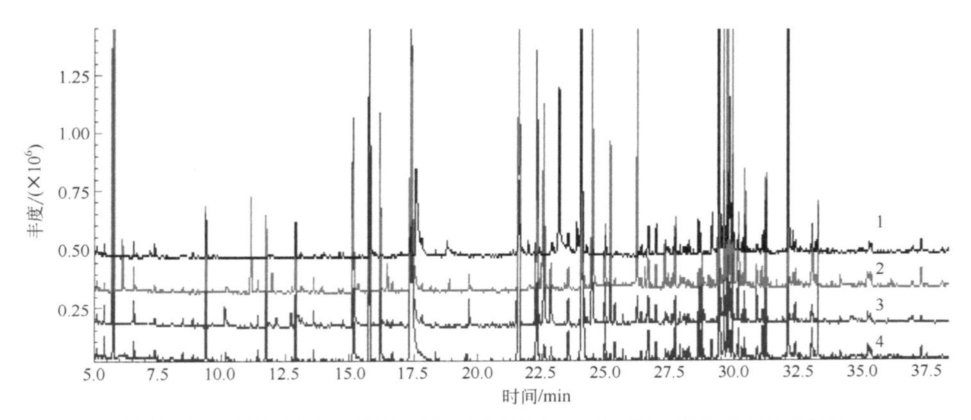

图 5-32　不同处理后粤烟 97 品种代谢组分的 GS-MS 总离子流图

1—对照组；2—接青枯菌组；3—BTH 处理组；4—黄皮新肉桂酰胺 B 处理组

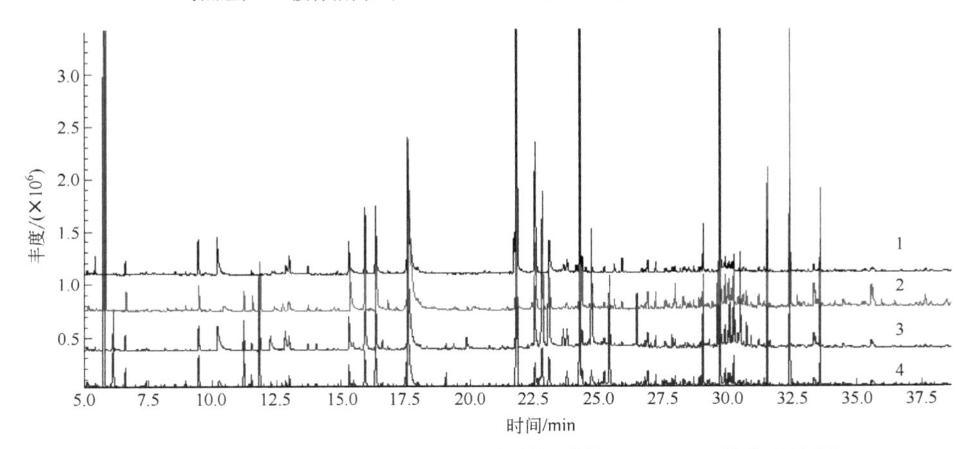

图 5-33　不同处理后长脖黄品种代谢组分的 GS-MS 总离子流图

1—对照组；2—接青枯菌组；3—BTH 处理组；4—黄皮新肉桂酰胺 B 处理组

从表 5-30 中可知长脖黄品种总共检测到代谢物 72 种，其中接青枯菌处理组、BTH 处理组以及黄皮新肉桂酰胺 B 处理组中代谢物的相对百分含量高于对照组的分别为 L-异亮氨酸、丙二酸、赤藓糖醇、十四烷醇；低于对照组的分别为丁二酸、D-赤藓糖、鲨肌醇、肌肉肌醇、棕榈酸、硬脂酸、D-果糖、D-甘油-D-古洛糖-庚酸、D-纤维二糖等。接青枯菌组中特有代谢物为L-亮氨酸、L-正缬氨酸、磷酸、甘氨酸、L-甲硫氨酸、4-羟基苯乙胺、D-葡萄糖醇、腺嘌呤、L-赖氨酸、2-甲氧基-4-羟基苯乙胺、D-葡萄糖酸、色氨酸；BTH 处理组特有代谢物为硼酸、丙酮酸、壬酸和木糖醇；黄皮新肉桂酰胺B处理组特有代谢物为正十七烷、2,6,10,14-四甲基十五烷、正十六烷、L-2-哌啶羧酸和二甘醇。

表 5-29　不同处理后粤烟 97 代谢组分差异比较

序号	保留时间/min	代谢物名称	相对百分含量/%（n=6）			
			粤烟 97 CK	粤烟 97 接青枯菌	粤烟 97 BTH	粤烟 97 LB
1	7.367	硼酸	—	0.06	—	0.13
2	9.369	乳酸	0.42	0.61	1.09	0.58
3	10.102	L-缬氨酸	—	0.27	—	—
4	11.725	草酸	0.48	0.89	1.03	--
5	12.695	L-异亮氨酸	—	0.19	—	—
6	13.579	丙二酸	—	0.17	0.09	0.05
7	15.134	丝氨酸	0.84	2.86	0.87	—
8	15.766	磷酸	2.51	3.66	—	—
9	16.169	L-苏氨酸	0.73	2.63	1.10	—
10	16.452	甘氨酸	0.16	—	—	—
11	16.633	丁二酸	—	0.07	—	—
12	17.337	甘油酸	0.71	1.41	2.32	0.32
13	17.421	烟碱	1.88	4.07	4.93	2.95
14	17.775	壬酸	—	0.07	—	—
15	19.645	L-天冬氨酸	0.19	0.36	—	—
16	21.455	L-2-哌啶羧酸	—	0.36	—	—
17	21.568	苹果酸	4.16	9.79	10.44	8.27
18	22.288	L-吡咯烷酮-5-羧酸	0.70	4.56	1.03	—
19	22.367	赤藓糖醇	—	0.12	—	—
20	22.539	4-氨基丁酸	1.63	—	—	—
21	22.833	L-苯丙氨酸	—	0.88	—	—
22	23.503	赤糖酸	—	—	0.22	0.28
23	23.992	L-苏糖酸	3.14	16.67	43.33	30.78
24	24.223	正十六烷	—	0.10	—	0.12
25	24.432	戊酸	1.91	1.52	—	—
26	25.137	L-谷氨酸	0.84	0.72	—	—
27	26.190	L-天冬酰胺	1.74	0.24	—	—

续表

序号	保留时间/min	代谢物名称	相对百分含量/%（n=6）			
			粤烟 97 CK	粤烟 97 接青枯菌	粤烟 97 BTH	粤烟 97 LB
28	26.618	D-来苏糖	0.11	0.26	0.19	0.38
29	26.918	核糖醇	0.10	0.19	0.13	0.32
30	27.276	D-鼠李糖	—	0.09	—	0.14
31	27.540	十四烷醇	—	0.10	0.09	0.15
32	27.608	L-阿拉伯糖	0.10	0.14	0.13	0.17
33	27.669	D-赤藓糖	0.35	0.27	0.33	0.24
34	27.848	核糖酸	0.06	0.12	0.12	0.09
35	28.567	莽草酸	0.07	0.08	0.37	0.34
36	28.634	酒石酸	0.08	0.40	0.23	0.28
37	28.730	柠檬酸	0.16	0.36	0.26	0.18
38	29.578	D-果糖(anti)	1.57	2.02	0.74	1.44
39	29.653	阿拉伯糖醇	0.05	0.15	0.09	0.16
40	29.714	D-果糖(syn)	1.08	1.40	0.55	0.62
41	29.826	D-甘露糖	—	0.45	—	—
42	29.832	鲨肌醇	—	—	0.20	0.55
43	29.906	D-(+)-塔罗糖	1.84	2.65	1.19	1.04
44	30.120	阿洛糖	0.27	0.48	0.18	0.11
45	30.160	L-酪氨酸	0.26	—	—	—
46	30.391	D-甘露醇	0.62	0.27	0.17	0.41
47	30.978	顺式-9-十六碳烯酸	—	0.04	—	—
48	31.204	棕榈酸	0.48	0.73	0.80	0.75
49	32.069	肌肉肌醇	11.90	22.17	21.03	43.28
50	32.353	D-半乳糖	—	0.21	0.12	0.12
51	32.981	五羟基己醛	0.12	0.18	0.34	0.40
52	33.226	硬脂酸	0.36	0.45	0.48	0.48
53	35.185	D-甘露糖酸	—	0.10	—	—
54	37.256	D-纤维二糖	—	—	—	0.24

注：“—”表示该物质未检测到。

表 5-30　不同处理后长脖黄代谢组分差异比较

序号	保留时间/min	代谢物名称	相对百分含量/%（n=6）			
			长脖黄 CK	长脖黄接青枯菌	长脖黄 BTH	长脖黄 LB
1	6.095	乙胺	—	0.45	0.41	—
2	7.362	硼酸	—	—	0.05	—

续表

序号	保留时间/min	代谢物名称	相对百分含量/%（n=6）			
			长脖黄 CK	长脖黄接青枯菌	长脖黄 BTH	长脖黄 LB
3	9.377	乳酸	0.58	0.37	0.35	1.77
4	10.108	L-缬氨酸	—	0.65	—	3.17
5	11.322	丙酮酸	—	—	0.03	—
6	11.725	草酸	1.03	1.27	1.19	—
7	12.118	L-亮氨酸	—	0.26	—	—
8	12.691	L-异亮氨酸	—	0.41	0.09	0.64
9	13.571	丙二酸	—	0.09	0.04	0.35
10	13.892	L-正缬氨酸	—	0.08	—	—
11	14.703	二甘醇	—	—	—	0.16
12	15.173	丝氨酸	1.15	0.68	0.29	1.92
13	15.308	2-氨基乙醇	—	0.10	0.09	—
14	15.756	甘油	1.03	—	0.45	3.45
15	15.772	磷酸	—	0.97	—	—
16	16.196	L-苏氨酸	1.39	0.79	0.71	3.75
17	16.432	甘氨酸	—	0.12	—	—
18	16.639	丁二酸	0.17	0.04	—	—
19	17.330	甘油酸	0.16	0.05	0.21	0.50
20	17.421	烟碱	6.93	5.38	1.87	11.35
21	17.775	壬酸	—	—	0.03	—
22	19.153	L-甲硫氨酸	—	0.08	—	—
23	19.645	L-天冬氨酸	—	0.14	0.09	—
24	21.455	L-2-哌啶羧酸	—	—	—	2.00
25	21.568	苹果酸	8.61	4.29	13.12	31.05
26	22.288	L-吡咯烷酮-5-羧酸	1.97	1.17	0.29	8.39
27	22.360	赤藓糖醇	—	0.08	0.07	0.29
28	22.833	L-苯丙氨酸	0.91	2.01	0.40	2.38
29	23.358	4-羟基苯乙胺	—	0.32	—	—
30	23.504	十二烷醇	—	0.32	—	0.70
31	23.992	L-苏糖酸	1.94	0.77	5.87	12.64
32	24.223	正十六烷	—	—	—	0.34
33	25.137	L-谷氨酸	0.39	1.09	1.17	—
34	26.190	L-天冬酰胺	—	0.63	0.02	—
35	26.367	正十七烷	—	—	—	0.23
36	26.470	2,6,10,14-四甲基十五烷	—	—	—	0.16

续表

序号	保留时间/min	代谢物名称	相对百分含量/%（n=6）			
			长脖黄 CK	长脖黄接青枯菌	长脖黄 BTH	长脖黄 LB
37	26.567	碘十六烷	0.10	—	—	0.18
38	26.618	D-来苏糖	0.30	0.18	0.12	0.50
39	26.918	核糖醇	0.25	0.15	0.08	0.43
40	27.276	D-鼠李糖	0.10	0.07	0.04	0.14
41	27.334	木糖醇	—	—	0.04	—
42	27.540	十四烷醇	—	0.16	0.06	0.22
43	27.608	L-阿拉伯糖	—	0.06	—	0.23
44	27.669	D-赤藓糖	0.39	0.08	0.08	0.25
45	27.848	核糖酸	—	—	0.03	0.12
46	28.145	D-葡萄糖醇	—	0.09	—	—
47	28.238	2-酮基-D-葡萄糖酸	0.09	—	0.02	—
48	28.567	莽草酸	0.15	—	0.05	0.16
49	28.634	酒石酸	0.16	0.06	0.07	0.19
50	28.730	柠檬酸	0.48	0.48	0.60	1.57
51	28.965	*N*-乙酰-L-赖氨酸	—	0.06	0.04	—
52	29.157	腺嘌呤	—	0.05	—	—
53	29.578	D-果糖(anti)	0.55	0.36	0.12	0.37
54	29.653	阿拉伯糖醇	0.17	0.08	0.04	—
55	29.714	D-果糖(syn)	0.36	0.19	0.09	0.25
56	29.757	2-甲氧基-4-羟基苯乙胺	—	0.51	—	—
57	29.832	鲨肌醇	0.26	0.15	0.06	0.19
58	29.906	D-(+)-塔罗糖	0.68	0.58	0.22	0.66
59	29.952	L-赖氨酸	—	0.31	—	—
60	30.120	阿洛糖	0.13	—	0.03	0.11
61	30.160	L-酪氨酸	0.12	1.12	—	—
62	30.391	D-甘露醇	0.26	0.09	0.05	0.09
63	31.204	棕榈酸	1.89	1.05	0.54	1.74
64	31.229	D-葡萄糖酸	—	0.08	—	—
65	32.069	肌肉肌醇	10.11	0.99	2.83	3.07
66	32.353	D-半乳糖	0.11	—	0.03	—
67	32.981	五羟基己醛	0.38	—	0.04	0.36
68	33.033	色氨酸	—	0.11	—	—
69	33.226	硬脂酸	1.65	0.72	0.35	1.08
70	35.185	D-甘露糖酸	0.46	0.08	—	—
71	35.242	D-甘油-D-古洛糖-庚酸	0.40	—	—	—
72	37.256	D-纤维二糖	0.17	—	—	—

注：“—”表示该物质未检测到。

对比粤烟 97 品种和长脖黄品种间的代谢物，发现外界刺激对不同抗性水平烟草既有相同的反应，又有其差异性；此外不同类型的外界刺激对烟草品种代谢物的影响也存在差异性。不同处理下引起烟株样本中代谢物的含量同时增高或降低可能与前文中防御性酶活性变化有关；不同处理下检测到的特有代谢物或代谢物含量变化不一致反映外界刺激对烟株作用机制存在差异性，具体分析待下一步进行多维统计分析，以期找出不同处理下对烟草代谢影响差异的潜在代谢物。

2. 多维统计分析

将样本进行前处理后采用 GC-MS 技术进行检测鉴定得到的代谢物谱进行峰对齐、保留时间校正和归一化处理后，导入 SIMCA-P 11.5 软件用于多维统计分析。应用主成分分析（PCA）和偏最小二乘-判别分析（PLS-DA）方法对总体代谢特征进行多维统计分析。

PCA 分析能够将多维数据进行有效降维，从而简化为可以用坐标图表示的直观数据形式，通过每个样本在空间坐标中的分布来评价样本代谢变化趋势。其分析结果主要是得到可以表示样本空间分布的得分图（score plot）及可以表示差异变量判别能力的载荷图（loading plot）。其中得分图显示的是样本在主成分空间的分布情况，相似的样本聚在一起而有差异的则分布在不同区域，因此可以根据得分图看出代谢差异分类情况。载荷图则可找到对分类有贡献的差异变量，距离中心点越远，差异变量对分类的贡献就越大，即这些变量可以作为潜在代谢标记物。

（1）粤烟 97 品种不同处理多维统计分析

对粤烟 97 四种不同处理样本的 GC-MS 数据进行多维统计分析，将经 GC-MS 检测鉴定得到的所有代谢物的峰面积进行归一化处理后导入到 SIMCA-P 11.5 数据处理软件进行主成分分析（PCA）和偏最小二乘-判别分析（PLS-DA）。对空白对照组（n=6）、接青枯菌处理组（n=6）、BTH 处理组（n=6）和黄皮新肉桂酰胺 B 处理组（n=6）样本数据进行 PCA 和 PLS-DA 分析。结果表明 PCA 分析可得 4 个主成分是累计的解释率 R2Xcum=1，Q2cum=1；而 PLS-DA 分析可得到 3 个主成分是累计的解释率 R2Xcum=0.957，R2Ycum=0.991，Q2cum=0.989。由此可知建立的 PCA 模型可以解释 100%的变量并获得 100%的预测；而 PLS-DA 模型则可以分别解释 95.7%的 X 变量和 99.1%的 Y 变量并获得 98.9%的预测。二维的 PCA 得分图（PC1/PC2）和 PLS-DA 得分图见图 5-34，图中显示粤烟 97 品种四种处理组样本代谢物有明显区分的趋势，且 BTH 处理组与黄皮新肉桂酰胺 B 处理组样本分布聚集，而其余样本分布相对离散，PCA 分析和 PLS-DA 分析结果基本一致。

基于空白对照组（n=6）、接青枯菌处理组（n=6）、BTH 处理组（n=6）和黄皮新肉桂酰胺 B 处理组（n=6）样本的 PLS-DA 分析结果，其变量权重如图 5-35 所示。本试验在四个处理组之间找到 18 个变量权重（VIP）大于 1 的差异代谢物作为潜在代谢标记物，这些代谢物在四个不同处理组样本中的二维和三维载荷图见图 5-36 和图 5-37。图中每个点代表一个代谢物质，根据该点偏离中心的距离判断其对模型的贡献大小，偏离中心越远表示对模型贡献越大。由载荷图可以得到 11 个对模型贡献较大的代谢物质，分别是：硼酸、十四烷醇、L-苏糖酸、D-鼠李糖、正十六烷、赤糖酸、D-纤维二糖、核糖酸、丙二酸、莽草酸、柠檬酸。

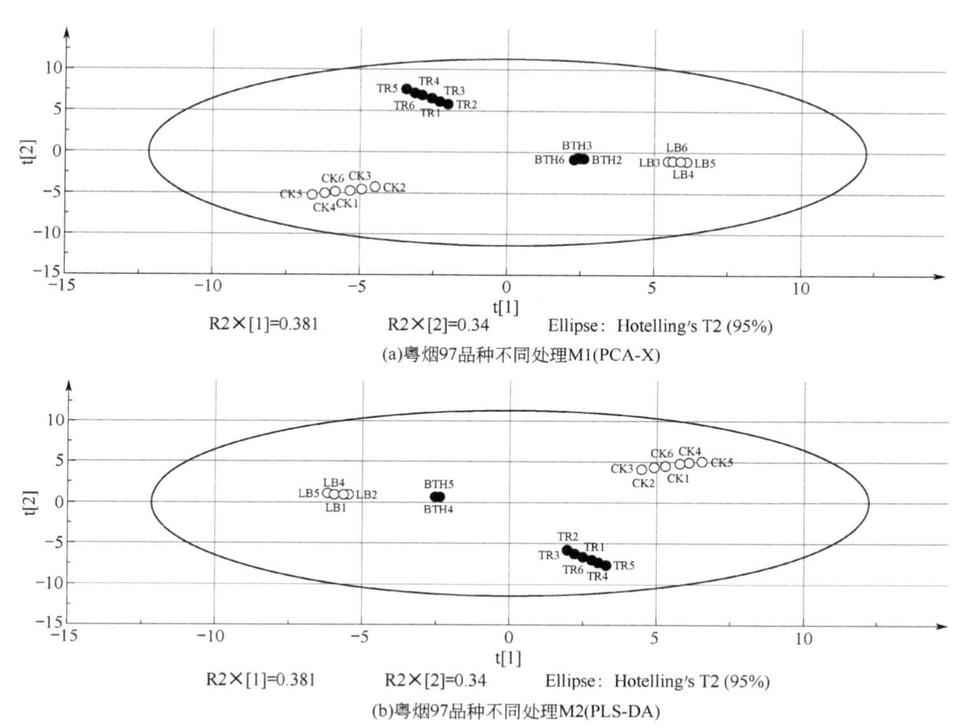

图 5-34　基于 GC-MS 的粤烟 97 空白对照组（n=6）、接青枯菌处理组（n=6）、BTH 处理组和黄皮新肉桂酰胺 B 处理组（n=6）的二维 PCA 和 PLS-DA 图

CK 为空白对照组；TR 为接青枯菌处理组；BTH 为 BTH 处理组；LB 为黄皮新肉桂酰胺 B 处理组

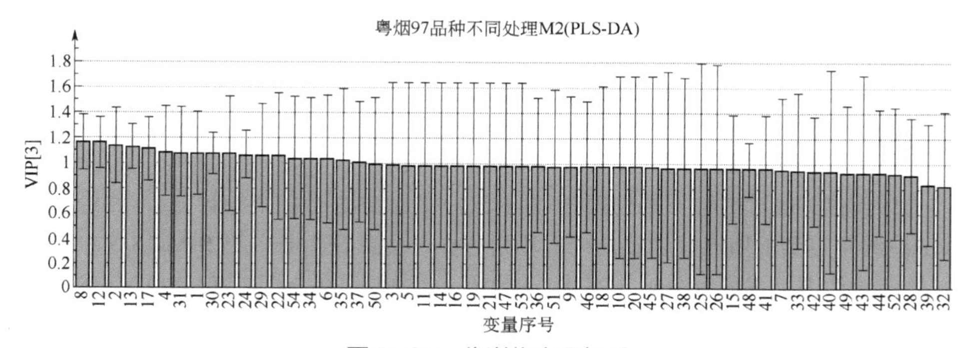

图 5-35　代谢物变量权重

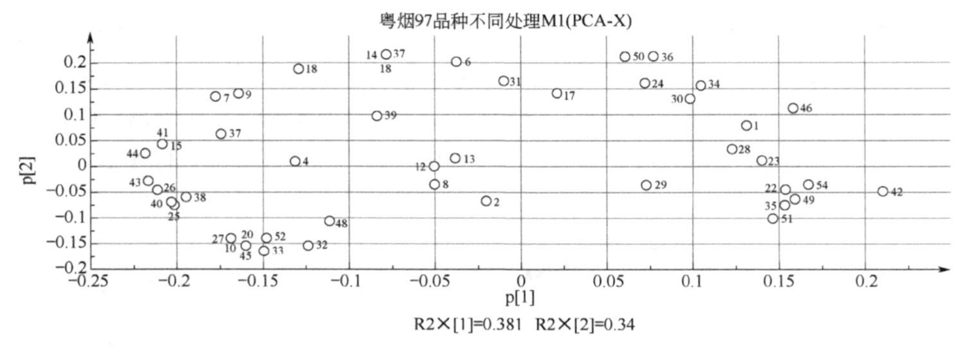

图 5-36 基于 GC/MS 数据的不同处理组样本的 PCA 模型二维载荷图

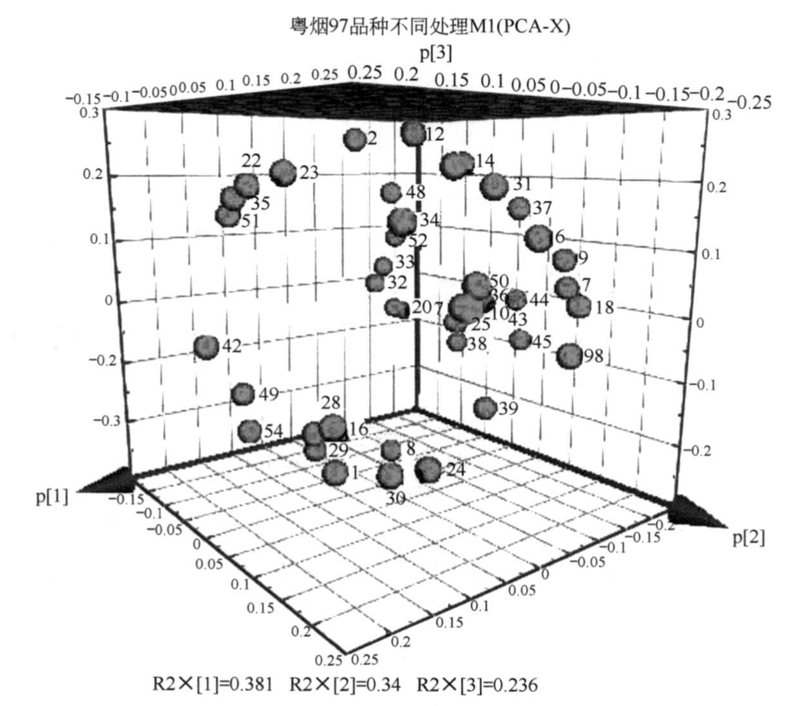

图 5-37 基于 GC/MS 数据的不同抗性品种样本的 PCA 模型三维载荷图

（2）长脖黄品种不同处理多维统计分析

对长脖黄品种四种不同处理样本的 GC-MS 数据进行多维统计分析，将经 GC-MS 检测鉴定到的所有代谢物的峰面积进行归一化处理后导入到 SIMCA-P 11.5 数据处理软件进行主成分分析（PCA）和偏最小二乘-判别分析（PLS-DA）。对空白对照组（n=6）、接青枯菌处理组（n=6）、BTH 处理组（n=6）和黄皮新肉桂酰胺 B 处理组（n=6）样本数据进行 PCA 和 PLS-DA 分析。结果表明 PCA 分析可得 4 个主成分是累计的解释率 R2Xcum=1，Q2cum=0.996；而 PLS-DA 分析可得到 3 个主成分是累计的解释率 R2Xcum=0.952，R2Ycum=0.980，Q2cum=0.974。由此可知建立的 PCA 模型可以解释 100%的变量并获得 99.6%的预测；而 PLS-DA 模型则可以分别解释 95.2%的 *X* 变量和 98.0%的 *Y* 变量并获得 97.4%的预测。二维的 PCA 得分图（PC1/PC2）和 PLS-DA 得分图见图 5-38，图中显示长脖黄品种四种处理组样本代谢物有明显区分的趋势，且 BTH 处理组与黄皮新肉桂酰胺 B 处理组样本分布聚集，而其余样本分布相对离散，PCA 分析和 PLS-DA 分析结果基本一致。

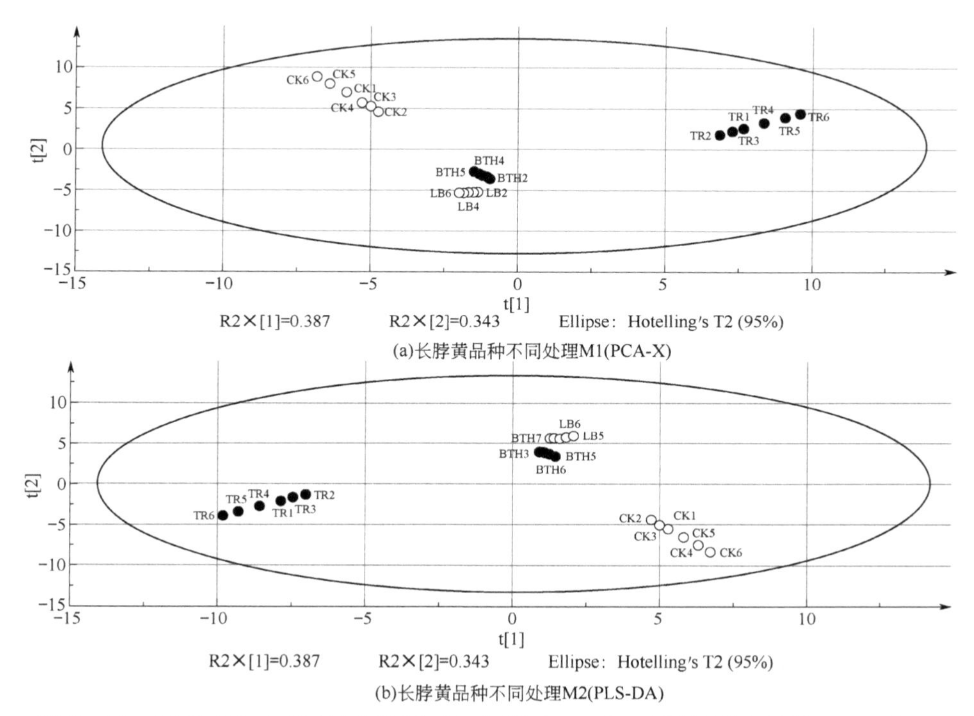

(a)长脖黄品种不同处理M1(PCA-X)

(b)长脖黄品种不同处理M2(PLS-DA)

图 5-38　基于 GC-MS 的长脖黄空白对照组（*n*=6）、接青枯菌处理组（*n*=6）、BTH 处理组（*n*=6）和黄皮新肉桂酰胺 B 处理组（*n*=6）的二维 PCA 和 PLS-DA 图

基于空白对照组（*n*=6）、接青枯菌处理组（*n*=6）、BTH 处理组（*n*=6）和黄皮新肉桂酰胺 B 处理组（*n*=6）样本的 PLS-DA 分析结果，其变量权重如图 5-39 所示。本试验在四个处理组之间找到 25 个变量权重（VIP）大于 1 的差异代谢物作为潜在代谢标记物，这些代谢物在四个不同处理组样本中的二维和三维载荷图见图 5-40 和图 5-41。图中每个点代表一个代谢物质，根据该点偏离中心的距离判断其对模型的贡献大小，偏离中心越远表示对模型贡献越大。由载荷图可以得到 15 个对模型贡献较大的代谢物质，分别是：硼酸、丙酮酸、壬酸、阿拉伯糖醇、L-谷氨酸、二甘醇、L-2-哌啶羧酸、正十六烷、正十七烷、2,6,10,14-四甲基十五烷、L-阿拉伯糖、苹果酸、L-苏糖酸、十二烷醇、核糖酸。

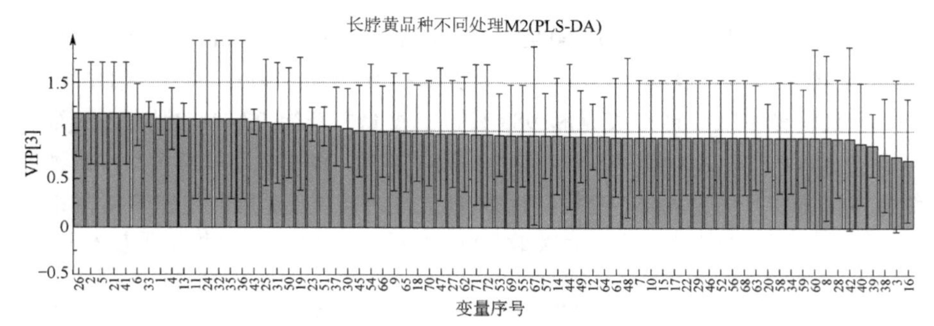

图 5-39　代谢物变量权重

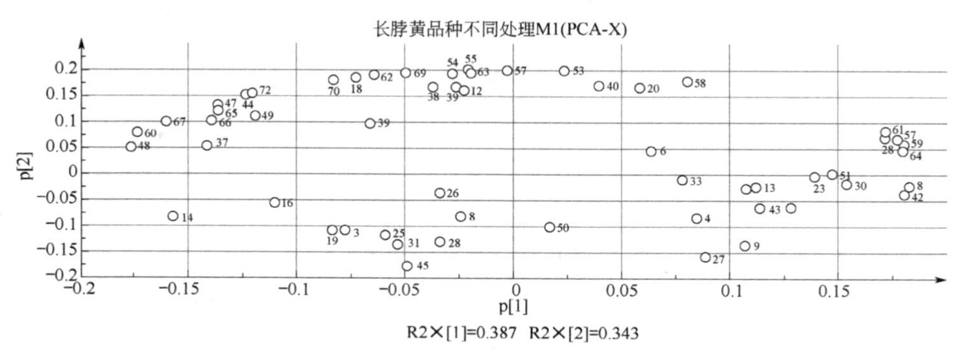

图 5-40　基于 GC/MS 数据的不同处理组样本的 PCA 模型二维载荷图

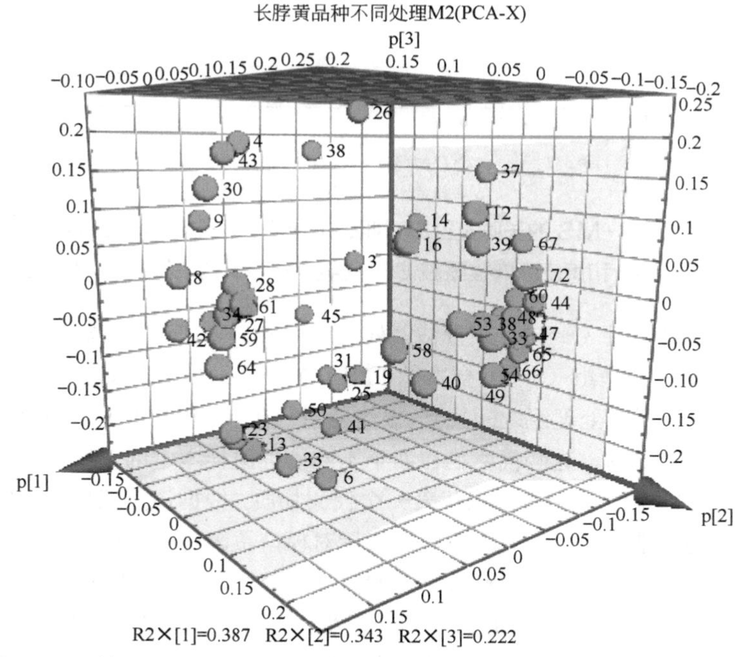

图 5-41　基于 GC/MS 数据的不同抗性品种样本的 PCA 模型三维载荷图

四、结论

① 接青枯菌、BTH 和黄皮新肉桂酰胺 B 均抑制粤烟 97 的净光合速率和蒸腾速率，而前期均促进长脖黄的净光合速率和蒸腾速率。

② 接青枯菌、BTH 和黄皮新肉桂酰胺 B 均在前期显著增强粤烟 97 的 PAL、SOD 和 POD 酶活性，PPO 活性在后期略有增强，随着时间延长接青枯菌组的酶活性逐渐减弱；诱导剂处理后，前期对长脖黄的 PAL、SOD 和 POD 活性影响不大，中后期时有相应的刺激作用；接青枯菌处理在前期能提高长脖黄的 PAL、SOD、POD 和 PPO 活性，随着时间延长抑制其酶活性。

③ 接青枯菌、BTH 和黄皮新肉桂酰胺 B 诱导粤烟 97 产生新的 POD 和 PPO 同工酶或增强谱带色度和宽度，随着时间延长，接青枯菌组的同工酶条带数目逐渐减少或条带宽度及色度逐渐减弱；接青枯菌未诱导长脖黄产生新的 POD 和 PPO 同工酶谱带，BTH 和黄皮新肉桂酰胺 B 诱导产生新的 POD 和 PPO 同工酶或增强谱带色度和宽度。

④ 抗病品种粤烟 97 的 PAL、SOD、POD、PPO 活性以及 POD 和 PPO 同工酶条带数均高于感病品种长脖黄，因此可以认为，抗病品种受侵染或诱导剂处理后防御性酶活性迅速升高，产生大量抗病相关物质，抵御青枯菌侵入，感病品种则相对较弱。

⑤ 接青枯菌、BTH 和黄皮新肉桂酰胺 B 处理后粤烟 97 代谢物的相对百分含量均增高或降低的为乳酸、烟碱、丙二酸、苹果酸、L-苏糖酸、D-来苏糖、核糖醇、十四烷醇、L-阿拉伯糖、核糖酸、莽草酸、酒石酸、柠檬酸、阿拉伯糖醇、棕榈酸、D-半乳糖、五羟基己醛、肌肉肌醇、硬脂酸、D-甘露醇、L-酪氨酸、D-果糖（ant）、D-赤藓糖、戊酸、L-谷氨酸、L-天冬酰胺，作为差异代谢标记物的为硼酸、十四烷醇、L-苏糖酸、D-鼠李糖、正十六烷、赤糖酸、D-纤维二糖、核糖酸、丙二酸、莽草酸、柠檬酸；长脖黄中均增高或降低的为 L-异亮氨酸、丙二酸、苹果酸、赤藓糖醇、十四烷醇、甘油、丁二酸、D-赤藓糖、鲨肌醇、肌肉肌醇、棕榈酸、硬脂酸、D-果糖、D-甘油-D-古洛糖-庚酸、D-纤维二糖，作为差异代谢标记物的为硼酸、丙酮酸、壬酸、阿拉伯糖醇、L-谷氨酸、二甘醇、L-2-哌啶羧酸、正十六烷、正十七烷、2,6,10,14-四甲基十五烷、L-阿拉伯糖、苹果酸、L-苏糖酸、十二烷醇、核糖酸[8]。

一系列实验结果表明：黄皮新肉桂酰胺 B 具有诱导烟草产生抗病代谢物和抗青枯病的潜力。

参考文献

[1] 刘序铭. 黄皮提取物对香蕉炭疽病菌的抑制活性研究[D]. 广州: 华南农业大学, 2007.

[2] 刘序铭, 马伏宁, 万树青. 黄皮甲醇提取物的抑真菌作用[J]. 植物保护, 2008(2): 64-66.

[3] 刘艳霞. 黄皮提取物对芒果炭疽病菌的抑制活性及机理研究[D]. 广州: 华南农业大学, 2009.

[4] 刘艳霞, 巩自勇, 万树青. 黄皮酰胺类生物碱的提取及对 7 种水果病原真菌的抑菌活性[J]. 植物保护, 2009(5): 53-56.

[5] Elphinstone J G, Allen C, Prior P. The current bacterial wilt situation: a Global overview.bacterial wilt the disease & the *Ralstonia Solanacearum* species complex[M].USA: APS Press.2005, 9-28.

[6] Li L C, Feng X J, Tang M, et al. Antibacterial activity of lansiumamide B to tobacco bacterial wilt (*Ralstonia solanacearum*)[J]. Microbiological Research, 2014, 169(7-8): 522-526.

[7] 李丽春. 烟草青枯病代谢组分析及黄皮酰胺 B 抑制青枯菌活性研究[D]. 广州: 华南农业大学, 2014.

[8] 周星洋, 张功营, 董丽红, 等. 青枯菌侵染不同抗病烟草品种的防御性酶活性及代谢组分差异分析[J]. 华南农业大学学报, 2016, 37(3): 73-81.

第六章
黄皮提取物及活性成分杀线虫活性研究

植物线虫（nematodes）病是农作物重要的病害之一，它的种类繁多。许多植物线虫不仅寄生在植物体内，而且还危害植物生长发育，造成植物产品损失和质量变劣。几乎每种植物都可被一种或多种线虫寄生危害。对于植物线虫病的防治，除了采用农业措施、选育抗病品种外，化学防治是其重要的、不可缺少的方法。就目前的化学杀线虫剂而言，普遍存在使用量大、毒性强的问题。因此寻找高效、低毒、环境安全的杀线虫剂是农药界的紧迫工作。

本章将主要介绍黄皮提取物和活性成分对植物线虫的活性，从黄皮各部位进行活性筛选，从中筛选出活性较高的提取物，然后研究该种植物对几种重要线虫毒杀效果，并对其中所含有的主要成分进行分离与提纯，对该活性成分的杀线虫机理进行研究，为寻找出高效的杀线虫的先导化合物来进一步人工合成或人工结构修饰、为工厂化生产成为新型的杀线虫剂提供科学依据。

第一节　黄皮甲醇提取物及活性成分对松材线虫的毒杀活性

一、黄皮甲醇提取物对松材线虫的活性

1. 黄皮不同部位甲醇提取物对松材线虫的活性比较

毒力测定结果表明，在 1mg/mL 的处理浓度下，黄皮种子的甲醇提取物对松材线虫的毒杀活性最高，72h 校正死亡率达到 100%，树皮、枝叶和花序的活性分别为 43.64%、47.04%、45.69%。在 5mg/mL 的处理浓度下，种子甲醇提取物对松材线虫 24h 校正死亡率达到 85.98%（表 6-1）。因此，对种子甲醇提取物进行进一

步活性成分分离提取。

采用药液浸泡法进行测定，黄皮种子甲醇提取物对松材线虫的毒力测定结果见表 6-2。试验结果表明，处理 48h 后，LC_{50} 值 1181.84mg/L，处理 72h 后，LC_{50} 值 97.23mg/L[1]。

表 6-1 黄皮各部分甲醇提取物对松材线虫的毒杀活性

植物部位	浓度/（mg/mL）	24h		48h		72h	
		死亡率/%	校正死亡率/%	死亡率/%	校正死亡率/%	死亡率/%	校正死亡率/%
花序	1	19.19±1.58	14.17±2.65e	22.08±4.90	10.49±3.74f	50.37±2.73	45.69±2.39e
	3	29.44±2.66	26.11±2.77d	57.17±3.32	48.95±3.51de	75.53±3.62	70.95±4.76de
	5	35.00±2.15	30.62±1.04d	82.14±3.86	81.13±4.34bc	80.45±2.76	76.29±2.82d
种子	1	67.61±3.79	66.36±4.58b	75.00±2.89	70.21±2.97c	100±0.00	100±0.00a
	3	78.55±2.10	79.68±3.34a	80.75±2.14	78.92±1.45bc	100±0.00	100±0.00a
	5	86.03±3.14	85.98±2.22a	97.49±1.60	95.79±2.44a	100±0.00	100±0.00a
枝叶	1	20.61±1.48	16.93±1.49e	45.62±3.46	43.27±2.92d	55.48±2.88	47.04±2.56f
	3	63.73±2.53	62.36±3.55b	71.75±2.01	66.87±2.09e	85.63±3.46	83.01±1.71b
	5	84.16±4.58	82.42±4.82a	85.83±2.85	84.32±3.68b	90.91±1.24	90.74±1.84bc
树皮	1	45.17±1.75	41.64±1.39c	48.91±4.23	42.43±3.96f	51.71±3.16	43.64±3.20f
	3	50.13±6.89	40.96±7.88e	80.18±4.21	80.35±3.55a	91.74±1.79	87.02±3.36c
	5	84.44±1.87	81.86±2.38bc	87.50±2.84	87.85±1.30a	91.97±1.16	90.11±1.81abc
CK		5.01±1.66		12.17±2.10		19.80±2.93	

注：1.表内数据为 4 次重复平均值 $\bar{X}$±SE，同列数据后标有相同字母者表示在 5%水平差异不显著（DMRT 法）。

2.CK 为等量 2%丙酮水溶液。

表 6-2 黄皮种子甲醇提取物对松材线虫的毒力

处理时间/h	毒力回归方程	LC_{50}/（mg/L）	相关系数（r）	95%置信限/（mg/L）
48	y=1.4592+1.1524x	1181.84	0.9854	594.40～2349.85
72	y=3.8474+0.5799x	97.23	0.9859	6.09～1552.94

2. 紫外光对黄皮提取物毒杀松材线虫活性的影响

用紫外光灯（365nm，60W）测试了光照对黄皮种子甲醇提取物毒杀松材线虫活性的影响，结果表明紫外光照对活性影响与对照有差异，紫外光照的效果比黑暗处理差，这可能是由于紫外光照对杀线虫有效成分产生了降解作用（表 6-3）。

3. 黄皮种子生物碱对松材线虫的毒杀活性

黄皮树皮中含有的生物碱类化合物如小檗碱具有一定的抑菌活性，本试验通过生物碱氯仿提取法提取黄皮种子中的生物碱，对松材线虫的室内离体生物活性测定结果（表 6-4）表明，所提取的生物碱和弱碱均对松材线虫具有杀虫活性，说明黄皮种子中对松材线虫有活性的物质有可能是生物碱类。

表 6-3　紫外光对黄皮种子甲醇提取物毒杀活性的影响

处理	浓度/（mg/mL）	24h		48h		72h	
		死亡率/%	校正死亡率/%	死亡率/%	校正死亡率/%	死亡率/%	校正死亡率/%
光照	0.5	32.00±0.01	28.78±1.26a	74.75±0.01	73.30±0.81c	77.00±0.01	75.42±1.18a
	1	36.75±0.07	34.73±7.86a	81.25±0.01	80.40±2.09b	82.75±0.02	80.93±2.84a
黑暗	0.5	59.5±0.01	58.02±1.35b	88.5±0.02	86.94±2.18ab	92.50±0.00	91.07±2.26b
	1	61.00±0.02	60.58±2.40b	90.25±0.02	91.09±2.52a	95.75±0.00	94.61±1.86b
CK		3.50±0.01		6.50±0.01		8.75±0.01	

注：1.表内数据为 4 次重复平均值 $\bar{X}$±SE，同列数据后标有相同字母者表示在 5%水平差异不显著（DMRT 法）。

2.CK 为等量 2%丙酮水溶液。

表 6-4　黄皮种子生物碱对松材线虫的毒杀活性

处理	浓度/(mg/L)	24h		48h		72h	
		死亡率/%	校正死亡率/%	死亡率/%	校正死亡率/%	死亡率/%	校正死亡率/%
生物碱	500	76.0±0.01	73.18±1.24a	98.51±0.01	98.14±0.16a	100±0.00	100±0.00a
弱碱	500	46.50±0.02	44.27±0.78b	57.63±0.01	53.92±0.43b	76.52±0.02	74.6±0.21b
CK		4.00±0.01		12.50±0.01		14.50±0.01	

注：1.表内数据为 4 次重复平均值 $\bar{X}$±SE，同列数据后标有相同字母者表示在 5%水平差异不显著（DMRT 法）。

2.CK 为等量 2%丙酮水溶液。

4. 黄皮种子甲醇提取物各萃取相对松材线虫的毒力

黄皮种子甲醇提取物经 5 种溶剂萃取，分别得到石油醚相、氯仿相、乙酸乙酯相、正丁醇相及水相萃取物，采用药液浸泡法测定上述几种萃取物对松材线虫的生物活性。试验结果表明，在 0.1mg/L、0.5mg/L、1mg/L、2mg/L、5mg/L 几个的处理浓度下，处理 24h、48h、72h 后，石油醚相对松材线虫表现出较好的活性，处理 72h 后的 LC_{50} 为 89.34mg/L，氯仿、正丁醇相的活性次之，乙酸乙酯相和水相活性较差（表 6-5）。

表 6-5　黄皮种子各萃取相处理后 72h 对松材线虫的毒力

萃取物	毒力回归方程	LC_{50}/(mg/L)	相关系数	95%置信限/(mg/L)
石油醚相	y=3.9648+0.5306x	89.34	0.9964	22.69～351.70
氯仿相	y=2.4806+0.6642x	6206.38	0.9829	2658～14491.21
乙酸乙酯相	y=2.0223+0.4753x	1946367.07	0.9921	8454.60～448080647.25
正丁醇相	y=1.2639+0.9466x	8844.94	0.9872	4232.81～18482.49
水相	y=0.4867+0.8230x	304981.74	0.9933	14247.32～6528518.36

5. 石油醚相萃取物柱层析各馏分对松材线虫的毒杀活性

根据TCL层析所得结果，确定石油醚：乙酸乙酯为7：3时分离的效果最好，展开点数最多，且R_f值大多落在0.6以内。采用梯度洗脱的方法，从石油醚：乙酸乙酯为9：1时开始冲柱，逐渐加大乙酸乙酯的比例而加大洗脱剂的极性，最后用甲醇冲柱。每次接400mL，共收集286瓶样，经TCL点板分析，放置在紫外灯下检测，并结合显色检测，做好标记，合并显色结果一致的馏分，共得到12个大的馏分，用于生物活性的测定。

采用药液浸泡法测定黄皮种子石油醚相萃取物柱层析后12个馏分对松材线虫的生物活性，结果见表6-6。试验结果表明，处理24h、48h、72h后，在所得的12个馏分中，馏分4和馏分5对松材线虫的活性显著高于其他的馏分，与对照差异显著。馏分4两个浓度处理在72h的校正死亡率均为100%，馏分5的达到95.45%和98.08%。选定馏分4和5继续进行分离。

表6-6 石油醚相柱层析各馏分对松材线虫的毒杀活性

馏分	浓度/(mg/mL)	24h		48h		72h	
		死亡率/%	校正死亡率/%	死亡率/%	校正死亡率/%	死亡率/%	校正死亡率/%
CK		8±0.00		9.25±0.01		10.50±0.01	
1	0.05	12.50±0.01	6.07±1.82gh	13.5±0.01	3.31±0.63klm	15.00±0.01	4.83±2.78efgh
	0.1	15.00±0.01	7.71±0.73efg	18.25±0.01	9.61±0.72hi	20.25±0.01	11.05±0.78bcd
2	0.05	10.00±0.01	−0.68±2.41h	11.50±0.01	3.76±1.34hijk	13.25±0.01	4.42±0.04jkl
	0.1	16.00±0.02	6.14±1.41defg	26.25±0.01	20.09±0.58c	33.25±0.02	25.73±0.80e
3	0.05	14.00±0.03	6.64±2.03fgh	17.00±0.01	8.21±0.47hij	18.50±0.01	8.30±2.29cdef
	0.1	17.00±0.01	9.70±0.52de	18.00±0.01	9.50±0.62hi	22.00±0.01	12.80±0.51bc
4	0.05	28.50±0.03	22.50±2.28bc	63.75±0.02	62.28±2.03d	100.00±0.00	100.00±0a
	0.1	30.25±0.01	23.82±0.14b	74.25±0.01	69.46±1.79c	100.00±0.00	100.00±0a
5	0.05	50.50±0.03	45.83±1.19a	79.00±0.03	78.11±3.78b	96.00±0.01	95.45±1.60a
	0.1	51.75±0.02	47.30±0.91a	84.25±0.03	81.86±3.36a	94.76±0.03	98.08±1.14a
6	0.05	13.25±0.01	2.60±1.92fgh	13.75±0.02	5.97±0.54gh	16.25±0.01	7.73±0.60hij
	0.1	16.50±0.02	9.19±0.64def	21.50±0.01	12.17±1.45bcd	24.50±0.01	16.39±0.72f
7	0.05	12.00±0.01	4.39±0.08hij	17.50±0.01	8.37±0.63hij	17.50±0.01	7.70±2.45cdefg
	0.1	17.75±0.01	10.32±0.60de	23.25±0.02	14.34±2.70b	33.75±0.01	26.62±0.98e
8	0.05	9.00±0.02	1.09±0.63kl	12.00±0.01	2.79±0.52klm	12.50±0.01	2.12±2.32fgh
	0.1	17.00±0.02	8.37±0.73de	17.75±0.01	10.08±0.63hij	20.00±0.01	10.40±1.00bcde
9	0.05	13.00±0.02	5.57±0.75ghi	14.75±0.01	4.36±0.58ijk	15.00±0.01	6.08±2.28efgh
	0.1	13.75±0.02	5.97±0.54gh	18.00±0.01	8.18±1.01cdef	21.75±0.01	13.74±0.47fg
10	0.05	10.00±0.01	2.14±0.01jkl	10.00±0.01	0.54±0.54lm	10.50±0.01	−0.03±0.89h
	0.1	16.50±0.01	7.99±1.22hij	17.50±0.01	7.66±3.25cdefg	18.00±0.01	10.87±0.09d

续表

馏分	浓度/(mg/mL)	24h		48h		72h	
		死亡率/%	校正死亡率/%	死亡率/%	校正死亡率/%	死亡率/%	校正死亡率/%
11	0.05	10.25±0.02	2.12±0.05jkl	12.25±0.01	1.63±1.02gh	13.75±0.01	4.96±0.52jk
	0.1	10.75±0.01	2.71±0.51ijkl	14.00±0.01	3.82±0.29jk	20.00±0.01	11.62±2.31fg
12	0.05	8.25±0.02	6.55±0.55l	9.50±0.01	−0.02±0.90m	10.00±0.01	−0.59±1.06h
	0.1	14.00±0.01	6.64±0.11fgh	14.25±0.01	5.65±0.68ijk	14.75±0.01	4.32±2.28efgh

注：1.表内数据为 4 次重复平均值 $\bar{X}$±SE，同列数据后标有相同字母者表示在 5%水平差异不显著（DMRT 法）。

2.CK 为等量 2%丙酮水溶液。

3.负号表示溶剂对处理松材线虫的生长有促进作用。

6. 馏分 4 柱层析物对松材线虫的毒杀活性

馏分 4 经过柱层析得到 6 个馏分对松材线虫的室内生物活性测定结果见表 6-7。结果表明，在 200mg/L 的浓度条件下，各馏分均对松材线虫表现一定的毒杀活性，其中 4-3 馏分 72h 的校正死亡率为 100%，4-2 和 4-4 的也达到 99.40%。

表 6-7　馏分 4 柱层析各馏分对松材线虫的毒杀活性

馏分	24h		48h		72h	
	死亡率/%	校正死亡率/%	死亡率/%	校正死亡率/%	死亡率/%	校正死亡率/%
4-1	38.50±0.01	34.46±1.40d	47.50±0.01	39.82±1.01c	64.25±0.01	54.89±0.39b
4-2	67.50±0.02	68.11±0.56c	99.00±0.01	98.30±2.37ab	99.65±0.01	99.40±0.59a
4-3	77.00±0.02	75.03±1.60ab	98.50±0.01	98.30±1.77ab	100.00±0.00	100.00±0.00a
4-4	78.25±0.01	78.14±1.74a	99.75±0.01	98.86±1.60a	99.50±0.01	99.40±2.45a
4-5	80.75±0.01	79.47±1.23a	94.25±0.01	94.03±1.40b	99.75±0.01	97.59±0.97a
4-6	75.00±0.01	73.02±1.57b	98.25±0.01	97.40±0.56a	99.50±0.01	98.62±1.42a
CK	6.00±0.01		13.75±0.01		18.00±0.01	

注：1.数据均为 4 次重复的平均值 $\bar{X}$±SE，同列数据后标有相同字母者表示在 5%水平差异不显著（DMRT 法）。

2.以上处理浓度为 200mg/L，CK 为等量不加萃取物的 2%丙酮水溶液。

7. 馏分 5 柱层析物对松材线虫的毒杀活性

对馏分 5 进行柱层析结果见表 6-8。层析结果共得 8 个馏分，在 200mg/L 的处理浓度下，馏分 5-3、5-4 的活性较好，72h 的校正死亡率为 92.10%、93.92%，馏分的 5-2、5-5 活性次之，72h 的校正死亡率为分别为 81.72%和 76.29%，其他几个馏分效果不显著。

将馏分 4-3 进一步进行薄层层析，刮板，用丙酮溶解并过反相凝胶柱得到黄色晶体，核磁共振氢谱鉴定该化合物为 lansiumamide B，译为黄皮新肉桂酰胺 B，分子式为 $C_{18}H_{17}NO$，分子量为 263.1310。

表 6-8　馏分 5 柱层析物对松材线虫的毒杀活性

馏分	24h		48h		72h	
	死亡率/%	校正死亡率/%	死亡率/%	校正死亡率/%	死亡率/%	校正死亡率/%
5-1	22.25±0.01	17.53±0.68g	32.50±0.01	21.99±1.28f	45.25±0.01	32.31±1.16f
5-2	33.50±0.01	29.45±1.03e	75.50±0.02	72.31±3.19d	85.00±0.01	81.72±1.23c
5-3	75.50±0.02	75.14±3.12ab	88.00±0.01	86.16±1.92c	91.75±0.02	92.10±0.92b
5-4	78.50±0.01	75.70±1.31ab	85.75±0.01	83.27±1.77c	94.50±0.01	93.92±1.86b
5-5	67.50±0.01	65.03±1.05c	78.00±0.01	74.62±2.20d	80.50±0.02	76.29±2.82d
5-6	27.75±0.01	23.58±0.26f	32.00±0.01	21.41±0.97f	38.75±0.01	26.21±1.24g
5-7	17.25±0.01	12.34±0.65h	29.00±0.01	17.95±1.04g	34.50±0.01	20.13±0.85h
5-8	28.75±0.01	24.29±1.01f	32.00±0.01	21.98±0.67f	37.00±0.01	23.79±0.86g
CK	6.00±0.01		13.75±0.01		18.00±0.01	

注：1.数据均为 4 次重复的平均值 $\bar{X}\pm SE$，同列数据后标有相同字母者表示在 5%水平差异不显著（DMRT 法）。

2.以上处理浓度为 200mg/L，CK 为等量不加萃取物的 2%丙酮水溶液。

8. 化合物 lansiumamide B 对松材线虫的毒杀活性

分别设 90mg/L、75mg/L、60mg/L、45mg/L、30mg/L 和 15mg/L 6 个浓度梯度，测定 lansiumamide B 对松材线虫的的活性，测定结果如表 6-9。结果表明，在 15mg/L 时，24h 校正死亡率就达到 85.25%，48h 的校正死亡率达到 99.45%。其他几个浓度的生测结果表明在 24h 的校正死亡率都达到 90%以上，48h 的校正死亡率均为 100%且差异不显著。说明 lansiumamide B 对松材线虫的活性在达到一定浓度后、处理一定时间（24h）后就比较稳定，随浓度和时间的增加活性变化不大，呈平缓略增的趋势。

表 6-9　lansiumamide B 对松材线虫的毒杀活性

浓度/（mg/L）	24h		48h	
	死亡率/%	校正死亡率/%	死亡率/%	校正死亡率/%
90	96.75±0.00	96.94±1.25a	100.00±0.00	100.00±0.00a
75	94.00±0.01	93.89±3.42a	100.00±0.00	100.00±0.00a
60	94.00±0.02	91.85±0.76a	100.00±0.00	100.00±0.00a
45	94.00±0.02	91.34±1.26a	100.00±0.00	100.00±0.00a
30	93.50±0.02	90.84±1.35a	100.00±0.00	100.00±0.00a
15	85.50±0.02	85.25±2.77b	99.50±0.01	99.45±0.47b
CK	2.00±0.01		9.75±0.01	

注：1.表内数据为 4 次重复平均值 $\bar{X}\pm SE$，同列数据后标有相同字母者表示在 5%水平差异不显著（DMRT 法）。

2.CK 为等量 2%丙酮水溶液。

采用浸渍法测定黄皮新肉桂酰胺 B 不同时间内对松材线虫的毒力，测定结果见表 6-10。结果表明，24h、48h 和 72h 黄皮新肉桂酰胺 B 对松材线虫的毒力 LC_{50} 值分别为 8.38mg/L、6.36mg/L 和 5.38mg/L[2]。

10μg/mL lasiumamide B 处理松材线虫 24h 和 48h 显微镜镜检对比见图 6-1。

表 6-10　化合物 lansiumamide B 处理不同时间对松材线虫的毒力

时间/h	回归方程	LC_{50}/(mg/L)	相关系数	LC_{50} 置信限/(mg/L)
24	$y=-0.2632+5.7017x$	8.38	0.9598	7.77～9.03
48	$y=0.4444+5.6720x$	6.36	0.9527	5.90～6.84
72	$y=0.6185+5.9983x$	5.38	0.9493	4.96～5.83

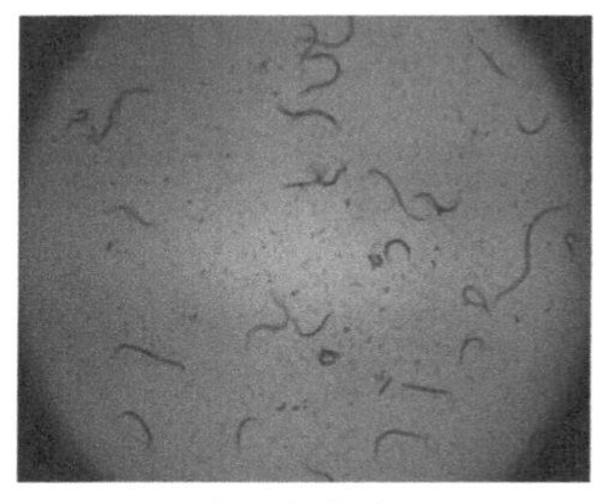
(a) 松材线虫对照(24h)

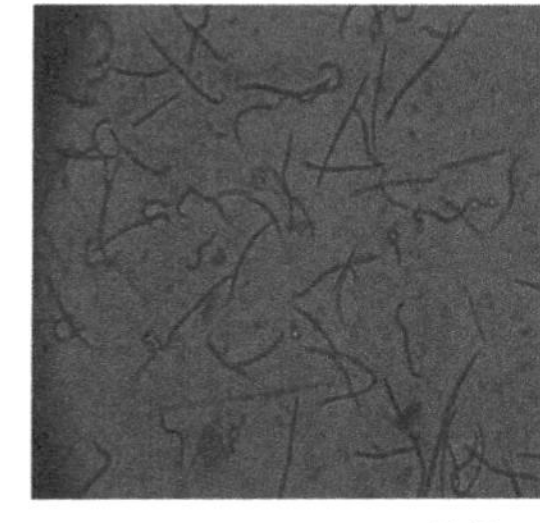
(b) lasiumamide B(10μg/mL)处理(24h)

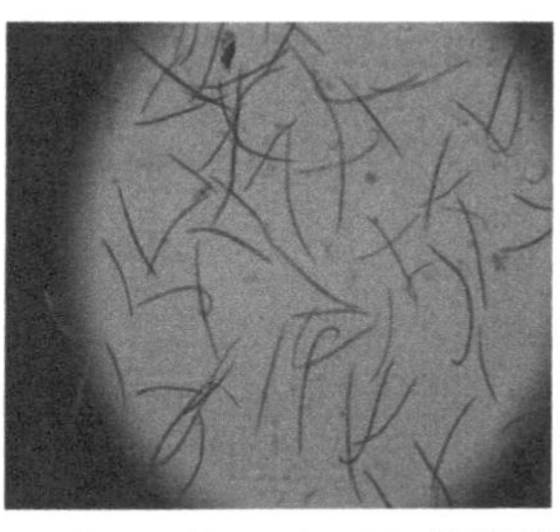
(c) lasiumamide B(10μg/mL)处理(48h)

图 6-1　不同处理松材线虫显微图（4×）

二、黄皮新肉桂酰胺 B 对松材线虫作用机理的初步研究

1. 对乙酰胆碱酯酶活性的影响

蛋白标准曲线的制作：

以蛋白含量为横坐标，以 595nm 处的吸光密度值为纵坐标，得到蛋白的标准曲线（图 6-2），曲线方程为 $y=0.0054x-0.0013$（$r=0.9976$）。

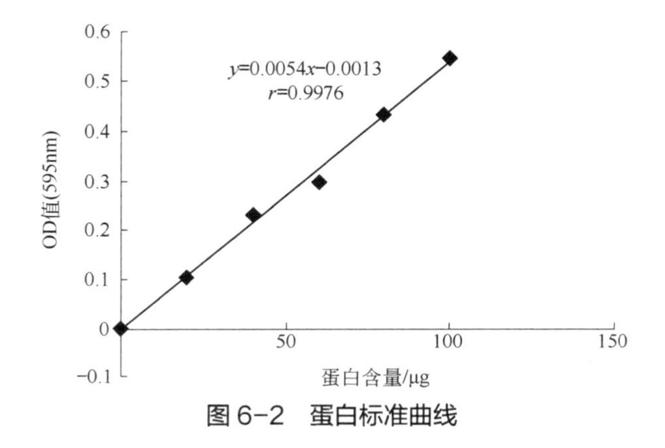

图 6-2　蛋白标准曲线

硫代乙酰胆碱标准曲线的制作：

以 ASCh（硫代乙酰胆碱）含量为横坐标，以 412nm 处的吸光密度值为纵坐标，得到乙酰胆碱含量的标准曲线，曲线方程为 $y=3.0617x+0.059$（$r=0.9921$）（图 6-3）。

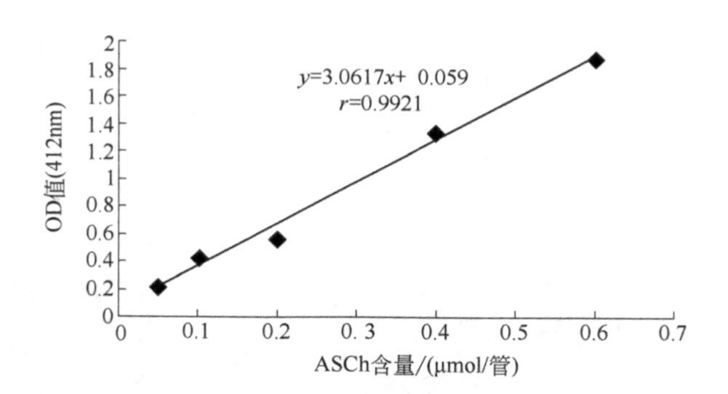

图 6-3 硫代乙酰胆碱标准曲线

化合物 lasiumamide B 配成浓度分别为 5μg/mL、10μg/mL、20μg/mL 的溶液（含丙酮≤2%）处理松材线虫，测定其对 AChE 活性的影响。结果表明，各处理对乙酰胆碱酯酶活性有不同程度的激活作用，处理 5h 后，各处理酶比活力与对照的比值为 13.50、34.33、51.83，见表 6-11。

表 6-11 lasiumamide B 对松材线虫 AChE 活性的影响

浓度/(μg/mL)	酶比活力	比值	浓度/(μg/mL)	酶比活力	比值
20	3.11±0.0007a	51.83	5	0.81±0.0008c	13.50
10	2.06±0.0011b	34.33	CK	0.06±0.0008d	1

注：1.表内数据为 3 次重复平均值 $\bar{X}$±SE，同列数据后标有相同字母者表示在 5%水平差异不显著（DMRT 法）。

2.酶比活力单位为每毫克蛋白质每分钟水解的 ASCh 物质的量[nmol/(mg・min)]。

对松材线虫 AChE 活性影响测定结果表明，随着处理浓度的增大黄皮种子活性成分 lasiumamide B 对松材线虫的 AChE 激活作用也增加。黄皮种子活性成分对松材线虫乙酰胆碱酯酶的激活而导致细胞凋亡可能是它的作用机理之一。

2. 对 Na^+-K^+-ATP 酶活性的影响

磷标准曲线的绘制，以磷含量为横坐标，OD 值（700nm）为纵坐标，建立标准曲线方程为 $y=0.3191x+0.0901$（$r=0.988$）（图 6-4）。

分别设定 5μg/mL、10μg/mL、20μg/mL、40μg/mL 4 个浓度梯度，处理松材线虫，5h 后测定其对 Na^+-K^+-ATP 酶活性的影响。

结果见表 6-12，在 5μg/mL 处理时对 Na^+-K^+-ATP 酶比活力比对照低，与对照比值为 0.58，在 10μg/mL 处理时对 Na^+-K^+-ATP 酶比活力比对照高，与对照的比值为 3.07，在 20μg/mL 和 40μg/mL 处理下 Na^+-K^+-ATP 酶比活力依次降低，与对照的比值为 2.34 和 0.98。

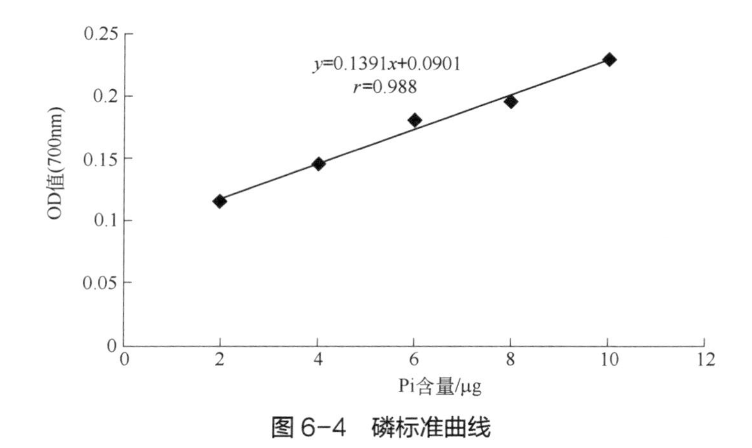

图 6-4　磷标准曲线

表 6-12　不同浓度 lasiumamide B 对松材线虫 Na^+-K^+-ATP 酶的比活力及比值

浓度/(μg/mL)	酶比活力/[μmol/(mg·min)]	比值	浓度/(μg/mL)	酶比活力/[μmol/(mg·min)]	比值
40	3.26±0.00c	0.98	5	1.90±0.01d	0.58
20	7.73±0.01b	2.34	CK	3.31±0.01c	1
10	10.16±0.01a	3.07			

注：表内数据为 3 次重复平均值 $\bar{X}$±SE，同列数据后标有相同字母者表示在 5%水平差异不显著（DMRT 法）。

这个结果表明，随着处理浓度的增大黄皮种子活性成分对松材线虫的 Na^+-K^+-ATP 酶先抑制后激活，然后再抑制。

3. 对过氧化氢酶活性的影响

分别设定 5μg/mL、10μg/mL、20μg/mL、40μg/mL 4 个浓度梯度，处理后 5h 后测定其对松材线虫过氧化氢酶活性的影响，结果见表 6-13。结果表明 5μg/mL 黄皮种子活性成分对松材线虫过氧化氢酶起激活作用，随着处理浓度的增大，黄皮种子活性成分对松材线虫过氧化氢酶的激活作用逐渐降低，在 40μg/mL 浓度处理下表现为对松材线虫过氧化氢酶的抑制作用。

小结如下：

① 从黄皮的种子甲醇提取物分离出对松材线虫具有较强的毒杀作用的活性化合物 lasiumamide B。

② 作用机理研究发现 lasiumamide B 使松材线虫体内乙酰胆碱酯酶比活力升高，对松材线虫体内过氧化物酶活性有一定程度的抑制作用，对 Na^+-K^+-ATP 酶活

力随处理浓度升高有先激活后抑制的作用。

表 6-13　lasiumamide B 对松材线虫过氧化氢酶活力及活性增长率

浓度/（μg/mL）	酶活力/（ΔOD/g pro）	活性增长率/%
40	8.08±0.05e	−32.99
20	12.71±0.10c	5.40
10	19.78±0.13b	64.05
5	21.34±0.05a	76.99
CK	12.05±0.01d	

注：表内数据为 3 次重复平均值 $\bar{X}$±SE，同列数据后标有相同字母者表示在 5%水平差异不显著（DMRT）。

第二节　黄皮新肉桂酰胺 B 纳米胶囊的制备、活性与安全性

本节主要介绍黄皮新肉桂酰胺 B 纳米胶囊制备过程及对根结线虫的生物活性。采用微乳液聚合法，以甲基丙烯酸甲酯和苯乙烯共聚体为囊壁，以黄皮新肉桂酰胺 B（化学名称：*N*-甲基-*N*-顺-苯乙烯-肉桂酰胺）为囊芯，通过正交试验，以包封率为指标，探索各组分最佳配比，制备 *N*-甲基-*N*-顺-苯乙烯-肉桂酰胺纳米胶囊（nano-capsules of lansiumamide B，NCLB），并通过透射电镜（TEM）和 ZETA 激光粒度分析仪对最优处方纳米胶囊的外观、粒径、zeta 电位进行测定，并对其释放性进行考察，制备出形态良好、性能优良、具有良好缓释性能的纳米胶囊剂，以期延长有效成分的持效期，增强有效成分的使用稳定性和生物利用度。

此外，以黄皮新肉桂酰胺 B 原药和灭线磷原药作对照，对制备的纳米胶囊对松材线虫和南方根结线虫进行室内杀线虫活性测定和盆栽药效试验，以验证制成纳米胶囊后的杀线虫效果。

由于本研究制备的纳米胶囊粒径小、比表面积大，对靶标组织的亲和性大，可以大幅度增加施药后的滞留时间及与组织的接触时间、接触面积，提高农药的生物利用度。同时该制剂大大减少了有机溶剂的用量，减轻对环境的压力，提高对作物的安全性，从而得到更大的经济效益和生态效益，具有很好的应用和开发前景。

一、黄皮新肉桂酰胺 B 纳米胶囊的制备与表征

1. NCLB 的微乳液聚合制备

纳米胶囊的制备采用微乳液聚合法[3-5]。具体过程如下：将 6.0g 乳化剂 SDS

加入到 60mL 双蒸水中，逐滴加入正戊醇（助乳化剂）（与乳化剂比例 1：3）2.0g，称取 0.1g 黄皮新肉桂酰胺 B 原药用少量的石油醚和三氯甲烷混合溶剂溶解后，倒入上述混合液中，再加入单体 MMA 和 St（比例 1：1）各 1.0g，超声乳化 20min，得澄清透明乳液，然后将乳液投入装有冷凝管的三颈烧瓶中，加入 0.4g AIBN 引发剂，70℃水浴条件下，2600r/min 磁力搅拌器下加速搅拌冷凝回流 3h，反应结束后，降温，获得半透明悬浮液，室温下保存，进行分析表征。

2. NCLB 的粒径分布及外貌形态

图 6-5 为纳米胶囊的粒径及其分布，3 次测得纳米胶囊平均粒径为 38.5±0.64nm，粒径分布窄；其表面带负电，zeta 电位为−70.5±0.76mV。

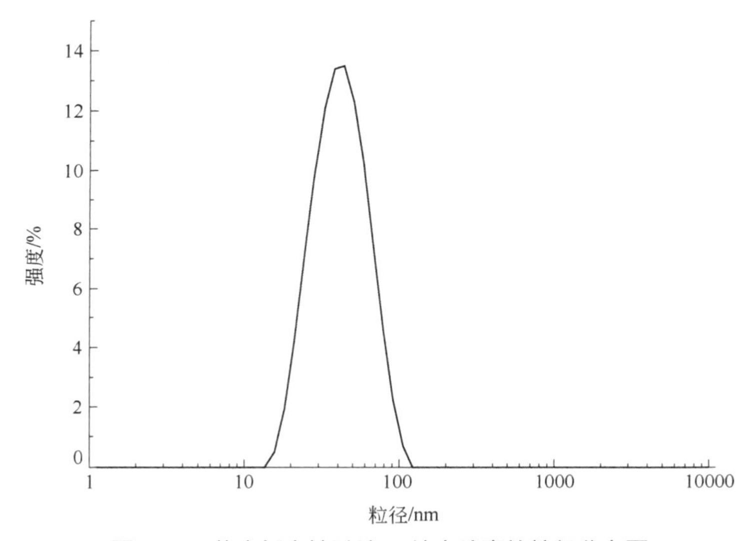

图 6-5　黄皮新肉桂酰胺 B 纳米胶囊的粒径分布图

图 6-6 为 NCLB 放大 49000×的纳米胶囊透射电镜照片，样品分散在水中，在电镜制样时未进行染色处理。纳米胶囊粒度均匀，基本上呈球形，呈单分散状态，不粘连，从照片中标尺估算，纳米胶囊直径约为 40nm，与仪器测定粒径相符。

3. NCLB 包封率和载药率

用高效液相色谱法测定不同浓度黄皮新肉桂酰胺 B 标样的含量，以峰面积为纵坐标、浓度为横坐标按最小二乘法（least square method）做黄皮新肉桂酰胺 B 标准工作曲线，得标准工作曲线方程为 y=43490x+492.03，方程的相关系数 r 为 0.9994，如图 6-7 所示线性关系良好。根据此工作曲线，在相同条件下定量测定纳米胶囊样品中黄皮新肉桂酰胺的含量。

根据 HPLC 标准工作曲线（图 6-7），计算制备的 NCLB 中黄皮新肉桂酰胺 B 的包封率平均为 95.13%±1.16%，载药率为 48.69%±1.40%。

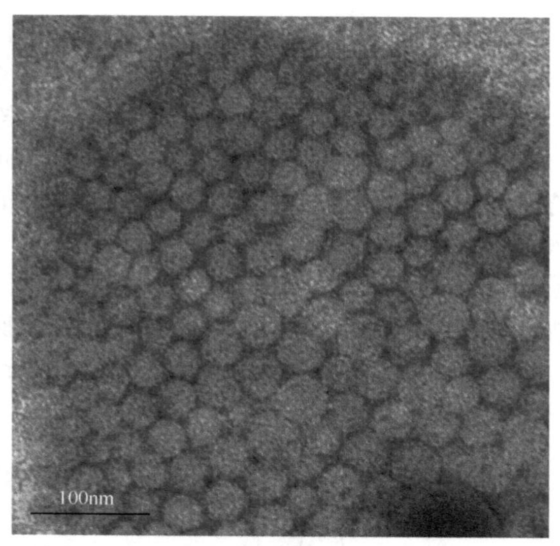

图 6-6　黄皮新肉桂酰胺 B 纳米胶囊透射电子显微镜（TEM）图

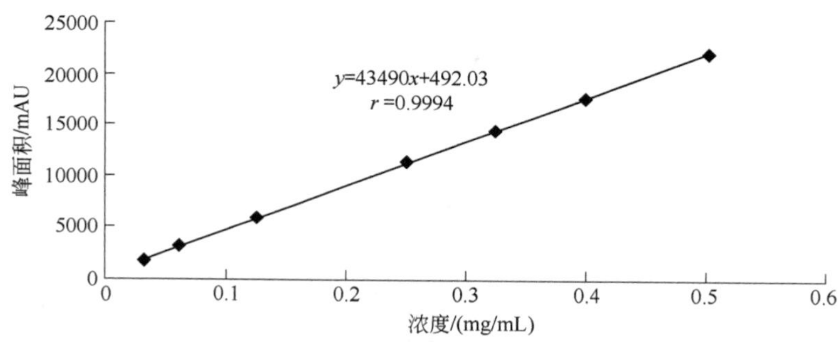

图 6-7　黄皮新肉桂酰胺 B 的标准工作曲线

4. NCLB 的稳定性

由图 6-8 可以看出，NCLB 水悬液分别在 0℃和 54℃处理 14 天后，在外观上与常温下放置的样品外观几乎没有差异。经过 HLPC 检测，在 54℃条件下放置的药剂包封率（93.54%）稍微有些下降，在 0℃条件下储存包封率没有明显差异。这表明 NCLB 具有良好的稳定性。

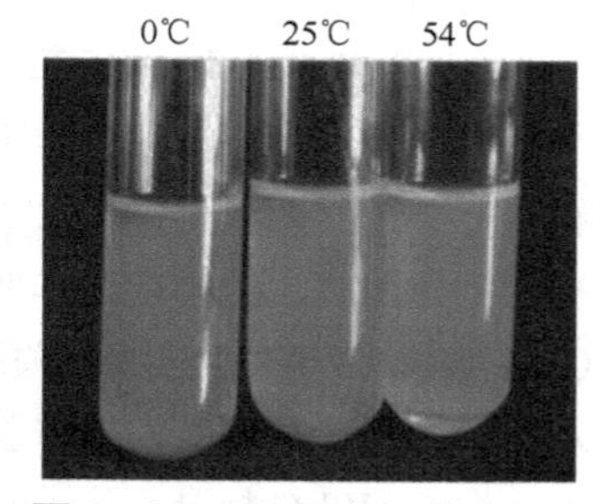

图 6-8　不同温度下黄皮新肉桂酰胺 B 纳米胶囊的外观

5. NCLB 的释放性

对纳米胶囊释放性考察，结果计算得到累计释放曲线如图 6-9。由图 6-9 可以看出，在考察时间 96h 内，黄皮新肉桂酰胺 B 原药在 36h 释放到总量的 60%左右后已经不再释放，NCLB 持续到 96h 仍没有释放完全，96h 时累积释放达 82%以上，是黄皮新肉桂酰胺 B 原药释放量的 1.4 倍。可见，NCLB 相对于黄皮新肉桂酰胺 B 原药有很好的缓释性，能减少有效成分的降解[6]。

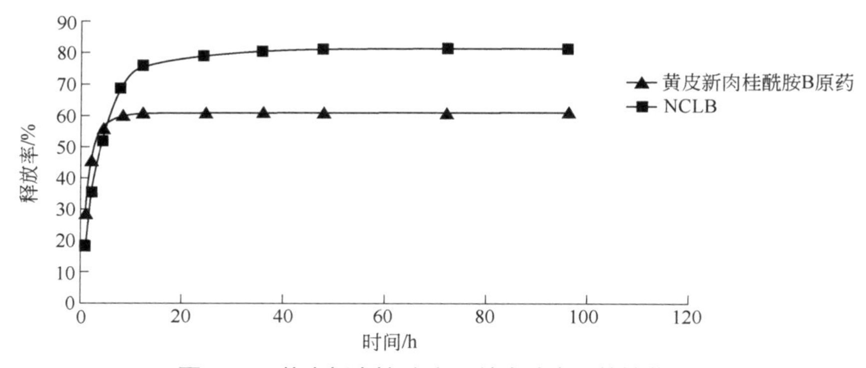

图 6-9　黄皮新肉桂酰胺 B 纳米胶囊释放性曲线

6. NCLB 的光照降解率

NCLB 与对照黄皮新肉桂酰胺原药 B（LB）甲醇溶液在紫外灯照射下的光降解率测定结果（图 6-10）表明，在各处理时间，NCLB 水悬液的光照降解率显著低于对照。在处理时间 14h 内，NCLB 总的降解率为 11.65%，而对照达到 98.12%，NCLB 相对 LB 降解率降低 88.13%。因此，将 lansiumamide B 制备成纳米胶囊可以显著降低其降解率。

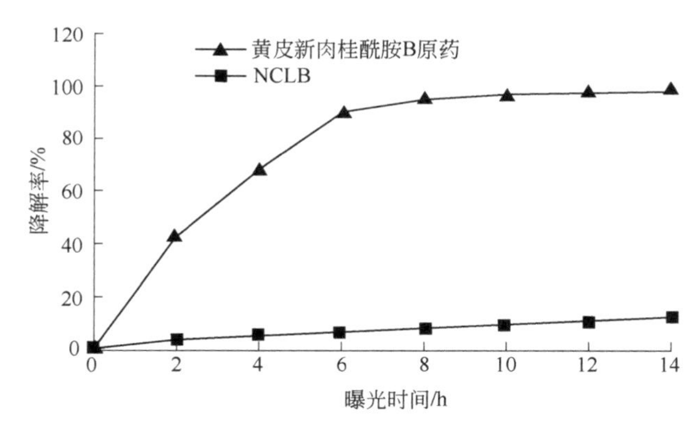

图 6-10　黄皮新肉桂酰胺 B 纳米胶囊和黄皮新肉桂酰胺 B 原药在紫外灯下照射不同时间的降解率

二、NCLB 对两种线虫的生物活性

1. NCLB 对两种线虫的毒力

对松材线虫、南方根结线虫二龄的室内离体毒力测定结果见表 6-14 和表 6-15。

图 6-11 为施用 NCLB 前后松材线虫的存活状态。

表 6-14 各药剂对松材线虫（混合虫龄）的毒力

药剂处理		毒力方程	相关系数（r）	LC_{50}/（mg/L）	95%置信限/（mg/L）
NCLB	12h	y=4.4455+0.6731x	0.9966	6.6651	4.2817～15.0528
黄皮新肉桂酰胺B 原药		y=4.2265+0.9967x	0.9958	5.9712	4.3749～9.4671
灭线磷		y=3.9840+0.8730x	0.9879	14.5800	9.8025～29.5618
NCLB	24h	y=4.6003+1.2044x	0.9924	2.1470	1.6918～2.6776
黄皮新肉桂酰胺B 原药		y=3.9723+1.4863x	0.9954	4.9142	3.9822～6.4325
灭线磷		y=3.5069+1.4970x	0.9971	9.9395	7.2277～15.9725

注：NCLB：黄皮新肉桂酰胺 B 纳米胶囊；LC_{50}：半数致死浓度。

表 6-15 各药剂对南方根结线虫二龄幼虫（J2）的毒力

药剂处理		毒力方程	相关系数（r）	LC_{50}/（mg/L）	95%置信限/（mg/L）
NCLB	12h	y=3.2211+0.9899x	0.9980	62.6644	45.5190～101.3566
黄皮新肉桂酰胺B 原药		y=3.0688+1.0894x	0.9919	59.2673	44.3608～89.8984
灭线磷		y=2.5021+1.3094x	0.9984	80.8352	65.2277～105.2080
NCLB	24h	y=3.0014+1.5530x	0.9933	19.3608	15.9051～23.1133
黄皮新肉桂酰胺B 原药		y=3.1521+1.3316x	0.9944	24.4177	19.8514～29.9664
灭线磷		y=2.3662+1.5127x	0.9914	55.9418	46.7063～67.5957

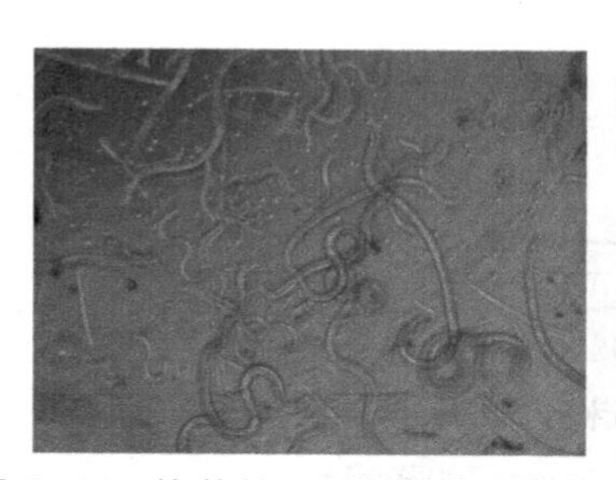
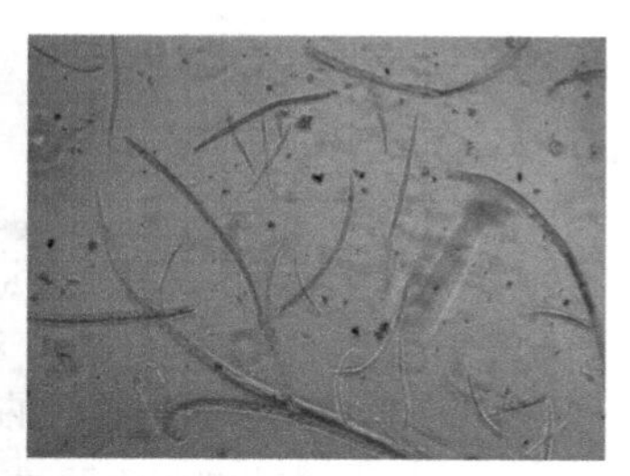

图 6-11 施药前、后松材线虫的存活状态（左：施药前；右：施药后）

由表 6-15、表 6-16 可以看出，在细胞培养板中培养 12h 后，NCLB 对松材线虫和南方根结线虫 J2 的 LC_{50} 分别为 6.6651mg/L 和 62.6644mg/L，LB 的 LC_{50} 分别为 5.9712mg/L 和 59.2673mg/L；培养 24h 后，NCLB 对松材线虫和南方根结线虫 J2 的 LC_{50} 分别为 2.1470mg/L 和 19.3608mg/L，而 LB 的 LC_{50} 为 4.9142mg/L

和 24.4177mg/L，灭线磷对松材线虫和南方根结线虫的 LC_{50} 分别为 9.9395mg/L 和 55.9418mg/L。

从 NCLB、LB 和灭线磷对两种线虫 LC_{50} 的数据可以看出，短时间内 NCLB 有效成分不能充分释放，24h 后 NCLB 有效成分释放量增加，药效增强。在纯水中 LB 溶解度很小，纯水的体系不适合 LB 的溶解分散，而 NCLB 粒径小，在水中分散均匀，对植物线虫毒性显著高于 LB。图 6-12 为施用 NCLB 前后根结线虫的存活状态。

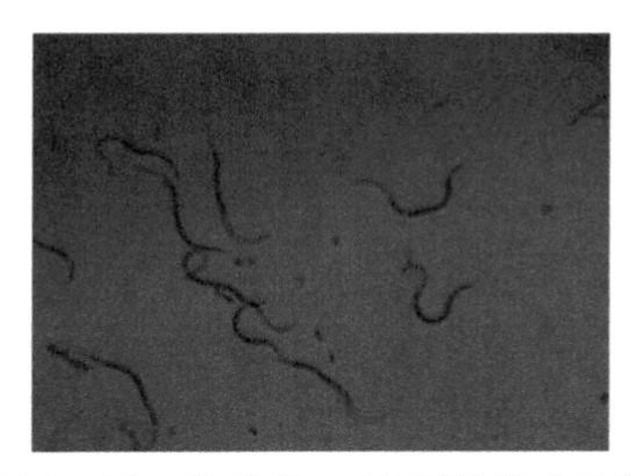

图 6-12　施药前、后根结线虫存活状态（左：施药前；右：施药后）

2. NCLB 盆栽防效

单因素试验统计方法分析了 NCLB、黄皮新肉桂酰胺 B 原药和灭线磷对根结形成的抑制效果，见图 6-13 和图 6-14。结果表明，在浓度为 200mg/L 时，NCLB 处理后病级数最低，为 1.50，黄皮新肉桂酰胺 B 原药和灭线磷处理后的病级数分别为 3.00 和 3.50，由图 6-13 看出，前者和后两者相比差异性显著，后两者差异不显著；经浓度 200mg/L 各药剂培养后，NCLB 处理下的平均根结数最少，为 7.25，

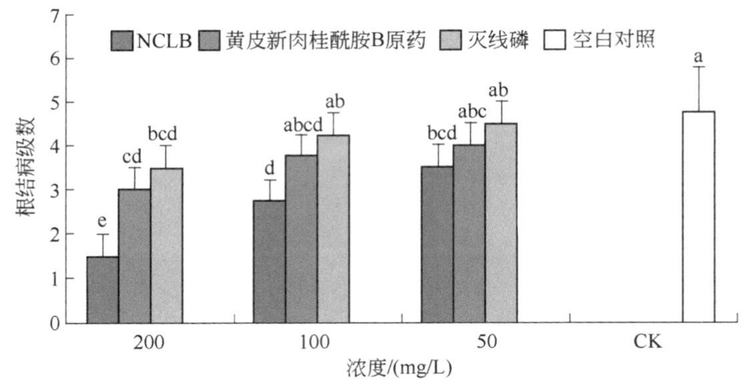

图 6-13　不同药（NCLB、黄皮新肉桂酰胺 B 原药和灭线磷）处理空心菜后的根结线虫病级数

根结病级数是 4 次重复的平均值±标准误，图中不同的字母表示差异显著性（$P<0.05$）（ANOVA），下图相同

其次为黄皮新肉桂酰胺 B 原药，平均根结数为 19.5，灭线磷平均根结数最高，为 32.25，由图 6-14 看出，NCLB 和其他两种药剂相比差异性显著。与对照相比，以 NCLB、黄皮新肉桂酰胺 B 原药、灭线磷处理空心菜的根结数分别下降 83.94%、78.03%、63.66%，病级数分别下降 68.42%、36.84%、26.32%。表明 NCLB 可显著减少根结数，降低病级数。

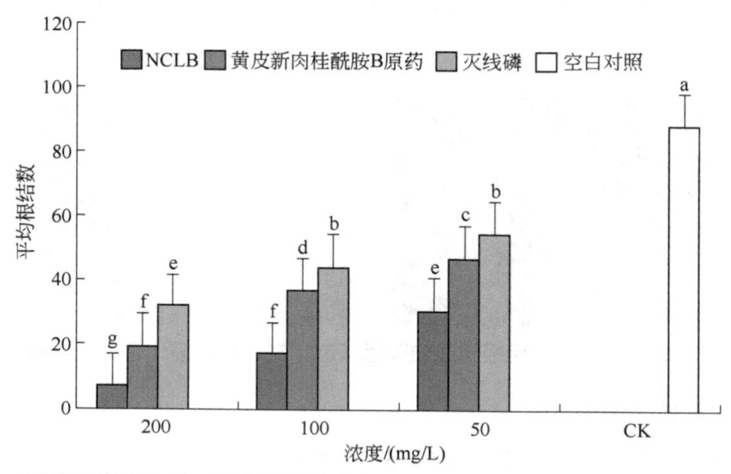

图 6-14　不同药（NCLB、黄皮新肉桂酰胺 B 原药和灭线磷）处理空心菜的平均根结数

平均根结数是 4 次重复的平均值

由图 6-15 可看出，与空白对照（CK）、黄皮新肉桂酰胺 B 原药、灭线磷比较，

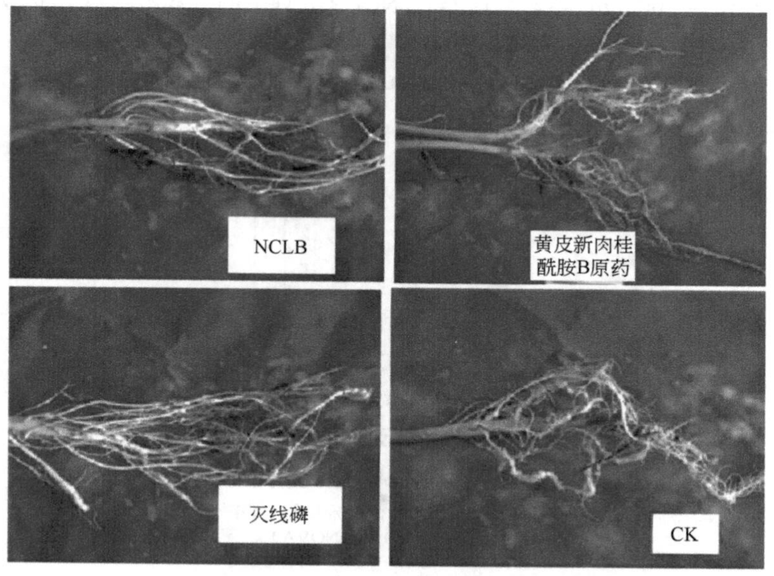

图 6-15　各药剂对空心菜根结线虫病的防治效果

在相同的培养条件下，经过NCLB处理的空心菜根只有很少根结，说明NCLB具有很好的防治根结线虫效果。

三、小结

① 用微乳液聚合法制备出了半透明的NCLB稳定水悬液，胶囊呈球形单分散，粒径小（约38.5nm）、分布窄；包封率高，为95.13%；96 h内的累计释放量是黄皮新肉桂酰胺B原药的1.4倍；稳定性好，在紫外灯照射下，NCLB的降解率比黄皮新肉桂酰胺B原药降低了88.13%；在高温（54℃）和低温（0℃）下储存后，包封率和外观都几乎没有变化[7]。

② 与黄皮新肉桂酰胺B原药和灭线磷相比，NCLB具有更好的杀线虫活性。作用24h时，NCLB对松材线虫和南方根结线虫2龄幼虫（J2）的LC_{50}分别为2.1470mg/L和19.3608mg/L，而灭线磷对两种线虫的LC_{50}分别为9.9395mg/L和55.9418mg/L。

第三节　黄皮新肉桂酰胺B环境安全性初步评价

NCLB对食蚊鱼的毒性试验如下：

1. 实验条件与方法

食蚊鱼（*Gambusia affinis*）采于华南农业大学校园湖中。体长2.5～3.0cm，体重0.15～0.25g。试验前在室内驯养 7天以上，自然死亡率小于5%。驯养期间，每天保持12～16h的光照，水温（20±1）℃，曝气充氧，每天喂食1次市售鱼饲料并及时清除粪便及饲料残渣。挑选大小接近、健康的个体用于试验。试验前1天停止喂食，试验期间不喂食。

试验参照GB/T 13267—91《水质　物质对淡水鱼（斑马鱼）急性毒性测定方法》进行。采用每24h定期更换一次试验液的半静态法。试验时每个试验缸中接一个通气装置定期充气，以保证水中溶氧在正常含量范围（5mg/L以上），试验过程中水温控制在（20±1）℃，pH值在6.7～7.0之间。每缸放6L试液和10条食蚊鱼，接上通气装置。正式试验前先做预试验求出最高安全浓度和最低全致死浓度，正式试验在此范围内按等对数间距法设6个处理浓度和一个空白对照，每一处理设4个重复。

试验开始后24h、48h、72h、96h记录试验鱼的中毒症状和死亡率，及时清理死鱼，判断死鱼的标准是用镊子夹鱼的尾部无反应。用 DPS 数据处理软件计算LC_{50}值和95%置信限。

2. NCLB 对食蚊鱼的毒力

试验所用的食蚊鱼在驯养过程中的自然死亡率为 1.0%。试验中清水对照组的死亡率为 0，符合试验要求。处理后，灭线磷和 LB 纳米胶囊悬浮剂中食蚊鱼都表现相似的中毒症状：中毒初期，鱼不再集群，快速间歇游动，身体和鳍动作节奏明显加快；一段时间后，中毒鱼贴着缸底，游动缓慢，平衡变差，出现侧游和翻转，对外界刺激反应迟钝直至死亡。有一些鱼虽然已经呈现明显的中毒症状，但是到实验结束时仍未死亡。部分死鱼体色变深，鳃及胸部变为深红色，少数鱼的脊柱出现弯曲。随着处理剂量的增加，食蚊鱼出现症状的时间越早，症状越明显。

从试验结果（表 6-16～表 6-18）可以看出，NCLB 对于降低药剂对食蚊鱼的急性毒性有着十分明显的作用。作用 24h 时灭线磷对鱼的 LC_{50} 为 2.3141mg/L，而 NCLB 对食蚊鱼的 LC_{50} 为 4.6462mg/L，是灭线磷的 2 倍多，而黄皮新肉桂酰胺 B 原药对食蚊鱼的 LC_{50} 为 4.4878mg/L，相比 NCLB 对食蚊鱼的毒性略高。通过对 NCLB 空白胶囊（不含有效成分的胶囊）的测定得出，食蚊鱼死亡率为 0，因为纳米胶囊悬浮剂空白中只使用了少量的有机溶剂且被包封在囊内，其他助剂的毒性均较低，因而对食蚊鱼没有毒性。由于纳米胶囊悬浮剂能够明显地降低对食蚊鱼的急性毒性，所以一些对水生生物高毒的农药有可能通过做成高包封率的微胶囊

表 6-16　NCLB 对食蚊鱼的毒力

时间/h	毒理方程	相关系数(*r*)	LC_{50}/(mg/L)	95%置信限/(mg/L)
24	$y=1.4801+4.0126x$	0.9991	4.6462	2.5684～20.2541
48	$y=1.2613+4.5280x$	0.9971	2.3670	0.8686～5.7805
72	$y=1.4532+4.9296x$	0.9950	1.1180	0.1654～2.0840
96	$y=1.3764+5.1537x$	0.9947	0.7732	0.0256～1.6147

表 6-17　黄皮新肉桂酰胺 B 原药对食蚊鱼的毒力

时间/h	毒理方程	相关系数(*r*)	LC_{50}/(mg/L)	95%置信限/(mg/L)
24	$y=1.4345+4.0647x$	0.9973	4.4878	2.4457～9.9518
48	$y=1.2375+4.5653x$	0.9987	2.2455	0.7434～5.3901
72	$y=1.2665+4.9699x$	0.9985	1.0562	0.0671～2.1237
96	$y=1.3979+5.3125x$	0.9975	0.5977	0.0051～1.3607

表 6-18　灭线磷对食蚊鱼的毒力

时间/h	毒理方程	相关系数(*r*)	LC_{50}/(mg/L)	95%置信限/(mg/L)
24	$y=1.41281+4.4852x$	0.9985	2.3141	1.2499～1.3942
48	$y=1.0095+4.8335x$	0.9996	1.4620	0.4252～1.9271
72	$y=1.2331+5.3972x$	0.9981	0.4763	0.0162～0.9899
96	$y=1.4213+5.8576x$	0.9960	0.2492	0.0005～0.6100

剂的形式以达到降低毒性、扩大使用范围的目的[7]。图 6-16 为施用 NCLB 前后食蚊鱼的状态。

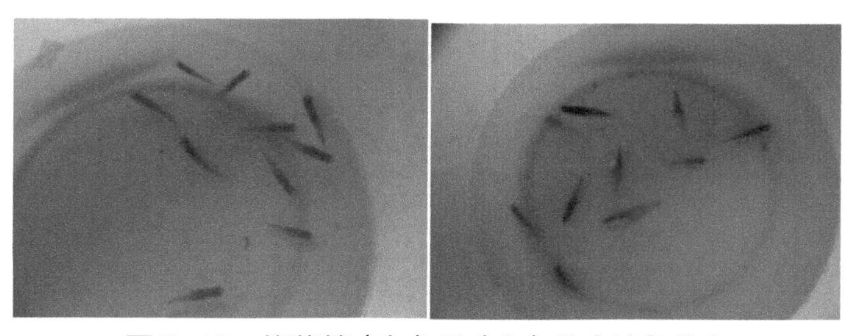

图 6-16 施药前（左）后（右）的食蚊鱼状态

小结如下：

NCLB 对食蚊鱼的毒性较小，其对食蚊鱼的 LC_{50} 为 4.6462mg/L（灭线磷对食蚊鱼的 LC_{50} 为 2.3141mg/L），是灭线磷的 2 倍多。因此，NCLB 对环境的影响小，符合目前农药剂型的研究和发展方向。

参考文献

[1] 马伏宁. 黄皮提取物对松材线虫的活性及作用机理[D]. 广州: 华南农业大学, 2007.

[2] 马伏宁, 万树青, 刘序铭, 等. 黄皮种子中杀松材线虫成分分离及活性测定[J]. 华南农业大学学报, 2009(1): 23-26.

[3] Suzuki K, Wakatuki Y, Shirasaki S, et al. Effect of mixing ratio of anionic and nonionic emulsifiers on the kinetic behavior of methyl methacrylate emulsion polymerization[J]. Polymer, 2005 (46): 5890-5895.

[4] 孙昌梅, 张书香, 李春生, 等. 微乳液聚合研究进展[J]. 中国粉体技术, 2000, 6(4): 28-31.

[5] 易昌凤, 周枝群, 徐祖顺. 微乳液聚合反应的研究方法[J]. 粘接, 2006, 27(2): 31-34.

[6] Yin Y H, Guo Q M, Han Y, et al. Ling-jung preparation, characterization and nematicidal activity of lansimamide B nano-capsules[J]. Journal of Integrative Agriculture, 2012, 11(7): 1151-1158.

[7] 殷艳华. 黄皮酰胺纳米胶囊的制备及其杀线虫活性[D]. 广州: 华南农业大学, 2012.

第七章
肉桂酰胺类化合物构效关系初步研究

本章将以黄皮种子内的次生代谢物黄皮新肉桂酰胺 B 为结构母体，人工合成的 21 个肉桂酰胺类化合物进行杀松材线虫活性和抑菌活性研究，测定其对松材线虫和几种作物病原真菌的毒杀活性。为了阐明结构与活性间的关系，分别将各个化合物的杀线虫活性和杀菌活性与其对应的结构参数（摩尔折射率、疏水性参数、偶极矩）进行相关性分析，研究这些参数对活性的影响。分别将芳香环上的取代基进行归类，而后与活性比较，研究不同环上的取代基对活性的作用，为酰胺类杀线虫剂和杀菌剂的开发和新型杀线虫剂和杀菌剂的创制提供参考，为提高防治水平提供科学的依据。

第一节　肉桂酰胺类化合物的杀线虫活性及构效关系初步研究

一、研究材料和方法

1. 线虫和化合物

以松材线虫（*Bursaphelenchus xylophilus*）为研究材料。受试的化合物为人工合成的 20 种肉桂酰胺类化合物（中国农业大学覃兆海教授提供）。*N*-甲基-*N*-苯乙基肉桂酰胺（lansiumamide B）为天然源农药与化学生物学教育部重点实验室（华南农业大学）提取。具体结构见图 7-1。肉桂酰胺类化合物的相应取代基见表 7-1。化合物的中文名称见表 7-2。

2. 生物活性测定

杀线虫生物活性测定采用药液浸渍法：称取少量供试化合物，用蒸馏水（含有机溶剂的体积百分数小于2%，并且有机溶剂对线虫的影响较小）稀释，取1.5mL药液加入24孔细胞板内，然后用胶头滴管加入0.5mL线虫液（药液终浓度为150μg/mL）。在25℃培养箱中，分别测定其在24h、48h、72h后的杀线虫活性。线虫死活的判断方法：将用针拨动仍然不活动的虫体放入清水，24h后仍不能恢复活动的确定为死亡状态，计算校正死亡率。

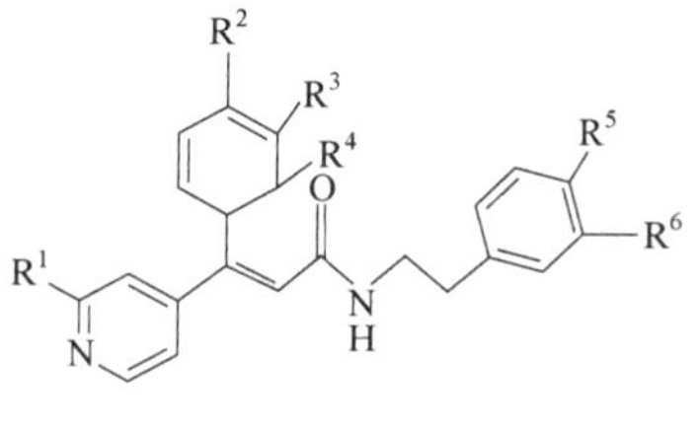

(a) 合成的肉桂酰胺类化合物的结构式

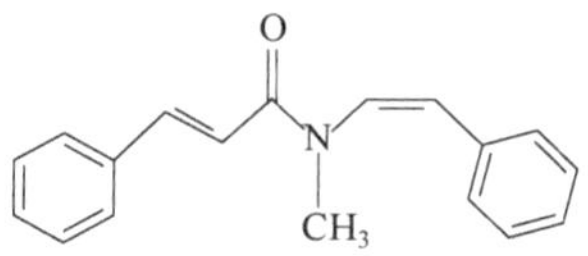

(b) lansiumamide B的结构式

图7-1 肉桂酰胺类化合物的结构式

表7-1 肉桂酰胺类化合物的相应取代基

化合物编号	取代基					
	R^1	R^2	R^3	R^4	R^5	R^6
1	$-Cl$	$-OCH_3$	$-H$	$-H$	$-H$	$-H$
2	$-Cl$	$-CH_3$	$-H$	$-H$	$-OCH_3$	$-OCH_3$
3	$-Cl$	$-CH_3$	$-CH_3$	$-H$	$-H$	$-H$
4	$-Cl$	$-CH_3$	$-H$	$-CH_3$	$-OCH_3$	$-OCH_3$
5	$-Cl$	$-CH_3$	$-H$	$-CH_3$	$-H$	$-H$
6	$-Cl$	$-CH_3$	$-H$	$-CH_3$	$-H$	$-H$
7	$-Cl$	$-C(CH_3)_3$	$-H$	$-H$	$-OCH_3$	$-OCH_3$
8	$-H$	$-CH_3$	$-CH_3$	$-H$	$-H$	$-H$
9	$-H$	$-CH_3$	$-CH_3$	$-H$	$-OCH_3$	$-OCH_3$
10	$-Cl$	$-CH_2CH_3$	$-CH_3$	$-H$	$-OH$	$-H$
11	$-Cl$	$-C(CH_3)_3$	$-H$	$-H$	$-OH$	$-H$
12	$-Cl$	$-CH_3$	$-CH_3$	$-H$	$-OH$	$-H$
13	$-H$	$-CH_3$	$-H$	$-H$	$-OH$	$-H$
14	$-Cl$	$-CH_2CH_3$	$-H$	$-H$	$-H$	$-H$
15	$-H$	$-CH_3$	$-H$	$-H$	$-H$	$-H$
16	$-H$	$-CH_3$	$-H$	$-CH_3$	$-OH$	$-H$
17	$-H$	$-CH_3$	$-CH_3$	$-H$	$-OH$	$-H$
18	$-Cl$	$-CH_3$	$-CH_3$	$-H$	$-OCH_3$	$-OCH_3$
19	$-Cl$	$-CH_3$	$-H$	$-H$	$-OH$	$-H$
20	$-Cl$	$-CH_3$	$-H$	$-H$	$-H$	$-H$

表 7-2　21 种肉桂酰胺类物质的中（英）文名称对照

化合物编号	中（英）文名称
1	(*E*)-3-(2-氯吡啶-4-基)-3-(4-甲氧基苯基)-*N*-苯乙基丙烯酰胺
2	(*E*)-3-(2-氯吡啶-4-基)-*N*-(3,4-二甲氧基苯基)-3-(对-甲基苯基)丙烯酰胺
3	(*E*)-3-(2-氯吡啶-4-基)-3-(3,4-二甲基苯基)-*N*-苯乙基丙烯酰胺
4	(*Z*)-3-(2-氯吡啶-4-基)-*N*-(3,4-二甲氧基)-3-(2,4-二甲基苯基)丙烯酰胺
5	(*Z*)-3-(2-氯吡啶-4-基)-3-(2,4-二甲基苯基)-*N*-苯乙烯肉桂酰胺
6	(*E*)-3-(2-氯吡啶-4-基)-*N*-(3,4-二甲氧基苯基)-3-(4-甲氧基苯基)丙烯酰胺
7	(*E*)-3-(4-(叔丁基)苯基)-3-(2-氯吡啶-4-基)-*N*-(3,4-二甲氧基)丙烯酰胺
8	(*E*)-3-(3,4-二甲基苯基)-*N*-苯乙基-3-(氯吡啶-4-基)丙烯酰胺
9	(*E*)-*N*-(3,4-二甲氧基苯基)-3-(3,4-二甲基苯基)-3-(吡啶-4-基)丙烯酰胺
10	(*E*)-3-(2-氯吡啶-4-基)-3-(4-乙基苯基)-*N*-(4-羟基苯基)丙烯酰胺
11	(*E*)-3-(4-(叔丁基)苯基)-3-(2-氯吡啶-4-基)-*N*-(4-羟基苯基)丙烯酰胺
12	(*E*)-3-(2-氯吡啶-4-基)-3-(3,4-二甲基苯基)-*N*-(4-羟基苯基)丙烯酰胺
13	(*E*)-*N*-(4-羟基苯基)-3-(吡啶-4-基)-3-(对-苯基甲基)丙烯酰胺
14	(*E*)-3-(2-氯吡啶-4-基)-3-(4-乙基苯基)-*N*-乙基苯基丙烯酰胺
15	(*E*)-*N*-乙基苯基-3-(吡啶-4-基)-3-(对-甲基苯基)丙烯酰胺
16	(*Z*)-3-(2-氯吡啶-4-基)-3-(2,4-二甲基苯基)-*N*-(4-羟基苯基)丙烯酰胺
17	(*E*)-3-(3,4-二甲基苯基)-*N*-(4-羟基苯基)-3-(吡啶-4-基)丙烯酰胺
18	(*E*)-3-(2-氯吡啶-4-基)-*N*-(3,4-二甲氧基苯基)-3-(3,4-二甲基苯基)丙烯酰胺
19	(*E*)-3-(2-氯吡啶-4-基)-*N*-(4-羟基苯基)-3-(对-甲基苯基)丙烯酰胺
20	(*E*)-3-(2-氯吡啶-4-基)-*N*-乙基苯基-3-(对-甲基苯基)丙烯酰胺
21	*N*-甲基-*N*-苯乙烯基肉桂酰胺（lansiumamide B）

毒力测定：根据供试化合物的活性大小，分别设置五个浓度，确保在所设置的浓度范围内线虫的校正死亡最小值小于 15%，最大值大于 90%。而后分别在第一天、第二天、第三天测定所设定的浓度梯度下的死亡率。之后将死亡率转换死亡率概率值，浓度转换成对数值。研究化合物的校正死亡率概率值和对数浓度的相关性，求出毒力回归方程，依据直线回归方程求其 LC_{50}[1]。

3. 构效关系研究

（1）结构参数的计算

基本碎片常数：

化合物疏水性参数的计算方法参考李仁利等的分子碎片法计算[2]。相关基团碎片以及校正参数见表 7-3。化合物的疏水性、摩尔折射率常数利用 Chemoffice 2010 计算得出，偶极矩常数利用 MOPAC 2009 计算得出。疏水性、摩尔折射率、偶极矩常数见表 7-4。

表 7-3　化合物残基疏水性参数

<table>
<tr><td colspan="4">基本基团的疏水性常数</td></tr>
<tr><td>f(Ar–)=1.90</td><td>f(H)=0.23</td><td>f(–CH_3)=0.89</td><td>f(–CONH)=–2.71</td></tr>
<tr><td colspan="4">碳链校正常数</td></tr>
<tr><td>F(双键)=–0.55</td><td colspan="2">F_{cbr}(支链校正常数)=–0.13</td><td>F_b(直链校正常数)=–0.12</td></tr>
<tr><td colspan="4">芳基校正系数</td></tr>
<tr><td>f^{ϕ}(=)=–0.42</td><td colspan="2">f^{ϕ}(–OCH_3)=–0.20</td><td>f^{ϕ}(C)=0.13</td></tr>
<tr><td>f^{ϕ}(–OH)=–0.67</td><td colspan="2">f^{ϕ}(=N–)=–1.12</td><td>f^{ϕ}(C(CH_3)$_3$)=1.98</td></tr>
<tr><td>f^{ϕ}(–CH_2CH_3)=1.02</td><td colspan="2"></td><td>f^{ϕ}(CH_3)=0.56</td></tr>
</table>

表 7-4　供试的肉桂酰胺类化合物的疏水性、摩尔折射率、偶极矩常数

化合物编号	疏水性常数(lg$P$)	摩尔折射率(MR)/(cm^3/mol)	偶极矩/Debye
1	4.35	114.78	4.113
2	4.71	127.93	7.077
3	5.45	119.33	7.162
4	5.19	133.83	4.82
5	5.45	119.33	4.077
6	4.09	129.28	3.469
7	5.92	141.71	3.258
8	4.55	113.9	5.967
9	4.29	128.4	6.446
10	4.99	119.85	2.568
11	5.79	129.02	2.771
12	5.06	121.15	6.28
13	3.67	109.82	4.942
14	5.38	118.03	3.617
15	4.06	108.01	5.729
16	5.06	121.15	4.373
17	4.16	115.72	5.14
18	5.19	133.83	7.346
19	4.57	115.25	5.83
20	4.96	113.43	6.89
21	3.77	84.53	3.253

注：偶极矩的单位 Debye，即 C·m（C 为库伦）。

（2）基本基团碎片的计算

$f(-C_5H_5N)=f(Ar-)-f^{\phi}(C)+f^{\phi}(=N-)=1.90-0.13+(-1.12)=0.65$

$f(-C_5H_4ClN)=f(-C_5H_5N)+f(Cl)=0.65+0.71=1.36$

$$f(-Ar-OCH_3)=f(Ar-)+f^{\phi}(-OCH_3)=1.90+(-0.20)=1.70$$

$$f(-Ar-(CH_3)_2)=f(Ar-+2f^{\phi}(-CH_3)=1.90+2\times0.56=3.02$$

$$f(-Ar-(OCH_3)_2)=f(Ar-)+2f^{\phi}(-OCH_3)=1.90-2\times0.20=1.50$$

$$f(-Ar-(C(CH_3)_3))=f(Ar-)+f^{\phi}(-C(CH_3)_3)=1.90+1.98=3.88$$

$$f(-Ar-(CH_2CH_3))=f(Ar-)+f^{\phi}(-CH_2CH_3)=1.90+1.02=2.92$$

$$f(-CH_2)=f(-CH_3)-f(H)=0.89-0.23=0.66$$

$$f(-CH)=f(-CH_2)-f(H)=0.66-0.23=0.43$$

4. 数据统计分析方法

平均数、标准误、线形回归方程等用 DPS 软件处理，数据的显著性采用最小显著差异法（least significant difference，LSD）进行多重比较，小样本比较采取 fisher 方法。化合物结构式、立体结构、电子云密度图均采用 Chem Draw Ultra 2010 软件绘制。

二、杀松材线虫活性和毒力

杀松材线虫生物活性测定表明，供试的 21 个酰胺类化合物中，在 150mg/L 浓度下 72h 后，化合物 lansiumamide B（21 号）、(*E*)-3-(2-氯吡啶-4-基)-3-(4-乙基苯基)-*N*-乙基苯基丙烯酰胺（14 号）、(*E*)-3-(2-氯吡啶-4-基)-*N*-(3,4-二甲氧基苯基)-3-(4-甲氧基苯基)丙烯酰胺（6 号）、(*E*)-3-(3,4-二甲基苯基)-*N*-苯乙基-3-(氯吡啶-4-基)丙烯酰胺（8 号）活性相对较高，它们对线虫的死亡率分别达到 100.00%、67.87%、54.16%、49.07%（见表 7-5）。

表 7-5　21 个肉桂酰胺类化合物杀线虫活性

化合物编号	24h		48h		72h	
	死亡率/%	校正死亡率/%	死亡率/%	校正死亡率/%	死亡率/%	校正死亡率/%
1	19.67±0.33	13.65±0.36fg	44.67±1.20	38.82±1.33c	50.67±2.96	42.01±1.48ef
2	19.33±0.67	13.29±0.72fg	44.33±0.88	38.45±0.97cd	52.33±1.33	43.97±1.71de
3	20.67±0.67	14.73±0.72efg	29.00±1.08	21.49±1.30hi	53.33±1.40	45.15±1.82de
4	24.67±1.67	19.02±1.87cd	40.33±0.88	34.02±0.98de	47.00±1.45	38.09±1.71fg
5	28.33±1.20	22.97±1.29b	31.67±1.67	24.44±1.84fhg	38.67±1.86	27.91±1.18ij
6	18.33±1.02	12.22±1.18fgh	50.00±1.15	44.71±1.28b	61.00±1.08	54.16±1.44c
7	11.00±0.57	4.33±0.62k	44.67±0.67	38.82±0.74c	53.33±1.67	45.15±1.96de
8	33.67±0.88	28.70±0.95c	52.67±1.20	47.67±1.32c	57.67±1.67	49.07±1.96cd
9	19.67±0.88	13.65±0.95fg	24.33±1.20	16.33±1.33jk	31.33±0.67	19.29±0.79klm
10	20.67±0.67	14.73±0.72efg	40.00±1.15	33.60±1.28e	52.33±1.45	43.97±1.71de
11	26.67±0.67	21.17±0.95cc	34.67±1.45	27.76±1.61f	41.67±1.67	31.44±1.96hi
12	10.67±0.33	3.97±0.36k	23.00±1.00	14.86±1.11jk	35.33±1.60	23.99±1.06jk

续表

化合物编号	24h		48h		72h	
	死亡率/%	校正死亡率/%	死亡率/%	校正死亡率/%	死亡率/%	校正死亡率/%
13	14.67±1.45	8.27±1.56ij	24.67±1.45	16.70±1.61jk	31.33±1.33	19.29±0.79klm
14	23.67±0.88	17.95±0.95cde	33.33±1.67	26.29±1.84fg	72.67±1.20	67.87±1.41b
15	15.67±0.67	9.34±0.92hij	23.00±1.00	14.86±1.11jk	30.33±0.33	18.11±0.39lm
16	14.00±1.00	7.56±1.07jk	17.00±1.53	8.23±1.69l	15.33±0.88	8.71±1.04n
17	18.00±1.15	11.86±1.24ghi	30.00±1.52	22.60±1.78gh	42.33±1.45	32.22±1.71hi
18	15.00±0.00	8.63±0.00hgi	25.67±1.33	17.81±1.58ij	33.33±0.88	21.64±1.03kl
19	14.00±1.53	7.56±1.64jk	21.00±0.58	12.65±0.64kl	27.00±1.15	14.20±1.36mn
20	21.67±1.67	15.80±1.79def	35.00±1.15	24.13±1.28f	45.00±1.89	35.35±0.39gh
21	100.00±0.00	100.00±0.00a	100.00±0.00	100.00±0.00a	100.00±0.00	100.00±0.00a
CK	6.97±1.06		9.5±1.05		13.02±0.88	

注：表中的“校正死亡率”为平均值±标准误，是提取物质量浓度为150mg/mL处理72h后的结果；同列数据后字母相同者表示在5%水平差异不显著（LSD法）。

毒力测定结果表明，化合物14号在24h、48h、72h的LC_{50}分别为300.56mg/L、173.77mg/L、113.79mg/L（见表7-6）；化合物6号在24h、48h、72h的LC_{50}分别为305.3mg/L、178.50mg/L、126.18mg/L（见表7-6）；化合物8号在24h、48h、72h的LC_{50}分别为429.66mg/L、314.58mg/L、252.36mg/L（见表7-6）；21号化合物在24h、48h、72h的LC_{50}分别为8.38mg/L、6.36mg/L、5.38mg/L。杀线虫剂阿维菌素在24h、48h、72h的LC_{50}分别为18.88mg/L、8.98mg/L、7.23mg/L（见表7-6）。对比发现，21号化合物（lansiumamide B）室内活性较好。

表7-6 供试化合物杀线虫毒力

化合物编号	处理时间/h	毒力回归方程	相关系数(r)	LC_{50}/(mg/L)	95%置信限/(mg/L)
6	24	y=0.74+1.71x	0.9807	305.34	232.32～401.02
	48	y=1.89+1.38x	0.9769	178.50	139.51～228.41
	72	y=2.28+1.30x	0.9412	126.18	80.47～180.78
8	24	y=0.15+1.84x	0.9688	429.66	285.32～646.99
	48	y=0.02+2.00x	0.9761	314.58	231.32～429.57
	72	y=0.37+1.92x	0.9545	252.36	170.43～373.67
14	24	y=0.41+1.85x	0.9856	300.56	241.33～373.00
	48	y=0.14+2.17x	0.9515	173.77	165.11～182.88
	72	y=0.59+2.14x	0.9516	113.79	95.27～135.90
21	24	y=0.26+5.70x	0.9614	8.38	7.77～9.03
	48	y=0.44+5.67x	0.9478	6.36	5.90～6.84
	72	y=0.62+6.00x	0.9635	5.38	4.96～5.78
阿维菌素	24	y=2.58+1.75x	0.9413	18.88	10.56～33.75
	48	y=3.35+1.73x	0.9848	8.98	8.30～9.73
	72	y=3.27+2.00x	0.9912	7.23	6.43～8.12

三、结构与活性关系研究

室内毒力测定，供试的肉桂酰胺类化合物中，lansiumamide B（21 号）化合物的杀松材线虫活性同其他的化合物之间存在较大的差距。这种差异必然与其结构存在着一定的联系。lansiumamide B（21 号）和(*E*)-3-(2-氯吡啶-4-基)-3-(4-乙基苯基)-*N*-乙基苯基丙烯酰胺（14 号）化合物的结构式见图 7-2。

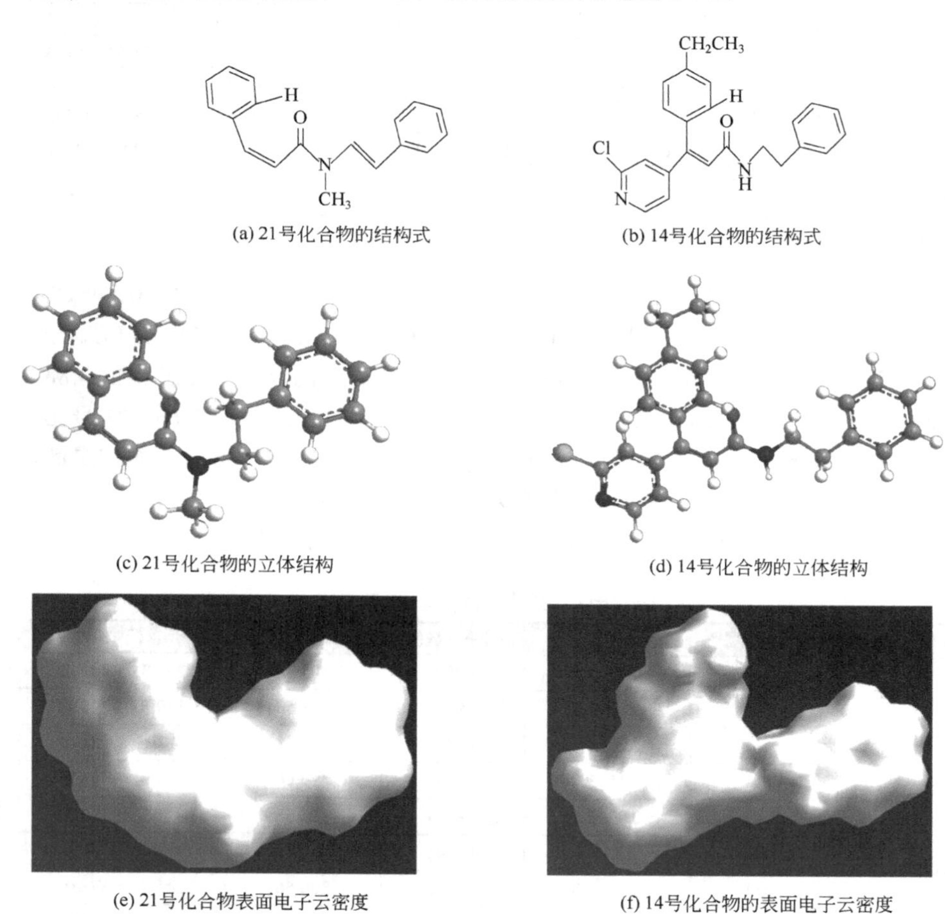

(a) 21号化合物的结构式

(b) 14号化合物的结构式

(c) 21号化合物的立体结构

(d) 14号化合物的立体结构

(e) 21号化合物表面电子云密度

(f) 14号化合物的表面电子云密度

图 7-2 (*E*)-3-(2-氯吡啶-4-基)-3-(4-乙基苯基)-*N*-乙基苯基丙烯酰胺（14 号）和 lansiumamide B（21 号）化合物结构对比图

通过图 7-2 可以清楚地看到 lansiumamide B 和其他的化合物之间存在较大的差异。比如 21 号化合物 N 原子上连接有一个甲基；14 号化合物有吡啶环和 Cl 原子；14 号芳香环上有取代基等。最大的差异主要体现在 21 号化合物缺少一个苯环，在形成 H 键时分子结构向上折叠，整个分子形状呈“V”形，14 号化合物因为有两个苯环，所以分子形状没有发生折叠，呈倒“T”形。当然这些化合物的差异还包括疏水性、偶极矩、摩尔折射率和芳香环上的取代基等。下面就分析这些差异对活性的影响。

（1）疏水性对活性的影响

肉桂酰胺类化合物在浓度为 150μg/mL 浓度下，72h 的校正死亡率见表 7-7，通过相关性分析得知二者相关性较低，所以判断该类酰胺类化合物在 2.70～6.56 疏水性范围内对活性影响不大。经典的汉施（Hansch）方程中，lg*C*（生物活性对数值）和 lg*P* 呈倒抛物线形。其含义为存在最佳的疏水性参数，小于或者大于该值之后，生物活性都会降低。可是在供试的化合物中，疏水性的作用没有体现出来。可能是因为在疏水性为 2.70～6.56 内，化合物穿透线虫表皮的能力没有显著差异。

表 7-7　肉桂酰胺类化合物的疏水性和校正死亡率

化合物编号	疏水性常数	校正死亡率/%	化合物编号	疏水性常数	校正死亡率/%
1	3.40	42.02	12	4.28	23.99
2	3.99	43.97	13	2.70	19.29
3	4.72	45.15	14	4.70	67.87
4	4.32	38.10	15	3.68	18.12
5	4.72	27.91	16	4.28	8.71
6	3.00	54.16	17	3.57	32.22
7	5.18	45.15	18	4.32	21.64
8	4.01	49.07	19	3.95	14.20
9	3.61	19.29	20	4.39	35.35
10	6.56	43.97	21	3.77	100.00
11	5.14	31.44			

（2）偶极矩对活性的影响

偶极矩是反映分子整体电性分布情况的一种参数，是一向量，具有加和性。作为一种电性参数，其在亲电（或亲核）反应和诱导大分子受体构象变化方面有一定的作用。供试的肉桂酰胺类化合物的偶极矩和校正死亡率见表 7-8。根据相关性分析的结果可知，该类物质的生物活性和偶极矩有一定的关系，随着偶极矩的增加，校正死亡率有减小的趋势。故可以初步推断供试的化合物在和受体结合发生反应时涉及电性作用。

（3）摩折射对活性的影响

摩尔折射率（MR）是分子立体结构、分子极性和分子体积的参数。供试的 21 种肉桂酰胺类化合物的摩尔折射率和校正死亡率见表 7-9。相关性分析的结果显示：化合物活性和摩尔折射率没有明显的相关关系。可是21号出现离群显现，推测21号有其结构的特殊性。进一步分析原因发现，由于羰基上的O和邻近苯环上的H成键，同时加上21号缺少一个苯环，所以这个H键造成分子的折叠，使其分子结构与其他的物质不同。综合各种因素推断，这个改变可能就是造成活性差异的主要原因。

表7-8 肉桂酰胺类化合物的偶极矩和校正死亡率

化合物编号	偶极矩/Debye	校正死亡率/%	化合物编号	偶极矩/Debye	校正死亡率/%
1	4.113	42.02	12	6.28	23.99
2	7.077	43.97	13	4.942	19.29
3	7.162	45.15	14	3.617	67.87
4	4.82	38.10	15	5.729	18.12
5	4.077	27.91	16	4.373	8.71
6	3.469	54.16	17	5.14	32.22
7	3.258	45.15	18	7.346	21.64
8	5.967	49.07	19	5.83	14.20
9	6.446	19.29	20	6.89	35.35
10	2.568	43.97	21	3.253	100.00
11	2.771	31.44			

表7-9 肉桂酰胺类化合物的摩尔折射率和校正死亡率

化合物编号	摩尔折射率/（cm^3/mol）	校正死亡率/%	化合物编号	摩尔折射率/（cm^3/mol）	校正死亡率/%
1	114.78	42.02	12	121.15	23.99
2	127.93	43.97	13	109.82	19.29
3	119.33	45.15	14	118.03	67.87
4	133.83	38.10	15	108.01	18.12
5	119.33	27.91	16	121.15	8.71
6	129.28	54.16	17	115.72	32.22
7	141.71	45.15	18	133.83	21.64
8	113.9	49.07	19	115.25	14.20
9	128.4	19.29	20	113.43	35.35
10	119.85	43.97	21	84.53	100.00
11	129.02	31.44			

通过分析供试酰胺类化合物的活性和结构参数时发现，疏水性对该类化合物活性影响较小；偶极矩对活性有一定的影响，活性随着偶极矩的增加有减小的趋势；该类物质的MR和活性进行相关性分析时发现21号有离群的现象，说明其

分子大小和其他的化合物差异较大。综合各方面的因素推断，结构参数中，电性对活性有一定的影响，不过这种影响不足以造成21号化合物如此显著的活性，于是推断局部立体结构的不同，可能就是造成活性差异的主要原因。

（4）芳香环上取代基对活性的影响

为了研究各个苯环上的取代基对活性的影响，依次把三个芳香环上的取代基进行分类，比较其对活性的影响。

① 吡啶环上Cl对活性的影响　根据吡啶环上是否存在Cl，可以将这20种酰胺类化合物分为两组。有Cl的一组（包括：1、2、3、4、5、6、7、10、11、12、14、16、18、19、20号化合物），无Cl的一组（包括：8、9、13、15、17号化合物）。通过比较可以看出，吡啶环上的Cl对活性的影响不明显（见表7-10）。

表7-10　吡啶环上的Cl对活性的影响

分类	72h的校正死亡率平均值/%	两组数据进行小样本比较时的 P 值
含Cl	36.24	0.14
不含Cl	27.59	

注：对这两组进行小样本平均数比较，含有Cl的组平均数36.24>不含Cl组平均数27.59，其 P 值0.14>0.05。所以Cl对于该类化合物的活性没有明显的作用。

Cl、F原子往往对活性有提高的作用，可是在本组对比中吡啶环上的Cl没有体现出来，推断可能是其他的因素对该类化合物活性的影响较大。

② 酰胺基团碳端β位碳连接的苯环上的各种取代基对活性的影响　根据该苯环上取代基的不同，可以将这些化合物分为五组。有一个甲基取代（包括：2、13、15、19、20号）、有两个甲基取代（包括：3、4、5、8、9、12、16、17、18号）、乙基取代（包括：10、14号）、叔丁基取代（包括：7、11号化合物）、甲氧基取代（包括：1、6号化合物）。通过小样本比较，结果显示，这些取代基之间的差异也不明显（见表7-11）。

表7-11　酰胺基团碳端β位碳上苯环上的各种取代基对活性的影响

分类	72h的校正死亡率平均值/%	两组数据进行小样本比较			
单甲基(A)	26.18	A,B比较	P=0.29	A,C比较	P=0.10
双甲基(B)	30.55	A,D比较	P=0.19	A,E比较	P=0.10
乙基(C)	55.92	B,C比较	P=0.07	B,D比较	P=0.44
叔丁基(D)	33.40	B,E比较	P=0.07		
甲氧基(E)	48.09				

注：对这些小组两两进行小样本平均数比较，由于其 P 值均>0.05。所以这些取代基之间活性差异不显著。

③ 酰胺基团N端γ位碳连接的苯环上各种取代基对活性的影响　根据该苯

环上取代基的不同，可以把供试的化合物分为三组：—OCH_3取代组化合物（包括：2、4、6、7、9、18 号化合物）、—OH 取代组化合物（包括：10、11、12、13、16、17、19 号化合物）、没有取代基组化合物（包括：1、3、5、8、14、15、20 号化合物）。对其中的数据两两进行小样本平均数差异检验，数据显示甲氧基和无取代基组的化合物比较，羟基和无取代基的化合物比较，其 P 值分别为 0.04、0.03，均小于 0.05（见表 7-12）。说明，—OCH_3对该类化合物的杀线虫活性有提高作用，—OH 对该类化合物的杀线虫活性有抑制作用。结合电性参数和活性的关系，可以推测是由于—OH 和—OCH_3的电负性不同，导致化合物的活性不同。

表 7-12　酰胺基团碳端 γ 位碳上苯环上的各种取代基对活性的影响

分类	72h 的校正死亡率平均值/%	两组数据进行小样本比较时的 P 值			
甲氧基(A)	37.05	A,C 比较	P=0.04	A,B 比较	P=0.33
羟基(B)	24.83	B,C 比较	P=0.03		
无取代基(C)	40.78				

注：对这些小组两两进行小样本平均数比较，A 和 B 比较时，$P>0.05$。B 和 C 比较时，$P<0.05$。所以—OCH_3对该类化合物的线虫活性有提高作用，—OH 有抑制作用。

四、小结

① 合成的化合物中(E)-3-(2-氯吡啶-4-基)-3-(4-乙基苯基)-N-乙基苯基丙烯酰胺（14 号）的杀线虫活性最好。在 24h、48h、72h 的 LC_{50} 分别为 300.56mg/L、173.77mg/L、113.79mg/L。

② lansiumamide B（21 号）分子中由于只有一个苯环，在形成 H 键时该苯环向上折叠从而使得分子结构发生改变。这个改变是造成活性差异的主要原因。

③ 酰胺基团 N 端 γ 位碳上连接的苯环上的取代基（—OH、—OCH_3）中，—OCH_3对该类化合物的杀线虫有促进作用，–OH 对于活性有降低的作用。

第二节　肉桂酰胺类化合物抑菌活性与构效关系初步研究

以化合物 N-甲基-桂皮酰胺为模板，合成了 21 个酰胺类化合物，在酰胺类化合物杀线虫活性与构效关系研究基础上，开展了杀菌活性与构效关系的研究，目的是寻找具有高活性的、环境安全的杀菌剂先导化合物。

合成的酰胺类化合物活性筛选是在 100μg/mL 浓度之下，测定 21 种酰胺类化合物对病菌的生物活性。将此类化合物的活性和这类化合物不同芳环上的取代基进行归类，研究芳环上取代基对活性的影响。然后选择活性相对较好的化合物进行毒力测定，并就其活性和化学结构参数（摩尔折射率、疏水性参数、偶极矩）进行比较分析，研究这些参数以及取代基对生物活性的影响，为今后酰胺类杀菌剂的开发提供参考，指导下一步合成的方向。

一、研究材料和方法

1. 供试病原菌

供试病原菌中文、拉丁文名称对照见表 7-13。

表 7-13　供试病原菌名称

编号	中文名	拉丁文学名
1	芒果炭疽病菌	*Colletotrichum gloeosporioides*
2	芒果蒂腐病菌	*Diplodina* sp.
3	西瓜枯萎病菌	*Fusarium oxysporum* f.sp.
4	香蕉枯萎病菌	*Fusarium oxysporum* f.sp.
5	荔枝炭疽病菌	*Colletotrichum gloeosporioides*
6	荔枝霜疫霉菌	*Peronophythora litchi*
7	柑橘青霉病菌	*Penicillium italicum*
8	黄瓜炭疽病菌	*Colletotrichum lagenarium*
9	玉米大斑病菌	*Setosphaeria turcica*
10	玉米小斑病菌	*Bipolaris maydis*
11	罗氏小核菌	*Sclerotium rolfsii*
12	水稻纹枯病菌	*Rhizoctonia solani*

2. 受试化合物

21 种人工合成化合物由中国农业大学覃兆海教授合成并提供，具体结构见图 7-3、表 7-14、表 7-15。LB 为从黄皮种核中提取的天然源产物：黄皮新肉桂酰胺 B（*N*-甲基-*N*-苯乙烯基肉桂酰胺、lansiumamide B），结构式见图 7-4。

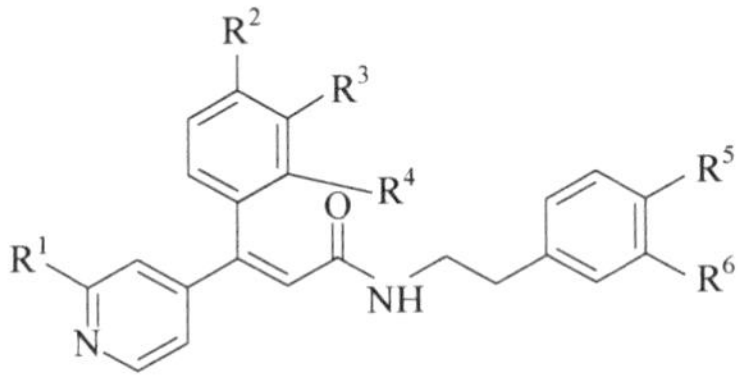

图 7-3　酰胺类化合物的结构通式

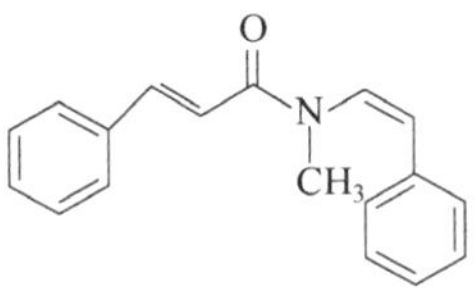

图 7-4　*N*-甲基-*N*-苯乙烯基肉桂酰胺

表 7-14　酰胺类化合物的相应取代基

化合物	取代基					
1	R^1=H	R^2=CH_3	R^3=CH_3	R^4=H	R^5=H	R^6=H
2	R^1=Cl	R^2=CH_3	R^3=H	R^4=CH_3	R^5=OCH_3	R^6=OCH_3
3	R^1=H	R^2=CH_3	R^3=H	R^4=H	R^5=H	R^6=H
4	R^1=Cl	R^2=$C(CH_3)_3$	R^3=H	R^4=H	R^5=OCH_3	R^6=OCH_3
5	R^1=H	R^2=CH_3	R^3=CH_3	R^4=H	R^5=OCH_3	R^6=OCH_3
6	R^1=Cl	R^2=CH_3	R^3=H	R^4=CH_3	R^5=H	R^6=H
7	R^1=Cl	R^2=CH_3	R^3=CH_3	R^4=H	R^5=H	R^6=H
8	R^1=Cl	R^2=CH_3	R^3=H	R^4=H	R^5=OCH_3	R^6=OCH_3
9	R^1=Cl	R^2=OCH_3	R^3=H	R^4=H	R^5=OCH_3	R^6=OCH_3
10	R^1=Cl	R^2=OCH_3	R^3=H	R^4=H	R^5=H	R^6=H
11	R^1=Cl	R^2=$C(CH_3)_3$	R^3=H	R^4=H	R^5=OH	R^6=H
12	R^1=Cl	R^2=OCH_3	R^3=H	R^4=H	R^5=OH	R^6=H
13	R^1=Cl	R^2=CH_2CH_3	R^3=H	R^4=H	R^5=OH	R^6=H
14	R^1=Cl	R^2=CH_3	R^3=CH_3	R^4=H	R^5=OH	R^6=H
15	R^1=H	R^2=CH_3	R^3=H	R^4=H	R^5=OH	R^6=H
16	R^1=Cl	R^2=CH_2CH_3	R^3=H	R^4=H	R^5=H	R^6=H
17	R^1=Cl	R^2=CH_3	R^3=H	R^4=CH_3	R^5=OH	R^6=H
18	R^1=H	R^2=CH_3	R^3=CH_3	R^4=H	R^5=OH	R^6=H
19	R^1=Cl	R^2=CH_3	R^3=CH_3	R^4=H	R^5=OCH_3	R^6=OCH_3
20	R^1=Cl	R^2=CH_3	R^3=H	R^4=H	R^5=OH	R^6=H
21	R^1=Cl	R^2=CH_3	R^3=H	R^4=H	R^5=H	R^6=H

表 7-15　酰胺类化合物的名称、分子式、分子量

编号	化合物名称	分子式	分子量
1	(*E*)-3-(3,4-二甲基苯基)-*N*-苯乙基-3-(氯吡啶-4-基)丙烯酰胺	$C_{24}H_{24}N_2O$	356.46
2	(*Z*)-3-(2-氯吡啶-4-基)-*N*-(3,4-二甲氧基)-3-(2,4-二甲基苯基)丙烯酰胺	$C_{26}H_{27}ClN_2O_3$	450.96
3	(*E*)-*N*-苯基-3-(吡啶-4-基)-3-烯丙基丙烯酰胺	$C_{23}H_{22}N_2O$	342.43
4	(*E*)-3-(4-叔丁基)-3-(2-氯吡啶-4-基)-*N*-(3,4-二甲氧基苯基)丙烯酰胺	$C_{28}H_{31}ClN_2O_3$	479.01
5	(*E*)-*N*-(3,4-二甲氧基苯基)-3-(3,4-二甲基苯基)-3-(吡啶-4-氯)丙烯酰胺	$C_{26}H_{28}N_2O_3$	416.51
6	(*Z*)-3-(2-氯吡啶-4-基)-3-(2,4-二甲基苯基)-*N*-苯乙烯肉桂酰胺	$C_{23}H_{21}ClN_2O$	376.88
7	(*E*)-3-(2-氯吡啶-4-基)-3-(3,4-二甲基苯基)-*N*-苯乙基丙烯酰胺	$C_{24}H_{23}ClN_2O$	390.91
8	(*E*)-3-(2-氯吡啶-4-基)-*N*-(3,4-二甲基苯基)-3-烯丙基丙烯酰胺	$C_{25}H_{25}ClN_2O_3$	436.93
9	(*E*)-3-(2-氯吡啶-4-基)-*N*-(3,4-二甲氧基苯基)-3-(4-甲氧基苯基)丙烯酰胺	$C_{25}H_{25}ClN_2O_4$	452.93
10	(*E*)-3-(2-氯吡啶-4-基)-3-(4-甲氧基苯基)-*N*-苯乙基丙烯酰胺	$C_{23}H_{21}ClN_2O_2$	392.88
11	(*E*)-3-(4-叔丁基)-3-(2-氯吡啶-4-基)-*N*-(4-羟基苯基)丙烯酰胺	$C_{26}H_{27}ClN_2O_2$	434.96
12	(*E*)-3-(2-氯吡啶-4-基)-*N*-(4-羟基苯基)-3-(4-甲氧基苯基)丙烯酰胺	$C_{23}H_{21}ClN_2O_3$	408.88

续表

编号	化合物名称	分子式	分子量
13	(*E*)-3-(2-氯吡啶-4-基)-3-(4-乙基)-*N*-(4-甲氧基苯基)丙烯酰胺	$C_{25}H_{25}ClN_2O$	404.93
14	(*E*)-3-(2-氯吡啶-4-基)-3-(3,4-二甲基苯基)-*N*-(4-羟基苯基)丙烯酰胺	$C_{24}H_{23}ClN_2O_2$	406.9
15	(*E*)-*N*-(4-羟基苯基)-3-(吡啶-4-基)-3-烯丙基丙烯酰胺	$C_{23}H_{22}N_2O_2$	358.43
16	(*E*)-3-(2-氯吡啶-4-基)-3-(4-乙基苯基)-*N*-乙基苯基丙烯酰胺	$C_{24}H_{23}ClN_2O$	390.91
17	(*Z*)-3-(2-氯吡啶-4-基)-3-(2,4-二甲基苯基)-*N*-(4-羟基苯基)丙烯酰胺	$C_{24}H_{23}ClN_2O_2$	406.9
18	(*E*)-3-(3,4-二甲基苯基)-*N*-(4-羟基苯基)-3-(吡啶-4-基)丙烯酰胺	$C_{24}H_{24}N_2O_2$	372.46
19	(*E*)-3-(2-氯吡啶-4-基)-*N*-(3,4-二甲氧基苯基)-3-(3,4-二甲基苯基)丙烯酰胺	$C_{26}H_{27}ClN_2O_3$	450.96
20	(*E*)-3-(2-氯吡啶-4-基)-*N*-(4-羟基苯基)-3-烯丙基丙烯酰胺	$C_{23}H_{21}ClN_2O_2$	392.88
21	(*E*)-3-(2-氯吡啶-4-基)-*N*-苯基-3-苯乙基丙烯酰胺	$C_{23}H_{21}ClN_2O$	376.88
22	*N*-甲基-*N*-苯乙烯基肉桂酰胺（LB）	$C_{18}H_{17}NO$	263.33

3. 生物活性测定

采用菌丝生长速率法，测定受试化合物的抑菌率；采用概率值分析法，计算酰胺化合物对植物病原真菌菌丝生长的抑制中浓度 IC_{50} 值。

采用载玻片法，测定受试化合物处理后的真菌孢子萌发率和对孢子萌发的抑制率。

4. 构效关系相关物化参数

（1）疏水性参数

疏水性参数（hydrophobic parameter）：用来表示化合物的亲脂性、透过生物膜的性能及与受体（包括酶）间疏水性结合力的一种参数，在构效关系的研究中很重要。化合物在体内的吸收、分布、排泄等与亲脂性有密切关系，化合物的疏水性参数与其生物活性间存在显著的相关关系。因此，疏水性或亲脂性一直在构效关系研究中占据重要的位置。通常以脂水分配系数表示化合物的脂溶性，因此，可以用脂水分配系数作为化合物的疏水性参数。

脂水分配系数（lipo-hydro partition coefficient）：符号为"P",化合物在脂相（有机相）与水相间达到平衡时的浓度比值。通常是以化合物在有机相中的浓度为分子，在水相中的浓度为分母，即 $P=c_{org}/c_{H_2O}$，当 $P>1$ 时，表示化合物的脂溶性大，当 $P<1$ 时，则表示化合物的脂溶性小。为了使 P 数字简化，在实际应用中，多用其对数值，当 $\lg P>0$ 时，则表示化合物的脂溶性大，数值越大则脂溶性越强，反之亦然。

（2）基本碎片常数

化合物疏水性参数的计算方法参考李仁利[2]等的分子碎片方法计算。相关基团碎片疏水性常数以及校正参数如下：

基本基团的疏水性常数：

f(Ar–)=1.90

f(H)=0.23

$f(-CH_3)$=0.89

f(–CONH)=–2.71

碎片常数加和法的校正常数：

F（=）（一般双键校正常数）=–0.55

F_{cbr}(支链校正常数)=–0.13

F_b(直链校正常数)=–0.12

芳香环的碎片常数：

f^{ϕ}(=)=–0.42

$f^{\phi}(-OCH_3)$=–0.20

f^{ϕ}(C)=0.13

f^{ϕ}(–OH)=–0.67

f^{ϕ}(=N–)=–1.12

$f^{\phi}(-C(CH_3)_3)$=1.98

$f^{\phi}(-CH_2CH_3)$=1.02

$f^{\phi}(-CH_3)$=0.56

（3）基本基团碎片的计算

参照本章第一节“一、研究材料和方法□中□3.构效关系研究”中的计算方法。

（4）摩尔折射率

Paling 认为在半抗原（hapten）和抗体的相互作用中分散力（dispersion force）是很重要的一种作用力，因而首先将摩尔折射率（molar refractivity，MR）用于结构与生物活性关系的研究中。因为分散力可以用摩尔折射率来表示。

在构效关系中，当 MR 的系数为负值时，配体与受体间具有立体位阻，而当 MR 的系数为正值时（并不少见），则可能是大的取代基有助于维持在活性部位的结合或抑制剂使酶的构象发生变化。MR 具有加和性，可以用加和法计算化合物的摩尔折射率。

（5）偶极矩

药物与受体或酶之间可以离子吸引，离子-偶极、偶极-偶极相互作用形成稳定的复合物而发挥作用。药物在靶标体内是否易于解离与其是否易于吸收和分布有密切的关系。化合物分子中由不同电负性原子所形成的化学键具有不同程度的极性，使分子分布不均匀。取代基团的引入也会影响分子中电子的排布。这就是药物与受体间电性相互作用及药物解离现象产生的原因。

偶极矩（dipole moment）系由于化合物分子中电负性不同的原子所形成的一种理化性质，是反映分子整体的电性分布情况的一种参数。偶极矩具有加和性，是一个向量参数，在加和时要考虑其方向性。

摩尔体积的 lg$P$ 计算采用碎片连接法，化合物的疏水性、摩尔折射率和偶极矩常数利用相关软件直接计算得出。表 7-16 就是 22 种化合物的疏水性、摩尔折射率和偶极矩常数。

表 7-16　化合物的疏水性、摩尔折射率和偶极矩常数

化合物编号	疏水性常数(lg*P*)	摩尔折射率(MR)/(cm^3/mol)	偶极矩/(C · m)
1	4.55	113.9	5.967
2	5.19	133.83	4.82
3	4.06	108.01	5.729
4	5.92	141.71	3.258
5	4.29	128.4	6.446
6	5.67	119.21	7.231
7	5.45	119.33	7.162
8	4.71	127.93	7.077
9	4.09	129.28	3.469
10	4.35	114.78	4.113
11	5.79	129.02	2.771
12	3.89	117.63	3.114
13	4.99	119.85	2.568
14	5.06	121.15	6.28
15	3.67	109.82	4.942
16	5.38	118.03	3.617
17	5.06	121.15	4.373
18	4.16	115.72	5.14
19	5.19	133.83	7.346
20	4.57	115.25	5.83
21	4.96	113.43	6.89
22	3.77	84.53	3.253

5. 数据统计分析

本试验中的测定数据、平均数、标准误等数据以及作图等均用 Microsoft Excel 2003 软件处理，采用 DPS 软件分析数据。

二、酰胺类化合物抑菌活性与毒力

1. 黄皮新肉桂酰胺 B 对 12 种供试菌的活性

从测定黄皮新肉桂酰胺 B 对 12 种供试菌的抑菌活性比较中，筛选出合适的病原菌作为构效关系研究的对象。

测定的结果（表 7-17）可以看出，黄皮新肉桂酰胺 B 对病原真菌都有一定的抑制作用，其中对 6 种病原真菌菌丝生长的抑制率达到了 50%以上。黄皮新肉桂酰胺 B 对芒果炭疽病菌菌丝生长的抑制率为 66.40%，显著高于对其他病菌的抑制率，因此芒果炭疽病菌为黄皮新肉桂酰胺 B 的敏感菌，也是上述酰胺类化合物

的敏感菌[3]。

表 7-17　黄皮新肉桂酰胺 B 对 12 种病原真菌菌丝生长的抑制效果

供试病原菌	处理平均直径/cm（n=3）	对照平均直径/cm（n=3）	平均抑制率（$\bar{X}$±SE）/%
芒果炭疽病菌	2.83±0.04	8.43±0.06	66.40±0.08a
荔枝炭疽病菌	3.17±0.05	8.30±0.09	61.85±0.11a
荔枝霜疫霉菌	3.63±0.06	8.97±0.03	59.48±0.08ab
柑橘青霉病菌	3.93±0.10	9.00±0.01	56.30±0.09b
黄瓜炭疽病菌	3.97±0.08	8.53±0.05	53.52±0.08b
西瓜枯萎病菌	4.10±0.05	8.60±0.11	52.33±0.15b
芒果蒂腐病菌	4.43±0.05	8.47±0.02	47.64±0.05c
玉米小斑病菌	4.63±0.04	8.80±0.05	47.35±0.05c
玉米大斑病菌	4.93±0.06	8.93±0.02	44.78±0.13c
水稻纹枯病菌	6.10±0.04	8.13±0.1	25.00±0.14d
香蕉冠腐病菌	6.87±0.03	8.73±0.06	21.37±0.06d
罗氏小核菌	7.53±0.06	9.00±0.08	16.30±0.11e

注：1.供试化合物浓度为 100mg/L。

2.表中数据为三次重复的平均值，同列数据后标有相同字母者表示在 5%水平上差异不显著（DMRT 法）。

2. 酰胺类化合物对芒果炭疽病菌的活性

用丙酮与甲醇 1∶1 的混合液作溶剂将化合物溶解，用无菌水配制成一定浓度的供试药液，准确吸取 1mL 药液加入到 59mL 融化的 PDA 培养基中（约 50℃），混合均匀后倒入灭过菌的培养皿中（d=9cm），每瓶均匀倒入 3 个培养皿中，配制成所需浓度的带毒培养基。以混入相同体积的丙酮与甲醇 1∶1 的混合液为对照。100μg/mL 的酰胺类化合物对芒果炭疽病菌的抑菌活性见表 7-18。

表 7-18　酰胺类化合物对芒果炭疽病菌抑制率及抑菌活性

化合物	菌落平均直径/cm（n=3）	平均抑菌率（$\bar{X}$±SE）/%	校正后的抑菌活性
1	2.38±0.06	68.10±0.04a	1.17
2	2.85±0.03	61.83±0.02b	0.94
3	3.18±0.04	57.37±0.03c	0.44
4	3.22±0.02	56.92±0.03c	0.58
5	3.23±0.03	56.70±0.06c	0.49
6	3.27±0.03	56.25±0.02c	0.41
7	3.32±0.02	55.6±0.06cd	0.38
8	3.33±0.04	55.4±0.03cd	0.41

续表

化合物	菌落平均直径/cm	平均抑菌率（$\bar{X}$±SE）/%	校正后的抑菌活性
	n=3		
9	3.47±0.03	53.60±0.04de	0.28
10	3.62±0.06	51.60±0.08e	0.11
11	4.00±0.06	46.40±0.06f	−0.3
12	4.07±0.03	45.54±0.04fg	−0.3
13	4.17±0.18	44.20±0.06fgh	−0.4
14	4.31±0.02	42.3±0.06h	−0.9
15	4.20±0.10	43.80±0.07gh	−0.5
16	4.72±0.02	36.8±0.01i	−1.3
17	5.07±0.03	32.10±0.04j	−2.9
18	4.27±0.03	42.86±0.05h	−0.4
19	6.10±0.06	18.30±0.03k	−2.6
20	6.13±0.09	17.90±0.04k	−1.2
21	5.00±0.06	33.00±0.05j	−0.5
LB	2.47±0.03	66.96±0.01a	0.81
CK	7.47±0.04	—	

注：1.供试化合物浓度为100mg/L。
2.同列数据后标有相同字母者表示在5%水平上差异不显著（DMRT法）。

生物活性测定结果表明，受试的21个酰胺类化合物中，活性相对较高的化合物有1～12号化合物，它们对芒果炭疽病菌的抑制率均在45%之上。

3. 化合物1～12和LB对芒果炭疽病菌毒力

针对活性较好的1～12和LB化合物，设置5个不同的浓度，每个浓度重复3次，求其对芒果炭疽病菌的毒力（表7-19）。将平均抑制率值进行百分率-概率转换，以概率值为横坐标、处理浓度的对数值为纵坐标，求取回归曲线。

表7-19　13种酰胺类化合物对芒果炭疽病菌的毒力

化合物	毒力回归方程($y=ax+b$)	相关系数(r)	IC_{50}/(μg/mL)	95%置信限/(μg/mL)
1	y=0.9604+2.2048x	0.918	67.95	32.13～143.74
2	y=1.2178+2.0278x	0.887	73.31	32.47～165.54
3	y=1.2125+1.9875x	0.877	80.47	35.05～184.73
4	y=1.1299+2.0160x	0.876	83.10	36.63～188.55
5	y=1.0891+2.0230x	0.873	85.74	37.90～193.98
6	y=1.1436+1.9866x	0.874	87.33	38.03～200.56

续表

化合物	毒力回归方程($y=ax+b$)	相关系数(r)	IC_{50}/(μg/mL)	95%置信限/(μg/mL)
7	y=1.2510+1.9259x	0.872	88.44	37.52～208.50
8	y=0.9269+2.0671x	0.892	93.41	42.01～207.68
9	y=0.9663+2.0278x	0.904	97.55	43.20～220.27
10	y=0.7382+2.1160x	0.904	103.29	47.32～225.45
11	y=0.6058+2.1445 x	0.908	111.96	51.83～241.84
12	y=0.4395+2.2035x	0.907	117.42	55.49～248.46
LB	y=0.4728+2.5032x	0.989	64.35	33.27～124.47

由表 7-19 可知，1 号化合物［(*E*)-3-(3,4-二甲基苯基)-*N*-苯乙基-3-(氯吡啶-4-基)丙烯酰胺］对于芒果炭疽病菌的抑制中浓度（IC_{50}）为 67.95μg/mL；2 号化合物［(*Z*)-3-(2-氯吡啶-4-基)-*N*-(3,4-二甲氧基)-3-(2,4-二甲基苯基)丙烯酰胺］对于芒果炭疽病菌的抑制中浓度（IC_{50}）为 73.31μg/mL；3 号化合物［(*E*)-*N*-苯基-3-(吡啶-4-基)-3-烯丙基丙烯酰胺］对于芒果炭疽病菌的抑制中浓度（IC_{50}）为 80.47μg/mL；4 号化合物［(*E*)-3-(4-叔丁基)-3-(2-氯吡啶-4-基)-*N*-(3,4-二甲氧基苯基)丙烯酰胺］对于芒果炭疽病菌的抑制中浓度（IC_{50}）为 83.10μg/mL，植物源化合物黄皮新肉桂酰胺 B 对于芒果炭疽病菌的抑制中浓度（IC_{50}）为 64.35μg/mL。对比发现，1 号化合物室内活性与植物源化合物黄皮新肉桂酰胺 B 接近。

三、结构和活性关系分析

经室内杀菌毒力测定结果表明，供试的酰胺类化合物中，lansiumamide B 的毒力同其他的化合物之间存在较大的差异。其活性产生差异可能与化合物的立体参数、电性参数、疏水性参数有关。下面将表 7-16 中的 22 个酰胺类化合物的立体参数、疏水性参数与表 7-18 中的 22 个化合物对芒果炭疽病菌校正后抑菌活性进行构效关系分析。

1. 立体参数对活性的影响

通过分析发现，黄皮新肉桂酰胺 B 的构象不同于其他供试的酰胺类物质。其主要差别在于氧原子由于负电性较大，所以会吸引附近的 H 原子。由于黄皮新肉桂酰胺 B 的附近只有一个芳香环，所以就造成了该苯环的向上折叠，从而使得酰胺基团更加突出。另外，这两类酰胺类物质在整体形状上也存在差异。这也可能是造成其活性差异较大的原因。

图 7-5～图 7-8 为 LB 和 1 号化合物结构式及立体结构。

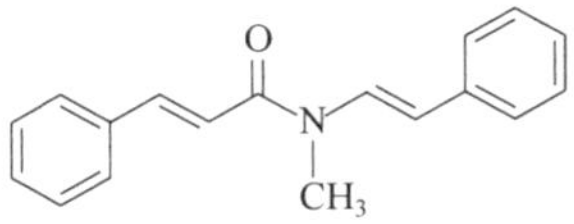

图 7-5　LB 的结构式

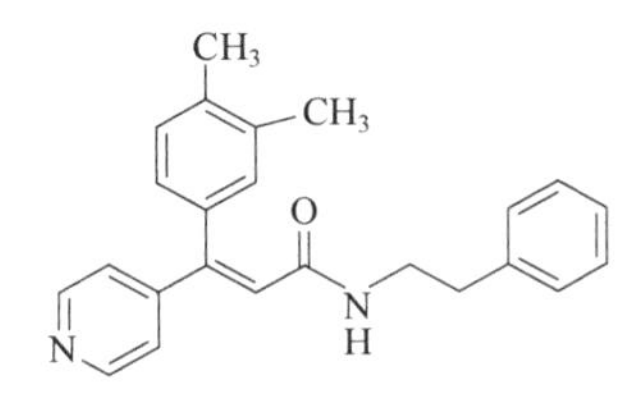

图 7-6　1 号化合物的结构式

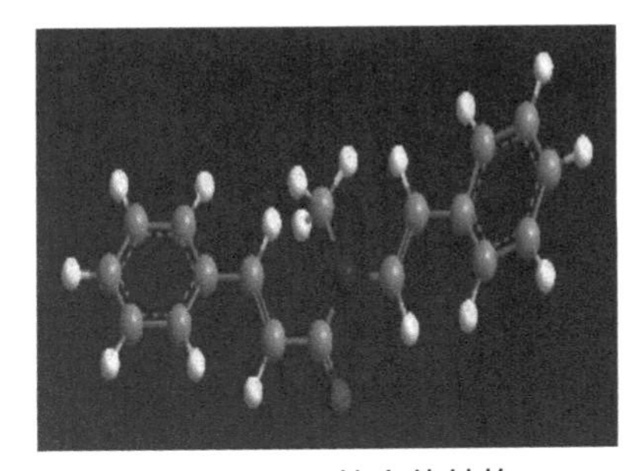

图 7-7　LB 的立体结构

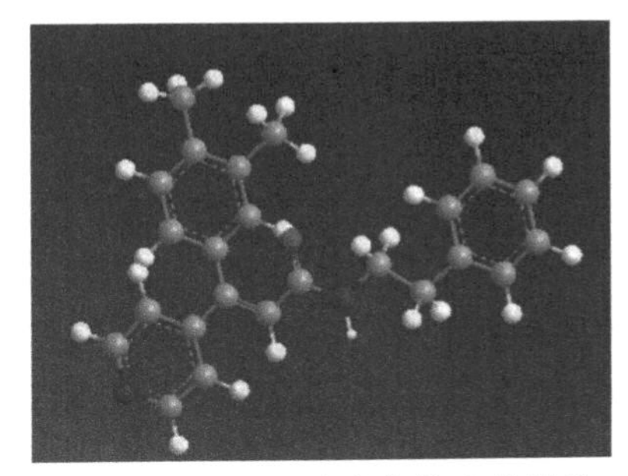

图 7-8　1 号化合物的立体结构

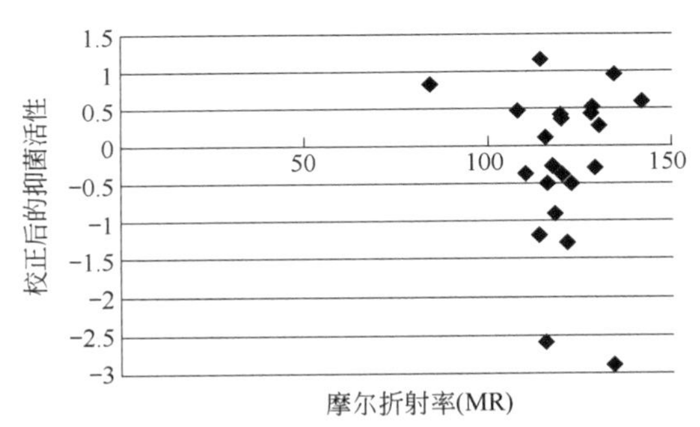

图 7-9　摩尔折射率和化合物校正后抑菌活性的关系

从图 7-9 中可以看出，化合物的活性和摩尔折射率对应的点呈散乱分布，说明该类酰胺类化合物的活性和摩尔折射率没有明显的结构效应关系。

2. 疏水性对活性的影响

通过图 7-10 可以看出，供试的 22 种化合物的疏水性在 3.77～5.92 范围内，总体来看，其生物活性没有随着疏水性的变化呈现传统的倒抛物线形的关系，也没有明显地随着疏水性的升高或者降低呈现一定的规律性，所以推断，该类化合物的疏水性在 3.77～5.92 范围内同活性没有显著的关系。

3. 偶极矩对活性的影响

从图 7-11 可以看出，化合物的活性和化合物的偶极矩对应的点呈散乱分布，说明该类酰胺类化合物的活性和化合物的偶极矩没有明显的结构效应关系。

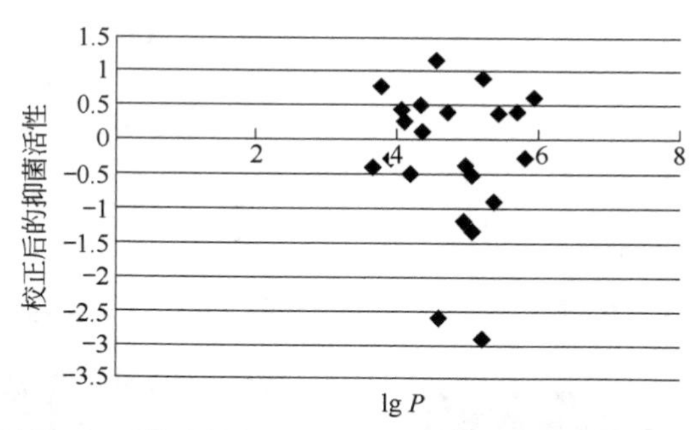

图 7-10 化合物的疏水性与校正后抑菌活性的关系

通过比较分析供试酰胺类化合物校正后的抑菌活性值和疏水性常数、摩尔折射率、偶极矩的关系，得出疏水性对该类化合物活性影响较小，分子整体大小对活性的影响也较小，可能是由于羰基上的氧和邻近苯环上的氢互相作用，造成分子的折叠，导致活性差异。在就偶极矩和化合物的关系分析时，数据显示二者没有一定的规律性。

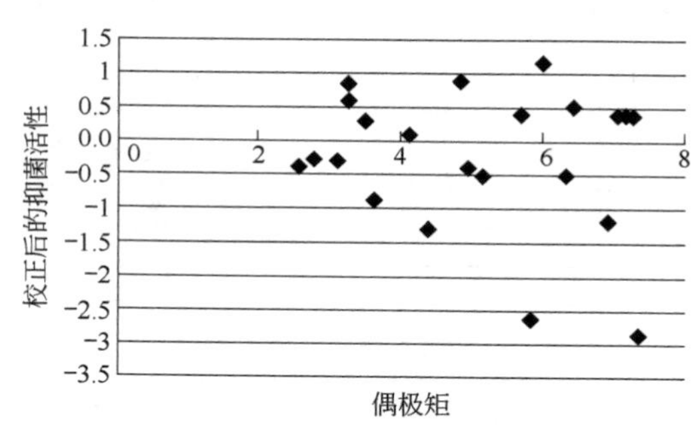

图 7-11 偶极矩和化合物校正后抑菌活性的关系

4. 芳香环上取代基与活性关系

由表 7-16 和表 7-18 进行结构比较的结果显示，这 22 个酰胺类化合物的差异集中在芳香环上。为了进一步比较不同取代基对活性的影响，我们分别对这三个芳香环上的取代基进行比较。

5. 吡啶环上–Cl 对活性的影响

根据吡啶环上是否有–Cl，可以将这 21 种酰胺类化合物分为两组。有–Cl 的一组（包括 2，4，6，7，8，9，10，11，12，13，14，16，17，19，20，21 号化合物），无–Cl 的一组（包括 1，3，5，15，16，18 号化合物）。通过比较可以看出，吡啶环上的–Cl 对活性的影响不明显（表 7-20）。

对这两组进行小样本平均数比较，其 P 值 0.24>0.05。所以–Cl 对于该类化合物的活性没有明显的作用。

表 7-20　吡啶环上的-Cl 对杀菌活性的影响

分类	抑制率平均值/%	P值
含-Cl	44.37	0.24
不含-Cl	50.2	

注：P 值为两组数据间的差异由误差所致的概率。为结果可信程度的一个递减指标，P 值越小，越能认为样本中变量的关联是总体中各变量关联的可靠指标。P 值的结果=0.05 被认为是统计学意义的边界线，P<0.05 说明样本间有显著性差异。

6. 酰胺基团碳端β位碳上苯环的各种取代基对活性的影响

根据该苯环上不同的取代基，可以将这些化合物分为五组。有一个甲基取代（包括 3，8，15，20，21 号）、有邻甲基取代（包括 1，5，7，14，18，19 号）、间位甲基取代（包括 2，6，17）、乙基取代（包括：13，16 号）、叔丁基取代（包括 4、11 号化合物）、甲氧基取代（包括 9，10，12 号化合物）。通过小样本比较，结果显示，这些取代基之间的差异不明显（见表 7-21）。

表 7-21　酰胺基团碳端β位碳上苯环的各种取代基对杀菌活性的影响

分类	抑制率平均值/%	两组数据进行小样本比较时的 P值			
单甲基（A）	41.36	A,B 比较	P=0.30	A,C 比较	P=0.10
邻甲基（B）	47.43	C,D 比较	P=0.50	D,E 比较	P=0.40
间位甲基（C）	50.06	A,D 比较	P=0.19	A,E 比较	P=0.26
叔丁基（D）	51.65	B,C 比较	P=0.44	B,F 比较	P=0.32
甲氧基（E）	50.24	B,E 比较	P=0.07	E,F 比较	P=0.10
乙基（F）	40.50				

对这些小组两两进行小样本平均数比较，由于其 P 值均>0.05，所以这些取代基之间活性差异不显著。

7. 酰胺基团 N端γ位碳上连接的苯环上各种取代基对活性的影响

根据该苯环上不同的取代基，可以将这些化合物分为三组：$-OCH_3$ 双取代类化合物（包括 2，4，5，8，9，19 号化合物）、–OH 取代类化合物（包括 11，12，13，14，17，18，20 号化合物）、没有取代基类化合物（包括 1，3，6，7，10，15，16，21 号化合物）。对其中的数据两两进行小样本平均数差异检验，数据显示羟基和无取代基的化合物比较，其 P 值为 0.03，小于 0.05（见表 7-22）。说明，–OH 对该类化合物的杀菌活性有反作用。

表 7-22　酰胺基团碳端γ位碳上苯环的各种取代基对活性的影响

分类	抑制率平均值/%	两组数据进行小样本比较时的 P值	
甲氧基(A)	50.57	A,B 比较	P=0.07
羟基(B)	38.767	B,C 比较	P=0.03
无取代基(C)	50.24	A,C 比较	P=0.39

对这些小组两两进行小样本平均数比较，A 和 B 比较时，$P>0.05$。B 和 C 比较时，$P<0.05$，A 与 C 比较，$P>0.05$。所以–OH 有促进病菌生长的作用。

四、小结

① 研究所用的 22 种酰胺类都有一定的离体杀菌作用，特别是化合物 1，在终浓度为 100μg/mL 时，其对芒果炭疽病菌的抑制率为 68.10%；化合物 2 在终浓度为 100μg/mL 时，其对芒果炭疽病菌的抑制率为 61.83%，均达到了 60%以上。化合物 3、化合物 4、化合物 5、化合物 6、化合物 7、化合物 8、化合物 9 和化合物 10 对芒果炭疽病菌的抑制率均达到了 50%以上。这几种化合物较有潜质，有继续研究的必要。

② 毒力测定显示化合物 1 对于芒果炭疽病菌的抑制中浓度（IC_{50}）为 67.95μg/mL；化合物 2 对于芒果炭疽病菌的抑制中浓度（IC_{50}）为 73.31μg/mL；化合物 3 对于芒果炭疽病菌的抑制中浓度（IC_{50}）为 80.47μg/mL；化合物 4 对于芒果炭疽病菌的抑制中浓度（IC_{50}）为 83.1μg/mL，植物源化合物 LB 对芒果炭疽病菌的抑制中浓度（IC_{50}）为 64.35μg/mL。对比发现，化合物 1 室内活性与植物源化合物 LB 接近，有继续研究使之成为一种新农药的可能。

③ 比较供试的肉桂酰胺类物质的结构和活性的关系，发现从黄皮种核中提取的黄皮新肉桂酰胺 B 和其他人工合成的酰胺类化合物有较大的差异。该类酰胺类化合物的疏水性在 3.77～5.92 范围内对活性没有显著的影响，化合物的摩尔折射率（MR）和活性也没有显著的关系。在分析偶极矩和活性的关系时，数据显示该类化合物的活性跟其偶极矩大小关系不大。

④ 比较合成的酰胺类化合物的取代基和活性之间的关系，结果显示：这类化合物中吡啶环上的—Cl 对于活性没有显著的提高作用；酰胺基团碳端β位碳上苯环的各种取代基上一系列的取代基对活性的影响也不明显；酰胺基团 N 端 γ 位碳上连接的苯环上的取代基中，羟基能促进病菌生长；酰胺上同时连接吡啶环和苯基不能显著提高活性，没有单一连接苯基活性好。

参考文献

[1] 李波. 肉桂酰胺类化合物的杀线虫活性及构效关系[D]. 广州: 华南农业大学, 2010.
[2] 李仁利. 药物构效关系[M]. 北京: 中国医药科技出版社, 2004.
[3] 李一方. 酰胺类化合物的抑菌活性及构效关系[D]. 广州: 华南农业大学, 2010.

第八章
植物及黄皮农药活性成分开发前景与展望

从植物中寻找农药活性物质，是创新农药的一条重要途径。20 世纪 50 年代以来开发出的氨基甲酸酯类、拟除虫菊酯类、新烟碱类等杀虫剂是当今农药的主体。从植物次生代谢物中开发出杀菌剂、除草剂、杀线虫剂和杀鼠剂成为主要方法。本章主要介绍植物源农药活性物质研究的进展以及黄皮植物农药活性成分研究工作的总结，也为进一步深入挖掘其农药活性物质提供参考。

第一节　植物源主要农药活性成分及其作用

植物是生物活性化合物的天然宝库。据报道，植物产生的次生代谢产物超过 400000 种，其中的大多数化学物质如萜烯类、生物碱、类黄酮、甾体、酚类、独特的氨基酸和多糖等均具有杀虫或抗菌活性[1]。植物源农药对有害生物高效、对非靶标生物安全、易分解且分解产物对环境无害[2]。开发植物源农药，主要是利用植物体内的次生代谢物质，这些物质是植物自身防御体系与有害生物相互适应演变、协同进化的结果。植物源农药的稳定性不高，易分解，直接影响到质量控制手段，这给植物源农药的开发利用带来了一定的影响。提高植物源农药的稳定性和质量控制工艺将成为开发利用这类农药的关键。了解植物源农药的活性成分及作用机制对未来开发新型植物源农药具有重要作用。

当前常用的农药品种中，很多是以植物源次生代谢产物为模板或受其启发而研发成功的。在杀虫剂中，拟除虫菊酯类杀虫剂，其模板即为天然除虫菊素。*N*-甲基苯基氨基甲酸酯类杀虫剂在一定程度上是以毒扁豆碱为模板开发的。丁烯羟酸内酯类杀虫剂氟吡呋喃酮（flupyradifurone）则在某种程度上是受天然百部碱的启发而合成的。植物木防己的生物碱苦毒宁可以被看作是环戊二烯杀虫剂（艾氏剂、氯丹等）的模板，乃至是苯基吡唑类杀虫剂（氟虫腈）的模板。鱼藤酮可认为是杀螨剂喹螨唑、哒螨灵、唑螨酯、唑虫酰胺的天然产物模型，它们具有类似的三维立体结构。在杀菌剂中，以一种可使植物获得系统抗病性的诱导剂——水杨酸为模板，开发出杀菌剂苯并噻二唑，而杀菌剂腈硫醌（dithianon）则是以蒽醌类天然产物为模板开发的。此外，奎宁可看作是杀菌剂喹氧灵的模板，而南美莢豆碱 D 这种胍类生物碱也可以看作是杀虫剂多果定（dodine）和双胍辛胺（iminoctadine）的模板。在除草剂中，生长激素类除草剂苯氧羧酸类（如 2,4-D）、苯甲酸类（如豆科畏）及草除灵（benazolin）是以天然吲哚乙酸为模板开发成功的。三酮类除草剂（如硝磺草酮）的模板应是植物天然产物纤精酮（leptospermone）和松萝酸（usnic acid）。此外，天然胡桃醌（juglone）是熟知的解偶联剂，除草剂地乐酚是以它为先导合成开发的。

一、植物源杀虫剂活性成分及其作用

据报道，全世界有近 50 万种植物，约有 2400 种植物具有控制有害生物的活性成分，但只有 10% 的植物种类的化学成分和性质已被研究[3]。目前，对植物源农药的研究主要集中在楝科、菊科、卫矛科、豆科、蓼科、百合科、十字花科、大戟科、杜鹃花科、茄科、夹竹桃科、番荔枝科、石蒜科、唇形科、天南星科、瑞香科、毛茛科、蓝果树科、罂粟科、柏科、姜科、苦木科、樟科等植物。

植物中的杀虫活性成分多种多样，主要包括生物碱类、萜烯类、黄酮类、光活化毒素、植物精油、糖苷类等。

1. 生物碱类（alkaloids）

从植物中分离出烟碱、喜树碱、百部碱、苦参碱、乌头碱、雷公藤碱、藜芦碱、苦豆子碱、毒扁豆碱、黄连碱、小檗碱、三尖杉碱、莨菪碱、毒芹碱、胡椒碱、辣椒碱、马钱子碱和木防己碱化合物[4]。这些化合物对害虫具有毒杀、拒食、忌避、抑制生长发育和不育等多种作用。

2. 萜烯类（terpenes）

印楝素、川楝素、苦皮藤素、瑞香狼毒、闹羊花素、茶皂素和植物源保幼激素等萜烯类活性物质。具有麻醉、忌避、拒食、抑制生长发育、杀卵、触杀、胃毒、破坏害虫信息传递和交配行为等作用[5]。

3. 黄酮类（flavonoids）

鱼藤酮、毛鱼藤酮、胡桃醌和苦参素等，对触杀、胃毒、拒食、抑制生长发育、杀卵等活性[6]。

4. 光活化毒素（photoactiveted toxicity）

噻吩类、呋喃香豆素类、多炔类、生物碱类对害虫主要表现为毒杀、干扰生长发育和行为控制等[7]。

5. 植物精油（essential oils）

桉树油、薄荷油、菊蒿油、茼蒿油、芸香精油、肉桂精油、猪毛蒿油、百里香油、松节油等，具有毒杀、引诱或忌避、拒食、杀卵和抑制生长发育等作用，还具有昆虫性外激素作用及混合增效作用[8]。

6. 糖苷（glucoside）类

茶皂素、巴豆糖苷、苦木素等在昆虫体内经过化学作用就可变为有毒物质[9]。

植物源杀虫剂种类繁多，活性成分复杂，作用机理多种多样。概括起来主要包括影响昆虫的激素代谢，影响消化系统、神经系统、呼吸系统、昆虫的离子通道，产生光活化毒素和影响昆虫解毒代谢酶等。

二、植物源杀菌剂活性成分及其作用

1. 邻烯丙基苯酚

从银杏叶中分离出的杀菌化合物，经人工模拟合成，已开发出“绿帝”农用杀菌剂系列产品。对玉米小斑病（*Helminthosporium maydis*）、苹果轮纹病（*Physaclospora piricola*）、苹果干腐病（*Botryosphaeria ribis*）和苹果腐烂病（*Valsa mali*）等多种病原菌均有抑菌活性和防治效果[10]。

2. $1\alpha,2\alpha,4\beta,6\beta,8\beta,9\beta,13$-七羟基-二氢沉香呋喃

从苦皮藤假种皮中分离的化合物，除具有杀虫活性外，对多种植物病原菌具有较好的抑菌活性[11]。

3. 水果保鲜化合物

有望开发为保鲜剂的植物次生物质有以下几大类

（1）多酚类包括黄酮类（flavonoids）、鞣质类（tannins）以及其他多元酚类

其中作用机理如槲皮素和茶多酚，其均能有效地清除 $^1O_2$、OH 等自由基，抑制膜脂过氧化作用[12]。

（2）苯丙素类主要有木脂素类（lignans）和香豆素类（coumarins）

木质素类的代表有去甲二氢愈创木酚，它不仅能够抑制细胞膜质过氧化作用，还能够提高生物体自身抗氧化酶系活性，从而延长采后果蔬贮藏寿命；而香豆素类主要作用是拮抗细胞毒性和膜质过氧化损伤[13]。

（3）苷类包括酚苷（phenolic glycosides）和醇苷类（alcoholic glycosides）

如丹皮酚和苦瓜皂苷提高生物体自身的超氧化物歧化酶（SOD）、过氧化氢酶（CAT）活性，从而达到清除 $^1O_2$ 等自由基、抑制膜脂过氧化作用、延缓衰老的目的[14]。

（4）多糖类（polysaccharides）

多糖类一般为涂膜剂，代表产品是魔芋多糖涂膜剂，其主要作用是提高生物

体自身抗氧化酶能力，从而抑制细胞膜质过氧化作用，其次是在果蔬的表面形成一个高 CO_2 低 O_2 的小环境，从而抑制采后果蔬呼吸速率上升，降低多酚氧化酶（PPO）活性等[15]。

（5）萜类（terpenes）

柠檬烯、香芹酮等，主要作用是抑制脂质过氧化、清除氧离子自由基。

其他几类如不饱和脂肪酸（unsaturated fatty acids）；水杨酸，乙酸等；生物碱（alkaloids）类等，这几类植物次生代谢物作为水果采后保鲜剂具有抑菌防腐作用。

三、植物源除草活性化合物及其作用

1. 1,4-桉树脑

单萜 1,8-桉树脑是白叶鼠尾（*Salvia leucophylla*）、迷迭香（*Rosmarinus officinalis*）、多苞桉（*Eucalyptus polybractea*）等许多植物精油的成分，1,4-桉树脑是 1,8-桉树脑的异构体，两者均对一些植物具有强烈的抑制作用。环庚草醚是由 1,4-桉树脑衍生合成的除草剂（图 8-1）。环庚草醚为酰基载体蛋白（acyl carrier protein，ACP）脂肪酸硫酯酶（fatty acid thioesterase，FAT）选择性抑制剂，抑制脂肪酸生物合成，破坏细胞膜，导致杂草死亡[16]。

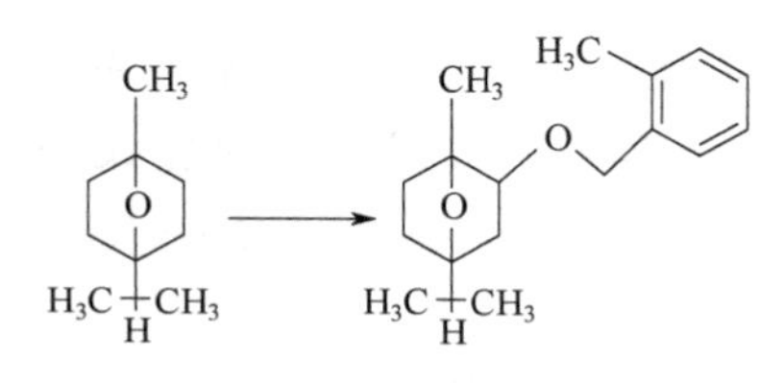

图 8-1　环庚草醚衍生合成图

2. 纤精酮（leptospermone）

纤精酮是桃金娘科植物松红梅（*Leptospermum scoparium*）精油的主要化合物。纤精酮是三酮类（triketones）除草剂，如磺草酮、甲基磺草酮、双环磺草酮等的结构母体（图 8-2），是一类对羟基苯丙酮酸酯双氧化酶（HPPD）抑制剂，是玉米田除草剂，可有效地防除多种阔叶杂草和禾本科杂草[17]。

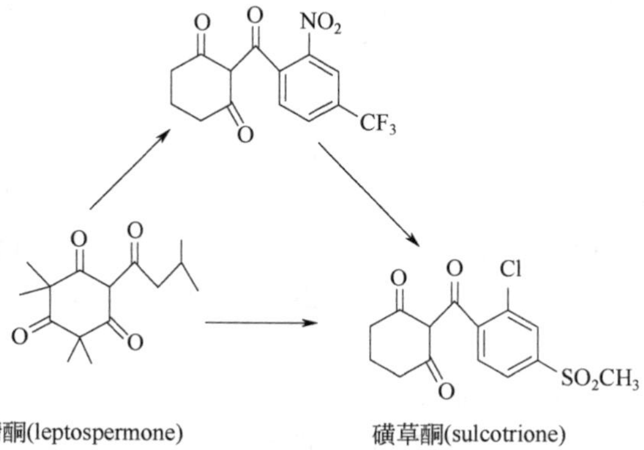

纤精酮(leptospermone)　　磺草酮(sulcotrione)

图 8-2　三酮类除草剂合成途径

3. 生物碱类（alkaloid）

曼陀罗的种子和叶片淋洗液中，发现了一种叫作莨菪碱（hyoscyamine）的莨菪烷碱类克生化合物[18]。该化合物对禾本科杂草和自生向日葵苗有很强的杀除活性，且持效期较长，在实验室条件下，其杀草效力可维持 5～8 个月。在咖啡和茶树的次生代谢物中，发现了茶碱、可可碱和咖啡碱等多种生物碱。其中最引人注目的是咖啡碱，它是从墨西哥咖啡树周围的土壤中分离出来的咖啡树次生代谢物，自然条件下，它的浓度可达 1～2g/m^2，对刺觅等杂草有很好的防治效果，而对虹豆安全。因此可用于虹豆田防治刺苋等阔叶杂草。

4. 香豆素和类黄酮类（coumarins and flavonoids）

香豆素（coumarin）是主要存在于禾本科、兰科及芸香科植物的果实和叶片中的高植物毒性克生化合物，属多链内酯，侧链易异戊二烯化，其衍生物呋喃香豆素（furanocoumarin）具有很高的除草活性，9～10mol/L 的浓度下可抑制野芥菜等杂草种子萌发。

柠檬树中的莨菪亭（scopoletin）、蒿属香豆素和邪蒿素等香豆素类化合物具有明显的除草活性[19]。

5. 噻吩类（thiophenes）

植物次生代谢物α-三联噻吩（α-terthienyl）和金丝桃素（hypericin）等光敏化合物。此类化合物的毒性高而广谱，既能除草又能杀虫。其除草机制是：分子首先通过吸收可见光和紫外光被激活，然后与靶标植物体内的 DNA 结合，破坏 DNA 的功能，或者使其氧化，形成破坏力极强的单线态氧，单线态氧的产生导致膜脂类发生一系列过氧化反应，从而使靶标植株体内的生物膜和细胞迅速崩溃、植株死亡[20]。

综上所述，利用植物化感物质，通过仿生合成，可开发出不同作用机制、不同防治对象的除草剂品种。

因此，广泛筛选植物中这些有除草特性的天然产物，分离鉴定其中的活性物质，探索出新的活性化合物，作为农药先导结构的重要来源，并对活性化合物的结构进行衍生及优化，已成为新农药创制研究的前沿与热点领域，也是获得具有良好的环境相容性农药的有效途径之一。

第二节　黄皮农药活性成分及其作用

一、黄皮新肉桂酰胺 B

黄皮新肉桂酰胺 B（lansiumamide B）是从芸香科（Rutaceae）黄皮属（*Clausena*）

黄皮［*Clausena lansium*（Lour.）Skeels］果核中提取、分离得到的一种天然酰胺类生物碱。化学名称为*N*-甲基-*N*-顺-苯乙烯-肉桂酰胺浅黄色针状晶体，熔点80～82℃，碘化铋反应呈阳性，ESI-MS *m/z*：286，分子式为 $C_{18}H_{17}NO$，易溶于丙酮、甲醇。

1. 生物活性

黄皮新肉桂酰胺B有很强的广谱的农药活性。Han等[21]在研究lansiumamide B对白纹伊蚊幼虫的毒杀活性时发现，lansiumamide B对白纹伊蚊4龄幼虫有很强的毒杀活性，处理24h的 LC_{50}、LC_{90} 分别为0.45μg/mL和2.19 μg/mL；lansiumamide B对处理3d松材线虫（*Bursaphelenchus xylophilus*）的 LC_{50} 为5.38μg/mL[22]。Yin等研制的黄皮新肉桂酰胺B微胶囊剂杀南方根结线虫的活性显著高于未处理的黄皮新肉桂酰胺B[23]。黄皮新肉桂酰胺B不仅有明显的杀虫活性，还有较好的抑菌活性，如刘艳霞等报道，其在0.08μg/mL浓度下，对芒果炭疽病菌和香蕉炭疽病菌的菌丝生长的抑制率分别为83.33%和60.78%[24]。Li研究lansiumamide B对烟草青枯病菌（*Ralstonia solanacearum*）抑菌活性时发现，其对烟草青枯病菌有很好的抑菌活性，且其 LC_{50}、LC_{90} 分别是48.82μg/mL、86.26μg/mL[25]。

2. 作用机理

作用机理研究表明黄皮新肉桂酰胺B表现出它独特的机制，如下文所述。

（1）细胞毒作用

采用MTT法测定了lansiumamide B对SL细胞的毒性。结果显示，lansiumamide B的细胞毒性强，48h细胞半数致死浓度为10.091μg/mL[26]。电镜观察，黄皮新肉桂酰胺B对白纹伊蚊幼虫中肠细胞器造成严重损伤。处理12h时，与对照组相比，发现中肠细胞微绒毛断裂；线粒体肿胀、双层膜和嵴模糊不清；细胞核内染色质浓缩成团，核膜不清晰或消失；还出现空泡髓样的结构[27]。

（2）干扰机体生理生化代谢，造成机体代谢紊乱

黄皮新肉桂酰胺B对昆虫和植物线虫的生理生化代谢具有明显的干扰作用，处理后表现出对乙酰胆碱酯酶先激活后抑制；对 Na^{+}-K^{+}-ATP酶活性为先抑制后激活，然后又抑制；对过氧化氢酶和超氧化物歧化酶（SOD）活性具抑制作用[22]。黄皮新肉桂酰胺B处理后，白纹伊蚊4龄幼虫蛋白酶、淀粉酶均可被诱导激活，但随着处理时间的延长，蛋白酶（所有处理组）和淀粉酶（除1.25μg/mL组）活性均受到抑制，影响昆虫的消化吸收功能。黄皮新肉桂酰胺B使机体代谢紊乱失衡，是其致死的主要原因之一[26]。

（3）拒食和生长发育抑制作用

黄皮新肉桂酰胺B除对昆虫、线虫具有毒杀作用外，还表现出拒食和生长发育抑制作用。

研究发现馏分2（主成分为黄皮新肉桂酰胺B）对斜纹夜蛾和小菜蛾（*Plutella*

xylostella）3 龄幼虫、亚洲玉米螟（*Ostrinia furnacalis*）4 龄幼虫具有非选择性拒食和生长发育抑制活性。48h 拒食中浓度分别为 57.73μg/mL、150.17μg/mL 和 64.64μg/mL，48h 抑制中浓度分别为 53.66μg/mL、125.63μg/mL 和 54.19μg/mL[28]。

黄皮新肉桂酰胺 B 能影响白纹伊蚊 4 龄幼虫的生长发育，随着处理浓度的增加幼虫化蛹率及蛹羽化率降低，且处理时间越长影响越大。当处理浓度为 5μg/mL 时，处理 12h 的化蛹率和羽化率分别为 57.61%和 64.84%；处理 24h 的化蛹率和羽化率分别为 4.20%和 36.66%[27]。

为了探索黄皮新肉桂酰胺 B 对于昆虫的生长发育的影响，采用 iTRAQ 与 LC-MS/MS 相结合技术以及高通量测序技术，分析了馏分 2 对斜纹夜蛾 5 龄幼虫饲毒 48h 的蛋白组、转录组表达影响。鉴定出 1766 个血淋巴蛋白，差异表达的有 397 个，125 个下调表达，272 个上调表达。鉴定出 3769 个中肠蛋白，差异表达的有 605 个，上调表达 247 个，下调表达 358 个。组装出中肠基因序列 36438 个，差异表达的 6585 个，2885 个上调表达，3700 个下调表达。经比对分析，筛选出 284 个中肠关联差异表达的蛋白基因，其中 229 个差异表达趋势相同。

血淋巴差异蛋白的分子功能（$P<0.05$）主要有 ATP 酶活性、酸酐水解酶活性、跨膜运载活性、异构酶活性、铁离子与钙离子结合、翻译延伸因子活性、苹果酸脱氢酶活性、特殊物质运载活性、糖基键水解酶活性和酰基转移酶活性；参与的生物过程（$P\leqslant0.05$）主要有细胞呼吸、三羧酸循环、肌肉细胞收缩、ameboidal 细胞迁移、求偶行为、交配、防御反应、细胞激素刺激响应、质子与离子运输、前体代谢物和能量产生、高尔基体组织、恒定作用、水解酶活性负调节、氧化还原过程、有机质生物合成与代谢过程；参与的代谢通路（$P\leqslant0.05$）有 18 个，涉及细胞运输和降解、信号分子和相互作用、消化系统、内分泌系统、神经系统、生物合成及代谢、氨基酸代谢、排泄系统、碳水化合物代谢和能量代谢等。中肠差异表达趋势相同蛋白参与的生物过程有生物黏着、生物调节、细胞组分形成与发生、细胞过程、发育过程、定位过程建立、生长、免疫系统过程、定位、位移运动、代谢过程、多生物过程、多细胞生物过程、生物过程调节、繁殖、繁殖过程、刺激反应、信号传导、单生物过程；分子功能有抗氧化活性、结合、催化活性、电子载体活性、金属伴侣活性、核酸与转录因子结合活性、受体活性、分子结构活性和转运蛋白活性；参与的代谢通路有 150 个，涉及细胞通信、细胞生长与死亡、信号传导、信号分子与互动、功能内分泌系统、免疫、神经系统、感觉系统、聚酮和萜类代谢、外源性物质降解、消化、细胞运动、基因信息与加工、氨基酸代谢、碳水化合物代谢、能量代谢、多糖合成与代谢、脂肪代谢、辅酶因子与维生素代谢、核苷酸代谢和排泄系统等[26]。

综合分析转录组和蛋白质组结果，推测馏分 2 产生的拒食作用可能与激活或抑制特定的气味结合蛋白和化学感受蛋白表达有关，或者通过抑制神经传递物质在突触膜前释放和神经节间信号传递，从而干扰中枢神经信号传导引起虫体停止取食；而抑制 NF-κB 信号通路、干扰激素平衡、抑制营养物质合成和功能蛋白质表达以及干扰幼虫正常蜕皮过程是馏分 2 抑制虫体生长发育的主要因素[26]。

3. 新剂型的研发

化合物 *N*-甲基-*N*-顺-苯乙烯-肉桂酰胺（lansiumamide B）具有良好的杀线虫活性，但是由于其难溶于水，见光易分解，在使用中持效期短，从而降低了它的生物利用度。为解决这一技术难题，项目组成员殷艳华采用微乳液聚合法，将化合物 *N*-甲基-*N*-顺-苯乙烯-肉桂酰胺制备成纳米胶囊（nano-capsules of lansiumamide B，NCLB），并对最佳形态的纳米胶囊进行外观、粒径、释放性、包封率和载药率、稳定性等性能进行表征；以松材线虫（*Bursaphelenchus xylophilus*）和南方根结线虫（*Meloidogyne incognita*）2 龄幼虫为对象进行生活性测定和盆栽防效试验。

采用透射电镜（TEM）和 ZETA 激光粒度分析仪对纳米胶囊的外观形态、粒径和 zeta 电位进行测定，结果表明，制得的纳米粒为均一球形，平均粒径为（38.50±0.64）nm，zeta 电位为–70.5±0.76mV。包封率为 95.13%±1.16%，载药率为 48.69%±1.40%[23]。

NCLB 在甲醇-磷酸缓冲液体系中，持续释放时间是肉桂酰胺原药的 3 倍以上，96h 累积释放量达 82%以上，是黄皮肉桂酰胺 B 的 1.4 倍[23]。

NCLB 悬浮液在 54℃和 0℃下保存 14d 后，和常温下保存的样品相比，外观上基本没有变化，包封率在 54℃保存下稍有降低，在 0℃下基本没有变化。所以 NCLB 在低温和高温保存下保持稳定。

在紫外灯下对 NCLB 水悬液和肉桂酰胺甲醇水溶液进行降解测定，结果表明，在紫外灯下照射 14h 后，NCLB 水悬液降解率为 11.65%，而肉桂酰胺甲醇水溶液降解率达 98.12%，因此，肉桂酰胺原药经过胶囊包裹后降解率降低 88.13%[23]。

松材线虫和南方根结线虫生测表明，培养 24h 后，NCLB 对松材线虫和南方根结线虫 2 龄幼虫（J2）的 LC_{50} 分别为 2.1470mg/L 和 19.3608mg/L，显著低于肉桂酰胺原药的 LC_{50}（对松材线虫 4.9142mg/L，对根结线虫 24.4177mg/L）和灭线磷的 LC_{50}（对松材线虫 9.9395mg/L，对根结线虫 55.9418mg/L）[23]。

以空心菜（*Ipomoea aquatica*）上南方根结线虫为对象进行盆栽防效实验，结果表明，在浓度为 200mg/L 时，NCLB 处理后空心菜的病级数为 1.50，平均根结数为 7.25，均显著低于黄皮新肉桂酰胺原药（病级数 3.00，平均根结数 19.5）和灭线磷（病级数 3.50，平均根结数 32.25）处理；与对照相比，以 NCLB、黄皮新肉桂酰胺原药、灭线磷处理空心菜的病级数分别下降 68.42%、36.84%、26.32%，根结数分别下降 83.94%、78.03%、63.66%，表明 NCLB 与其他两者相比可显著减少根结数，降低病级数[23]。

4. 环境安全性

有关黄皮新肉桂酰胺 B 环境安全性评价方面，测定了自制的黄皮新肉桂酰胺 B 纳米胶囊剂（NCLB）对食蚊鱼的毒性，结果对食蚊鱼的 LC_{50} 为 4.6462mg/L，而灭线磷对食蚊鱼的 LC_{50} 为 2.3141mg/L，在毒性方面，LC_{50} 为灭线磷的 2 倍多。因此，NCLB 对环境的影响小，符合目前农药和农药剂型的研究和发展方向[29]。

二、(*E*)-*N*-2-苯乙基肉桂酰胺

(*E*)-*N*-2-苯乙基肉桂酰胺[(*E*)-*N*-2-phenylethylcinnamamide]为白色针状晶体，易溶于丙酮，分子式为 $C_{17}H_{17}NO$，分子量为 251.1310。该化合物在黄皮果核和枝叶中的含量分别为 1.39%和 1.26%。

刘序明等（2008）[30]对 12 种真菌病原菌生物活性测定，发现(*E*)-*N*-2-苯乙基肉桂酰胺在 0.5mg/mL 的浓度下，对香蕉炭疽病菌菌丝生长的抑制率为 71.18%。

三、*N*-甲基-桂皮酰胺

N-甲基-桂皮酰胺（*N*-methy-cinnamamide）为无色透明片状结晶，分子式为：$C_{10}H_{11}NO$。

刘艳霞（2009）[31]发现，*N*-甲基-桂皮酰胺对芒果炭疽病菌菌丝生长有很好的抑制作用。毒力测定表明，化合物对芒果炭疽病菌的 EC_{50} 值为 56.29μg/mL。在 200μg/mL 浓度处理 5d 后，对芒果炭疽病菌的抑制率为 94.82%，在 100μg/mL 时，抑菌率亦达到 69.72%。对照药剂多菌灵（carbendazim）对芒果炭疽病菌的 EC_{50} 值为 6.13μg/mL。

抑菌机理研究表明：经 *N*-甲基-桂皮酰胺 80μg/mL 浓度处理 5d 后，在显微镜下观察到芒果炭疽病菌菌丝体出现肿胀、畸形，分生孢子梗末端分支增多，分生孢子的数量较对照明显减少，显示出药剂处理对炭疽病菌菌丝体生长具抑制作用[31]。

浓度为 50μg/mL、100μg/mL、150μg/mL 活性成分处理芒果炭疽病菌后，各处理浓度下菌丝体内的可溶性蛋白含量、总糖含量较对照明显下降，并且处理浓度越高，可溶性蛋白和总糖含量越低。可以看出经化合物处理后，抑制蛋白质的合成或使蛋白质变性，蛋白质含量降低；总糖含量降低，病原真菌赖以生存的能量供应不足，从而影响菌丝体的生长、分生孢子的形成。

N-甲基-桂皮酰胺对芒果具有良好的保鲜效果，0.1mg/mL 浓度处理，10 天后生测结果表明：清水对照组的发病率为 54.60%，*N*-甲基-桂皮酰胺组为 20.52%，多菌灵组为 10.43%。通过对芒果 POD 酶活性测定发现，*N*-甲基-桂皮酰胺和多菌灵组的 POD 酶活性明显高于清水对照组，保鲜机理可能是药剂处理诱导 POD 酶活性升高[31]。

四、黄皮内酯Ⅰ和黄皮内酯Ⅱ

黄皮内酯Ⅰ（anisolactone）和黄皮内酯Ⅱ（2′,3′-epoxyanisolactone）化合物晶体均为白色针状结晶。在 212nm 下，化合物 2′,3′-epoxyanisolactone 有最大的吸收波长。2′,3′-epoxyanisolactone主要分布在枝叶和果核中，含量分别为3.33%和3.21%。

生物活性测定表明：在 0.5mg/mL 的处理浓度下，黄皮内酯Ⅰ对稗草根长、茎长和鲜重的抑制率分别为 91.57%、88.59%和 77.59%；黄皮内酯Ⅱ对稗草根长、茎长和鲜重的抑制率分别为 96.86%、91.62%和 66.08%。黄皮内酯Ⅰ对稗草的毒力测定结果表明，对根长、茎长和鲜重抑制作用的 IC_{50} 值分别为 92.4μg/mL、92.5μg/mL 和 169.8μg/mL。黄皮内酯Ⅱ对稗草的毒力测定结果表明，对根长、茎长和鲜重抑制作用的 IC_{50} 值分别为 66.9μg/mL、78.4μg/mL 和 133.0μg/mL。在 80μg/mL 时，黄皮内酯Ⅱ对稗草的根长、茎长和鲜重抑制率分别为 96.00%、84.71%和 89.85%，表明该化合物对稗草具有优异的抑制活性[32]。

生理生化研究表明：黄皮内酯Ⅰ对稗草中的氨基酸含量有一定的影响，按处理浓度由高到低，样品中的含氮量分别为 1.3976mg/g、1.2972mg/g、1.2466mg/g、1.1187mg/g、0.9638mg/g，比对照 0.8717mg/g 均有所增加。而在稗草的蛋白含量方面，却与对照相比有所下降，按处理浓度由高到低，蛋白含量比对照分别降低 75.91%、66.43%、62.43%、58.57%和 58.03%。稗草的丙二醛活性均比对照升高，在 0.5mg/mL 时，稗草中丙二醛的活性比对照升高 246.40%。对各处理稗草的超氧化物歧化酶和过氧化物酶的活性均有促进作用，在 0.5mg/mL 时，稗草的超氧化物歧化酶的活性为 1.39（U/g），比对照的酶活性增长了 61.40%；在 0.5mg/mL 下，稗草的过氧化物酶的活性为 $7.25\Delta OD_{470nm}$/(g・min)，比对照的活性增长 140.98%[33-35]。

黄皮中的活性成分 2′,3′-epoxyanisolactone 对稗草具有显著的抑制活性，作为植物源除草剂有一定的开发和应用前景。

五、肉豆蔻醚

肉豆蔻醚（myristicin），化学名称为 5-烯丙基-2,3-(亚甲二氧基)苯甲醚，为黄色油状液体。分子式：$C_{11}H_{12}O_3$，分子量：192.21。

生物活性测定表明：在 0.3mg/mL 浓度下，肉豆蔻醚处理下的马齿苋，其幼芽全部枯死，其根长、茎长的抑制率分别为 80.48%、75.36%。

不同浓度的肉豆蔻醚处理 4 种受体植物（单子叶植物：无芒雀麦，水稻；双子叶植物：马齿苋，三叶鬼针草）生理活性的研究结果表明，在处理浓度下，受体单子叶植物中 SOD、CAT 活性、可溶性糖含量先升高后降低；双子叶植物中的

SOD、CAT 活性、可溶性糖含量显著降低；受体植物中 POD 活性、叶绿素含量、可溶性蛋白含量均降低；受体植物中丙二醛含量均升高；受体植物的根系活力均呈现“先升后降”[36]。

六、展望

植物是生物活性物质的天然宝库，据报道，植物次生代谢物已超过 40 万种。其中约 1 万种已鉴定了化学结构，这些代谢物中许多具有杀虫、抑菌、抗病毒活性。目前已证明有 2400 余种植物具有抑制害虫的生物活性，其中具有杀虫活性的有 1000 多种，具有杀螨活性的有 39 种；对昆虫具有拒食活性的有 400 多种，具有忌避活性的有 280 多种，具有引诱活性的有 30 多种，引起害虫不育的有 4 种，调节虫体生长发育的有 30 多种。因此，开发利用植物源杀虫剂具有优越条件。然而，目前具有实际应用价值的植物源杀虫剂品种较少，在全球范围内广泛使用的仅有 4 类，包括除虫菊酯、鱼藤酮、印楝与植物精油等类别；比较常见的有鱼尼丁、烟碱与沙巴达 3 类，其他品种多限于局部地区使用，或尚未进入大规模商业化应用阶段。植物源杀虫剂的研究还存在一些问题，一是应用范围较窄，缺乏广谱性；二是稳定性不够，植物次生代谢物质的种类、含量除受自身遗传因子控制外，还受外界环境条件的影响；三是有效成分确定较困难，不同植物、不同部位有效成分不同，同一种植物含有多种不同有效成分。因而依靠单纯的天然提取成分用作商业农药很难取得成功。而从植物中筛选活性成分，寻找新的药物前体或有价值的先导化合物，然后进行化学修饰，获得更好的新型杀虫剂，则是新型杀虫剂研发的一条有效途径。

随着我国农业生产的发展、耕作栽培制度的改变和种植业结构的调整，特别是蔬菜、果树等经济作物面积扩大和品种增多，以及气候变化，农作物病虫草害发生情况有较大的改变，迫切需要开发具有不同作用机理的、结构新颖、安全有效环保的农药，尤其是适合于“绿色农业”、“有机农业”和“无公害食品”生产的植物源农药。植物源农药研究开发任重道远。黄皮作为我国南方地区的一种特有水果，一种特有中药材，经过研究它也将是一种特有的植物源农药资源，可以预计它将在现代化农业发展作物病虫草害的绿色防控中发挥出极其重要的作用。

参考文献

[1] 董建华，曹阳，张兴．试论生物技术在植物源农药生产中的应用[J]．世界农药，2002, 24(3): 6-9, 39.

[2] 徐汉虹，张志祥，查友贵．中国植物性农药开发前景[J]．农药，2003, 42(3): 1-10.

[3] Grainge M, Ahmed S. Handbook of plants with pest control properties[M]. New York: John Wiley & Sone INC, 1988.

[4] 刘成梅，游海．天然产物有效成分的分离与应用[M]．北京：化学工业出版社，2003.

[5] 姚英娟，倪文龙，杨长举，等．植物性杀虫剂活性成分的研究进展[J]．江西农业学报，2008, 20(11):

76-79.
[6] 史秀娟, 王学海. 植物源农药研究现状与展望[J]. 现代农业科技, 2006(2): 34-36.
[7] 徐汉虹, 田永清. 光活化农药[M]. 北京: 化学工业出版社, 2008.
[8] 徐汉虹, 赵善欢. 利用植物精油防治害虫的研究进展[J]. 华南农业大学学报, 1993, 14(4): 145-154.
[9] 路静, 程文新. 植物源杀虫剂特性研究进展[J]. 西部六省（区）中心城市园林科技信息网第 26 次会议论文集, 2007: 88-94.
[10] 孟昭礼, 罗兰, 尚坚, 等. 人工模拟杀菌剂绿帝对 8 种植物病原菌的室内生测[J]. 莱阳农学院学报, 1998, 15(3): 159-162.
[11] 杨征敏, 吴文君, 王明安, 等. 苦皮藤假种皮的杀菌活性成分研究[J]. 农药学学报, 2001, 3(2): 93-96.
[12] 陈季武, 朱振勤, 杭凯, 等. 八种天然黄酮类化合物的抗氧化构效关系[J]. 华东师范大学学报(自然科学版), 2002(1): 90-96.
[13] 薛山. 天然植物产物在果蔬贮藏保鲜中的应用现状及展望[J]. 北方园艺, 2011(23): 175-178.
[14] 王步江, 王瑞, 张平平. 苦瓜皂苷的制备及体外抗氧化活性研究[J]. 中国食品添加剂, 2011(3): 152-157.
[15] 王文果, 庞杰. 多糖涂膜保鲜果蔬的研究进展[J]. 山地农业生物学报, 2006, 25(4): 358-363.
[16] 吴爱国, 王东明, 吴定邦, 等. 环庚草醚防除稻田杂草的试验研究[J]. 农药, 1995(12): 41-42.
[17] 苏少泉. 生物除草剂研究与开发[J]. 农药, 2004, 43(2): 97-100.
[18] 张兴, 吴志凤, 李威, 等. 植物源农药研发与应用[J]. 农药科学与管理, 2013, 34(4): 24-30.
[19] 陈燕芳, 丁伟, 丁吉林, 等. 天然产物除草剂研究进展[J]. 杂草科学, 2007(2): 1-5.
[20] 郭永霞, 孔祥清. 天然除草活性化合物研究进展[J]. 植物保护, 2005, 31(6):11-16.
[21] Han Y, Li L C, Hao W B, et al. Larvicidal activity of lansiumamide B from the seeds of *Clausena lansium* against *Aedes albopictus* (Diptera: Culicidae)[J]. Parasitol Res. , 2013, 112(2): 511-516.
[22] 马伏宁, 万树青, 刘序铭, 等. 黄皮种子中杀松材线虫成分分离及活性测定[J]. 华南农业大学学报, 2009(1):23-26.
[23] Yin Y H, Guo Q M, Han Y, et al. Preparation, characterization and nematicidal activity of lansimamide B nano-capsules[J]. Journal of Integrative Agriculture, 2012, 11(7): 1151-1158.
[24] 刘艳霞, 巩自勇, 万树青. 黄皮酰胺类生物碱的提取及对 7 种水果病原真菌的抑菌活性[J]. 植物保护, 2009(5): 53-56.
[25] Li L C, Feng X J, Tang M, et al. Antibacterial activity of lansiumamide B to tobacco bacterial wilt (*Ralstonia solanacearum*)[J]. Microbiological Research, 2014, 169(7-8): 522-526.
[26] 郭成林. 黄皮种核提取物杀虫活性及作用机理研究[D]. 广州: 华南农业大学, 2015.
[27] 冯秀杰. 黄皮新肉桂酰胺 B 的杀虫活性及作用机理研究[D]. 广州: 华南农业大学, 2015.
[28] 郭成林, 覃柳燕, 万树青, 等. 黄皮种子提取物对斜纹夜蛾幼虫的杀虫活性及有效成分鉴定[J]. 昆虫学报, 2016(8): 839-845.
[29] 殷艳华. 肉桂酰胺纳米胶囊的制备、表征及性能测定[D]. 广州: 华南农业大学, 2012.
[30] 刘序铭, 万树青. 黄皮不同部位(*E*)-*N*-(2-苯乙基)肉桂酰胺的含量及杀菌活性[J]. 农药, 2008, 47(1): 15-16.
[31] 刘艳霞. 黄皮提取物对芒果炭疽病菌的抑制活性及机理研究[D]. 广州: 华南农业大学, 2009.
[32] 卢海博, 万树青. 黄皮素内酯Ⅱ在黄皮植物体内的分布及对稗草生化代谢的影响[J]. 植物保护, 2012, 38(1): 31-34.
[33] 卢海博, 万树青. 黄皮甲醇提取物的除草活性及有效成分研究[J]. 农药, 2012, 51(7): 539-542.
[34] 卢海博, 万树青. 黄皮叶甲醇提取物对油菜光活化化感活性研究[J]. 广东农业科学, 2005(4): 67-69.
[35] 卢海博, 万树青. 黄皮甲醇提取物活性成分对稗草蛋白和氨基酸含量的影响[J]. 河北北方学院学报, 2008, 24(2): 27-29.
[36] 董丽红. 黄皮种子提取物化感活性及作用机理研究[D]. 广州: 华南农业大学, 2017.